The Visual Automotive

- 힘의 발생은 **엔진**에서부터
- **동력전달방법**은 어떻게
- **섀시**(하체)의 구조와 역할들
- 외장의 **보디**와 각종 **보조장치**
- **첨단**이라 부르는 **자동차** 기술
- 자동차가 걸어온 길

자동차를 알고 싶다

GoldenBell

TETTEI ZUKAI : DENKI NO SHIKUMI edited by SHINSEI Publishing Co., Ltd.
Copyright @ 2005 SHINSEI Publishing Co., Ltd.

All rights reserved.
First published in Japan by SHINSEI Publishing Co., Ltd., Tokyo.

This Korean edition is published by arrangement with
SHINSEI Publishing Co., Ltd., Tokyo in care of Tuttle-Mori Agency, Inc., Tokyo.

머리말

우리들에게 있어 자동차는 가장 가까운 교통수단이다.

최근의 자동차는 일일이 수리에 신경 쓰지 않아도 별로 고장이 없고 딜러, 주유소나 용품점의 서비스도 향상되어 보닛을 정기적으로 열어보는 사람도 그만큼 드물어졌다. 하지만 자동차는 온갖 기술의 집대성이라고도 말 할 수 있는 공업제품이다. 자동차를 설계하여 상품으로서 전 세계에 유통시킬 수 있는 나라는 극히 몇 개국에 불과하다. 그 만큼 자동차를 생산한다는 것은 다방면의 기술력이 필요한 것이다.

이 책에서는 그런 자동차를 만들어낼 수 있는 갖가지 기술을 가능한 한 개별적으로 열거하여 그림이나 사진으로 해설하고 있다. 제1장에서는 자동차의 분류 방법과 자동차의 형상에 대하여, 제2장에서는 자동차에 이용되고 있는 최첨단기술을 해설하였다. 제3장부터 제7장까지는 자동차에 사용되고 있는 부품이나 기구에 대하여 상세한 설명을 하였으며, 특히 기술의 핵심이 모아져 있는 엔진에 대해서는 3장에서 자세하게 기술하였다. 마지막의 제8장에서는 자동차의 역사에 대하여 간단히 정리해 보았다.

또한 테마에 따라서는 장의 말미에 메인터넌스의 페이지를 두어 간단하게 할 수 있는 정비 방법을 소개하였다. 이 책에서 다룬 메인터넌스를 실행함으로써 자동차의 메커니즘에 대한 이해와 관심이 깊어지기를 저희 편집부는 기대하고 있다.

자동차의 메커니즘을 이해하는 것은 자동차의 고장을 조기에 발견하는데 도움이 된다. 이 책을 읽음으로써 안전하고 쾌적한 자동차 생활에 도움이 된다면 다행이라 생각한다.

신성출판사 편집부

편역자의 말

전 세계 인구가 가장 많이 사용하는 최고의 발명품인 자동차는 3만개 이상의 부품으로 만들어졌으며, 여러 가지 과학 분야의 첨단기술이 응집되어 지능형자동차와 친환경자동차를 발전시키는 등 눈부신 기술의 진보가 이루어지고 있다.

주행 성능을 보다 안전하게 하기위한 차량통합제어 시스템으로 차량자세제어장치를 중심으로 현가, 제동장치 및 정속주행장치와 차선이탈방지, 자동 주차시스템 등을 제어하여 차량의 안전성과 편의성을 최상의 상태로 만들어 준다.
특히 엔진은 과거부터 현재까지 자동차의 동력원으로 사용되어 왔으나 환경오염, 지구온난화 문제, 에너지절약에 대응할 수 있는 하이브리드 자동차와 수소, 연료전지자동차가 자동차의 신동력원으로 비약적으로 신장될 것으로 전망되고 있다.

이 책을 접하면서 방대한 자동차의 기술적인 내용을 한정된 지면에 집약적으로 알기 쉽고 일목요연하게 서술하고 편집했다는 점에서 그저 놀라울 따름이다.
세계가 그린 환경을 표방하고 친환경 자동차 생산에 매진하는 이 시점에서 자동차를 사랑하고 알고픈 청소년에서부터 대학생, 일반인들에게까지 강력히 추천해드려도 전혀 손색이 없다고 자부한다.
원작자의 내용을 최대한 우리에게 맞도록 노력하였으나 혹시 오류가 있다면 독자 여러분들의 조언을 바랍니다.

끝으로 이 책이 한글판이 되도록 기회를 주신 도서출판 골든벨 김길현 사장과 임직원 여러분께 수고로움을 표한다.

2010. 3
김관권 씀

CONTENTS

Chapter 01 자동차 종류 • 9
- Section 01 차체 형상에 의한 분류 ········ 10
- Section 02 자동차의 각부 명칭 ········ 12

Chapter 02 최첨단 기술 • 15
- Section 01 4륜 조향 시스템 ········ 16
- Section 02 연료전지 자동차 ········ 18
- Section 03 W형 엔진 ········ 20
- Section 04 4바퀴 구동시스템 ········ 22
- Section 05 크루즈컨트롤과 온 보드 컴퓨터 ········ 24

Chapter 03 엔진 • 27
- Section 01 엔진의 형태 ········ 28
- Section 02 연소실 ········ 30
- Section 03 4행정 사이클 ········ 32
- Section 04 탑재 방식(搭載方式) ········ 34
- Section 05 보어(bore) & 행정(stroke) ········ 36
- Section 06 캠축 ········ 38
- Section 07 밸브기구 ········ 40
- Section 08 밸브 타이밍 ········ 42
- Section 09 SV, OHV, OHC ········ 44
- Section 10 피스톤 ········ 46
- Section 11 커넥팅 로드 ········ 48
- Section 12 크랭크축 ········ 50
- Section 13 로터리 엔진 ········ 52
- Section 14 스로틀 밸브 ········ 54
- Section 15 밸브 트로닉 ········ 56
- Section 16 연료 펌프 ········ 58
- Section 17 연료 분사장치 ········ 60
- Section 18 배터리와 스타트 모터 ········ 62
- Section 19 점화 코일과 배전기 ········ 64
- Section 20 점화 플러그 ········ 66

Section 21 알터네이터(AC 발전기) …………………………………… 68
Section 22 배기 경로 …………………………………………………… 70
Section 23 배기 매니폴드 ……………………………………………… 72
Section 24 머플러 ……………………………………………………… 74
Section 25 배출가스 정화장치 ………………………………………… 76
Section 26 냉각수와 순환 경로 ………………………………………… 78
Section 27 냉각수(coolant) …………………………………………… 80
Section 28 라디에이터(방열기 ; radiator) …………………………… 82
Section 29 엔진 오일 …………………………………………………… 84
Section 30 터보 ① ……………………………………………………… 86
Section 31 터보 ② ……………………………………………………… 88
Section 32 슈퍼 차저 …………………………………………………… 90
Section 33 엔진 룸의 정비 …………………………………………… 92

Chapter 04 구동계통 • 95

Section 01 FF 자동차와 FR 자동차 …………………………………… 96
Section 02 RR 자동차과 MR 자동차 ………………………………… 98
Section 03 4WD ………………………………………………………… 100
Section 04 변속기와 클러치 …………………………………………… 102
Section 05 변속기 ……………………………………………………… 104
Section 06 클러치 ……………………………………………………… 106
Section 07 싱크로나이저 ……………………………………………… 108
Section 08 자동변속기(AT) …………………………………………… 110
Section 09 토크 컨버터 ………………………………………………… 112
Section 10 로크 업 기구 ………………………………………………… 114
Section 11 CVT ………………………………………………………… 116
Section 12 프로펠러 샤프트 …………………………………………… 118
Section 13 드라이브 샤프트 …………………………………………… 120
Section 14 디퍼렌셜 …………………………………………………… 122
Section 15 LSD ………………………………………………………… 124
Section 16 트랙션 컨트롤 ……………………………………………… 126
Section 17 타이어의 점검 ……………………………………………… 128

Chapter 05 섀시 • 131

Section 01 서스펜션의 기능 …………………………………………… 132

Section 02 스프링과 쇽업소버 …………………………………………………… 134
Section 03 리지드 방식 …………………………………………………………… 136
Section 04 독립 현가방식 ………………………………………………………… 138
Section 05 스티어링 ………………………………………………………………… 140
Section 06 애커먼 기구 …………………………………………………………… 142
Section 07 스티어링 기어 ………………………………………………………… 144
Section 08 파워 스티어링 ………………………………………………………… 146
Section 09 사륜 조향(4WS) ……………………………………………………… 148
Section 10 타이어의 기본 ………………………………………………………… 150
Section 11 타이어의 종류 ………………………………………………………… 152
Section 12 타이어의 사이즈 ……………………………………………………… 154
Section 13 휠의 기초지식 ………………………………………………………… 156
Section 14 브레이크 ………………………………………………………………… 158
Section 15 디스크 브레이크 ……………………………………………………… 160
Section 16 드럼 브레이크 ………………………………………………………… 162
Section 17 ABS ……………………………………………………………………… 164
Section 18 브레이크의 정비와 이상 ……………………………………………… 166
Section 19 와이퍼와 램프의 교환 ………………………………………………… 168

Chapter 06 보디 • 171

Section 01 보디 구조 ……………………………………………………………… 172
Section 02 공기저항 ………………………………………………………………… 174
Section 03 보행자 안전보디와 충돌안전 인테리어 …………………………… 176
Section 04 도장 ……………………………………………………………………… 178
Section 05 도어와 루프 …………………………………………………………… 180
Section 06 세차 ……………………………………………………………………… 182

Chapter 07 각종 보조 장치 • 187

Section 01 라이트 …………………………………………………………………… 188
Section 02 나이트 비전과 와이퍼 ………………………………………………… 190
Section 03 시트 ……………………………………………………………………… 192
Section 04 안전벨트 ………………………………………………………………… 194
Section 05 에어백 …………………………………………………………………… 196
Section 06 도어 미러 ……………………………………………………………… 198
Section 07 리모컨 키와 공조시스템 ……………………………………………… 200

Section 08 옆미끌림 방지장치 ………………………………………………… 202
Section 09 카 내비게이션 시스템 ……………………………………………… 204

Chapter 08 자동차의 역사 • 207

Section 01 연구 시대 ……………………………………………………………… 208
Section 02 실용화 시대 …………………………………………………………… 209
Section 03 공업화 시대 …………………………………………………………… 210
Section 04 기술개발 시대 ………………………………………………………… 211
Section 05 일본의 자동차 산업 …………………………………………………… 212
Section 06 한국의 자동차 산업 …………………………………………………… 213

Chapter 01

자동차 종류

Section 01 차체 형상에 의한 분류
Section 02 자동차의 각부 명칭

Section 1. 차체 형상에 의한 분류

 박스 자동차의 보디 형상은 차체(박스, 지붕)가 어떻게 구성되어 있는가에 따라 표현된다.

▶ 자동차의 이름

하나의 형태에도 다양하게 불려지고 있는 이름이 있다.

자동차의 보디에는 여러 가지 형태가 있다. 그 중에서도 잘 알려진 것이 1 박스나 2 박스라고 하여 자동차의 보디 형상을 「**상자**」의 형태로 표현한 것이다. 예를 들면 3박스라고 하는 경우는 엔진 룸, 승객 실, 트렁크 룸이라고 하는 3개의 방(box)으로 구성된 자동차를 가리킨다. 이것은 중형차 이상에서 많이 볼 수 있는 형태로 차체 뒤쪽에 트렁크 룸이 있는 것이 외관상의 특징이다.

이러한 3박스 타입 자동차의 경우 미국에서는 「**세단**」, 유럽에서는 「**살롱**」이라 불린다. 그 중에서도 2 도어로 스포츠 타입의 경우에는 「**쿠페**」라고 부르며, 뒷부분이 매끄럽게 속도감을 나타내는 완만한 곡선을 가진 유선형의 것을 「**패스트 백**」이라고 부른다. 또한 3박스 자동차에서 트렁크 룸이 없는 자동차는 2박스라 하며, 트렁크 룸이 승객실과 일체로 되어 있다.

원래는 「**왜건**」으로부터 파생된 것으로 뒷부분에 도어(hatch)를 설치하여 이 부분으로 화물(貨物)을 싣거나 내릴 수 있도록 하였으며, 뒤쪽의 시트를 접을 수 있어 그 공간을 화물실(luggage space)로 사용할 수 있도록 세단과 왜건의 승객실 위치를 크게 확보하여 둘로 나눈 차체의 형식은 「**해치백**」이라고 부른다.

이 타입은 시트를 많이 배열할 수 있어 보디 사이즈에 비해 넓은 공간을 이용할 수 있는 것이 최대의 특징이다. 충돌시에 안전을 우선하기 때문에 운전석보다 앞부분(엔진 룸)을 길게 돌출시킨 「**1.5 박스**」도 있다.

▶ 도어 타입

도어의 개수로 분류하는 경우 트렁크 룸이 있는 자동차는 각각 **2도어 타입**, **4도어 타입**이라고 부르지만 자동차 실내와 직접 연결되어 있는 도어가 뒷부분에 있는 자동차는 그 도어를 포함시켜 각각 **3 도어 타입**, **5도어 타입**이라고 부른다.

이와같이 보디의 분류는 각 메이커의 기준에 따라 구분하기 때문에 통일성을 기하기 어렵다.

● **Tip** ● 도요타가 사용하는 리프트 백은 해치백이다. 리프트 백은 도요타의 등록 상표이다.

컨버터블

지붕을 개폐시킬 수 있는 형식. 세단이나 해치 백을 개조하여 호환시킨 자동차도 많다.

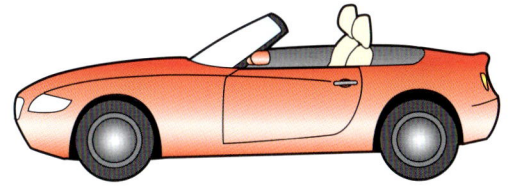
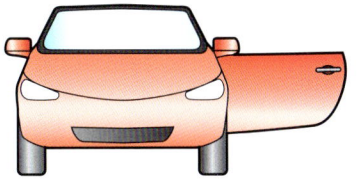

세단

자동차 뒷부분에 독립된 트렁크가 있는 형식. 트렁크를 개폐시켜도 바깥 공기가 실내에 들어올 수 없다.

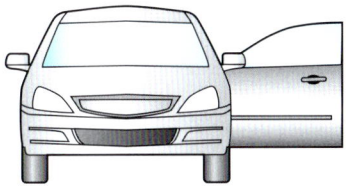

왜건

세단의 루프 뒷부분을 연장하여 화물실(貨物室)을 크게 한 타입. 세단에 비해 많은 화물을 실을 수 있다.

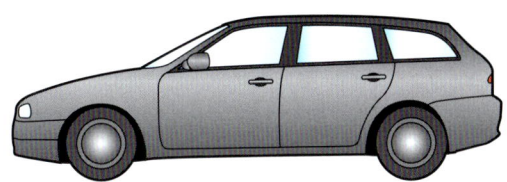
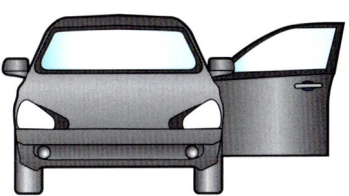

세단 : 하드 탑 타입

창의 테두리가 없는 자동차를 하드 탑이라 한다. 이것은 컨버터블에 금속제의 지붕을 씌운 자동차로부터 발전한 차종이다.

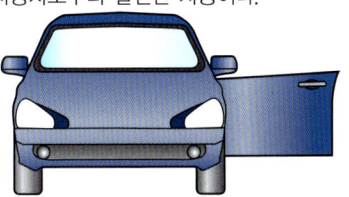

해치 백

세단의 트렁크를 제거한 것과 같은 형태. 화물은 세단에 비해서 많이 실을 수 없지만 차체의 치수를 작게 할 수 있다.

● Tip ● 차체 형식에 따른 이름은 각 사마다 여러 가지이다. 최근에는 SUV나 미니 밴이라고 하는 유형을 많이 보게 된다. 어느 쪽이나 차체 형식이라고 해도 자동차를 사용하는 방법으로 분류하여 불려지는 이름이다.

Section 2 자동차의 각부 명칭

 Key Word **3만개** 자동차 1대에 사용되는 부품의 수는 대략 3만개 정도라고 한다.

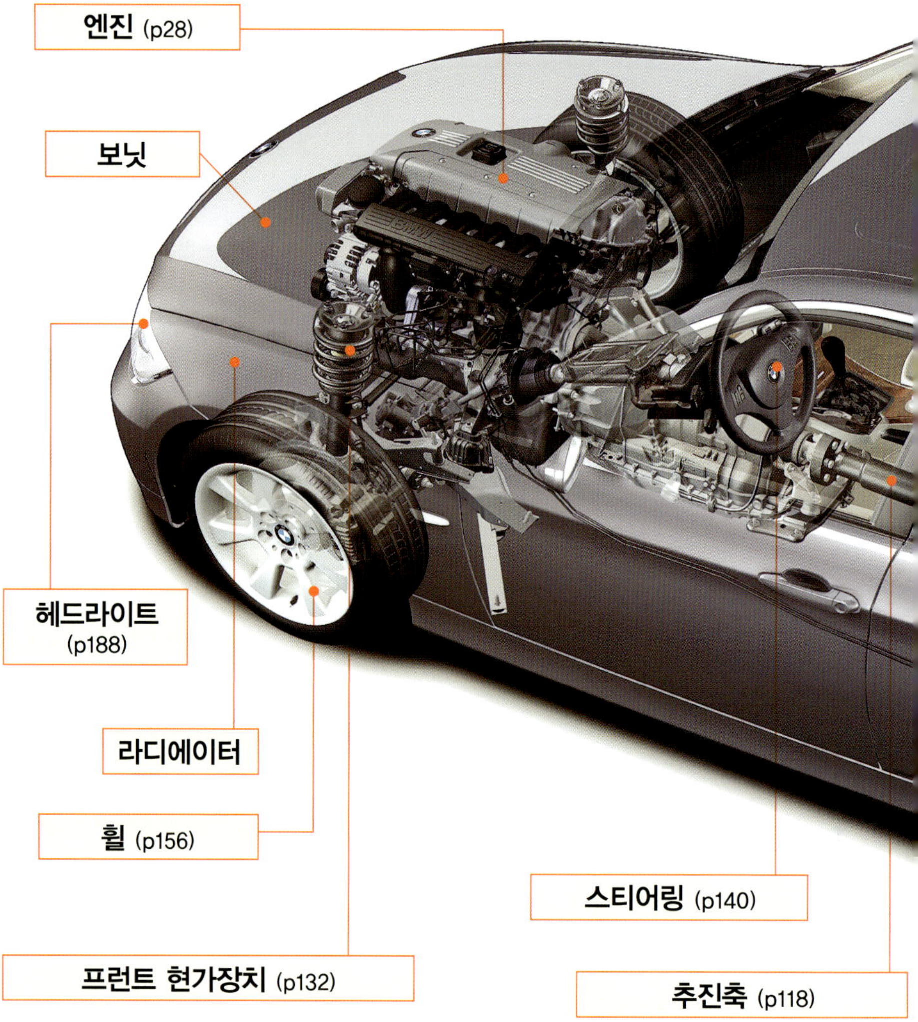

- 엔진 (p28)
- 보닛
- 헤드라이트 (p188)
- 라디에이터
- 휠 (p156)
- 프런트 현가장치 (p132)
- 스티어링 (p140)
- 추진축 (p118)

● Tip ● 사진의 자동차는 BMW의 3시리즈

Chapter 01 자동차 종류   13

- 선루프 (p180)
- 쇽업소버 (p134)
- 리어 현가장치 (p132)
- 스프링 (p133)
- 리어 윈도
- 트렁크
- 디프런셜 (p122)
- 테일 라이트
- 범퍼

● Tip ● 자동차를 생산하려면 자동차에 사용되는 금속, 비금속, 플라스틱, 유리, 고무 등 다방면에 걸쳐 각각의 산업이 발달하고 있어야 한다.

국가에 따라서 다른 형식 명칭

우리나라에서는 외국에서 불려지는 명칭을 그대로 사용하는 경우가 많다.
수입처의 형식과 명칭을 그대로 도입해 온 결과 차체 형식의 호칭이 여러 가지로 섞여 있다.

세단(Sedan)

세단은 미국에서의 호칭으로 같은 영어권인 영국에서는 「살롱」이라고 한다. 세단의 고급자동차를 살롱이라고 호칭하는 경우가 있는데 아마 영국의 고급 세단의 이미지일 것이다. 프랑스에서는 베르리느, 이탈리아에서는 베르리나, 독일에서는 리무진이라 부른다.

컨버터블(Convertible)

컨버터블도 미국에서의 호칭으로 의미는 형태를 변형시켜 얻을 수 있다고 하는 것. 영국에서는 「드롭 헤드」라고 부르며, 프랑스, 이탈리아, 독일에서는 「카브리올레」라고 부른다. 지붕이 개폐되는 형식의 자동차를 「오픈카」라고 부르는 경우가 많다.

2인승 스포츠카 타입에서 오픈카로서 설계된 것은 「로드스터」라고 호칭하며, 로드스터는 영국에서의 호칭으로, 이탈리아에서는 「스파이더」라고 부른다.

하드 탑(Hardtop)

의미는 단단한 지붕. 컨버터블의 지붕을 금속화한 것으로 도어의 창에 테두리가 없고 앞뒤의 문 유리(도어 윈도) 사이에 기둥(센터 필러, B필러)이 없다. 세단보다 스포티한 이미지의 연출성과 미국에서 크게 유행되었다. 그러나 안전성이 중요시되어 강도를 확보하기 위해 현재는 센터 필러(B 필러, 기둥)를 설치한 것이 많다.

가로 방향으로부터의 충돌이나 자동차가 전도되었을 때 센터 필러는 중요한 강도의 멤버가 되기 때문이다. 지금은 문 유리에 테두리가 없고 높이가 약간 낮은 스포티한 스타일의 모델을 하드 탑이라고 부르고 있다.

스테이션 왜건(Station Wagon)

세단의 지붕을 뒤로 늘려 짐을 싣기 위한 넓은 적재함(화물실 ; 貨物室)을 마련한 자동차로 왜건과 생략하여 부르는 경우가 많다. 원래는 미국에서 달리고 있던 「역마차」라고 하는 의미이다. 영국에서는 「에스테이」, 프랑스에서는 「브레이크」, 이탈리아에서는 「파밀리아레」, 독일에서는 「콤비」라고 부른다.

Chapter >>

02

최첨단 기술

Section 01 4륜 조향 시스템
Section 02 연료전지 자동차
Section 03 W형 엔진
Section 04 4바퀴 구동시스템
Section 05 크루즈 컨트롤과 온 보드 시스템

Section 1. 4륜 조향 시스템

 리어 액티브 조향장치 자동차 속도와 앞바퀴의 조향 각도에 따라서 뒷바퀴와 앞바퀴를 동일 방향 또는 역방향으로 조향하는 닛산 자동차의 4륜 조향 시스템

자동차 속도와 조향 각도에 따라서 뒷바퀴를 앞바퀴와 동일 방향 또는 역방향으로 조향시키는 시스템. 현가장치에 무리한 하중을 주지 않는 상태로 중·저속 영역에서는 신속하게 움직이고, 고속 영역에서는 안정된 움직임으로 조향할 수 있다.

액추에이터

전동 액추에이터

리어 멀티 링크 서스펜션부에 설치된 액티브 조향용 전동 액추에이터. 자동차 속도와 조향각도에 따라서 뒷바퀴를 역위상(逆位相) 또는 동위상(同位相)으로 변환하는 것이 액추에이터의 역할이다. 뒷바퀴가 조향되고 있으면 운전자가 깨닫지 못할 정도의 리니어(linear) 제어에 의해서 경쾌한 조향감과 안정성이 얻어진다.

● Tip ● 자동차 각부 명칭은 외래어이므로 사전적 용어가 현장 용어와 다른 경우가 많다. 잠바카바는 「로커암 커버」, 세루모타는 「기동전동기」 등

제어 이미지

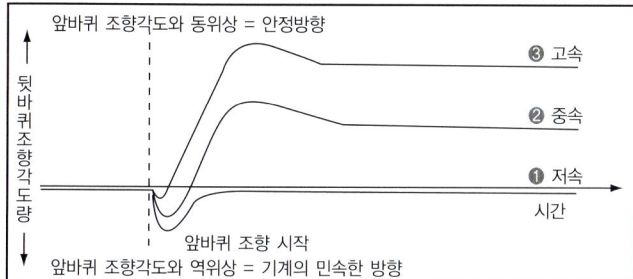

저속에서부터 고속까지 3단계로 설정된 앞바퀴 조향각도와 뒷바퀴 조향의 관계. 어느 속도 영역에서는 역위상(앞바퀴의 역방향)으로 조향되어 선회성(旋回性)을 높이고 있다. 속도가 증가되는 만큼 역위상의 시간이 짧아져 안정 지향의 설정이 이루어지고 있는 것을 알 수 있다.

제어 시스템

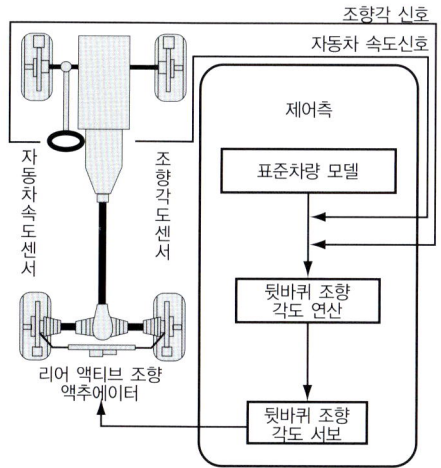

주행하고 있는 자동차 속도와 운전자가 조작한 조향 각도를 감시하고 그 데이터를 기초로 리어 액티브 조향장치의 조향 각도가 결정된다.

작동 이미지

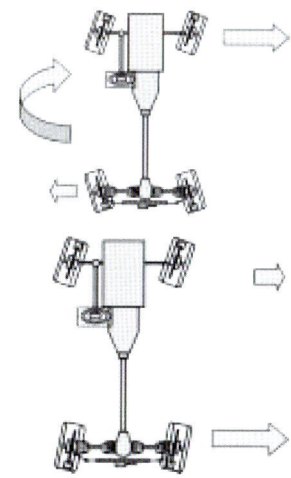

그림의 위는 역위상 상태로서 주로 시내의 교차로 등에서의 작동 상태이고, 아래는 고속 주행시의 동위상 상태이다.

구성 부품

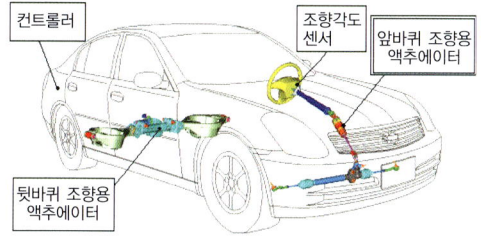

조향장치에 설치된 조향각도 센서, 자동차 속도 센서, 뒷바퀴 조향용 액추에이터, 컨트롤러로 구성된다. 종전에 스카이라인 등에 설치되어 있던 HICAS의 후속 시스템으로 설치되는 4륜 조향 시스템이라고 할 수 있다.

● **Tip** ● 4륜 조향장치가 실용화 된 것은 10년 이상이지만 그 이전에는 운전자가 움직임이 부자연스럽다고 불평이 있었다. 최근 다시 이 기술이 사용되기 시작한 것은 전자제어 기술이 진화했기 때문이다.

Section 2 연료 전지 자동차

혼다 FCX 세계 최초에 판매된 연료 전지 자동차. 수소와 산소를 반응시켜 발생된 전력으로 구동하는 전기 자동차이다.

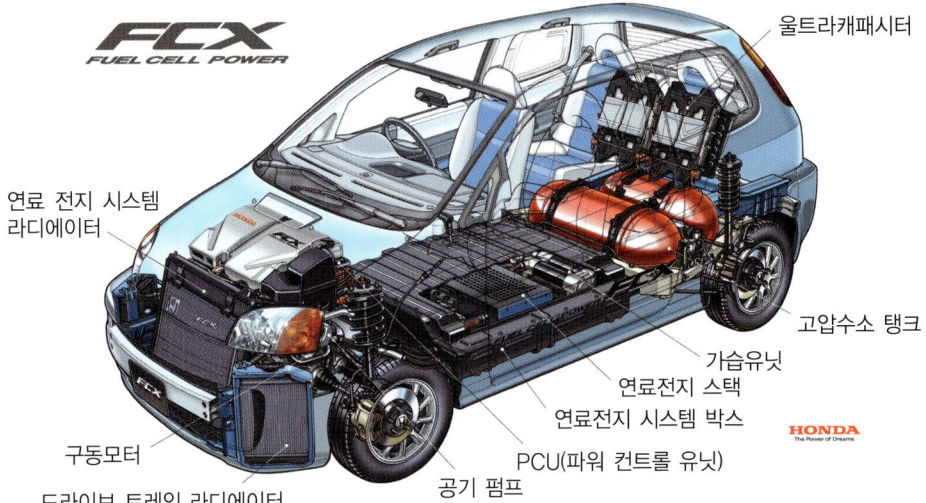

- 울트라캐패시터
- 연료 전지 시스템 라디에이터
- 고압수소 탱크
- 가습유닛
- 연료전지 스택
- 연료전지 시스템 박스
- PCU(파워 컨트롤 유닛)
- 공기 펌프
- 구동모터
- 드라이브 트레인 라디에이터

혼다 FCX의 전체 투시도. 하이브리드 카는 가솔린 엔진과 모터의 조합으로 구성된 것에 대하여 FCX 연료 전지 자동차는 화석 연료를 일체 사용하지 않는 저공해 자동차로서 주목받고 있다. 수소와 산소의 화학반응으로부터 얻은 전기 에너지로 모터를 구동한다.

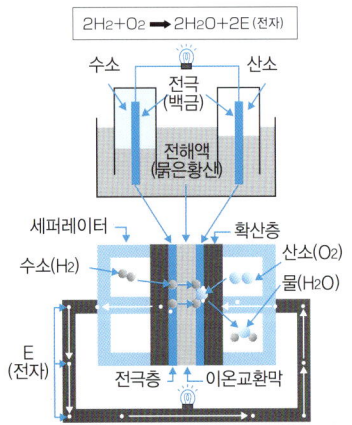

$2H_2 + O_2 \rightarrow 2H_2O + 2E(전자)$

연료 전지 스택의 발전 원리. 수소가 수소 이온으로 바뀌어 전자를 방출함으로써 직류 전류를 발생시킨다. 산소극의 산소 이온과 전자가 결합되어 직류 전류를 흐르게 하여 발전한다.

수소 충진소

저공해 자동차라고 해도 연료와 함께 이용하는 수소는 어디든 쉽게 보급할 수 있는 것은 아니다. 그래서 개발된 것이 이동식 수소 충진소이다. 인프라 구축이 첫 번째 과제일 것이다.

● **Tip** ● 2005년 6월 17일 혼다는 국토교통성에서 FCX의 형식 인증을 일본에서는 처음으로 취득하였으며, 같은 날 도요타도 인증을 취득하였다.

FCX의 파워 트레인과 구조

연료 전지 시스템을 차실 내의 바닥 밑에 탑재하고, 고압 수소 탱크가 트렁크 바닥 밑에 탑재되는 등 레이아웃을 여러 가지로 연구하여 실내의 보디 사이즈를 크고 쾌적한 거주 공간을 확보하고 있다.

출발시 높은 출력을 어시스트하는 울트라 캐패시터

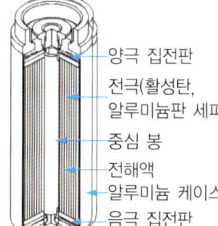

- 양극 집전판
- 전극(활성탄, 알루미늄판 세퍼레이터)
- 중심 봉
- 전해액
- 알루미늄 케이스
- 음극 집전판

- 유리섬유
- 카본섬유
- 알루미나

350기압의 수소가 충진되는 고압 수소 탱크

연료전지 스택으로부터의 전력 등을 제어하는 컨트롤유닛

86kW의 최고 출력을 갖는 연료전지 스택 등이 저장되는 시스템 박스

거주공간
메커니즘 레이아웃의 연구에 의해서 성인 4명이 앉을 수 있는 여유 공간을 확보

연료전지 시스템 박스
연료전지 스택을 중심으로 발전시스템을 박스 구조하여 바닥 밑에 설치하여 충분한 거주 공간을 확보

PCU(파워 컨트롤 유닛)
소형화하여 모터 위에 설치하여 전면 충돌로부터 고전압을 보호

울트라캐패시터
리어시트 등받이 뒤에 트렁크의 공간을 확보

고압 수소 탱크
리어시트 아래에 수납하여 저장용량을 확대하면서도 트렁크 공간을 확보

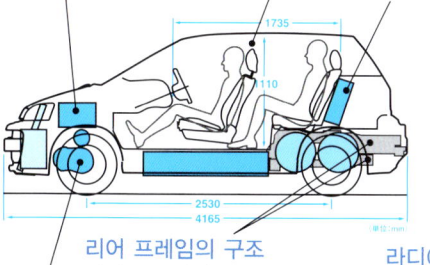

리어 프레임의 구조
리어 프레임과 서브 프레임을 2층 구조로 하여 탱크를 충돌로부터 보호

라디에이터
모터 일체구조 변속기의 소형화에 의해 연료 전지 시스템 라디에이터를 대형화하여 중앙에 경사지게 배치, 드라이브 트레인 라디에이터를 양 사이드에 설치하여 냉각 성능을 향상

뒤 현가장치
고압 수소 탱크와 서브 프레임에 일체 마운트를 사용 탑재성을 향상

모터 일체구조 변속기
소형화 설계에 의해서 운전하기 쉬운 보디 사이즈에 공헌

Section 3. W형 엔진

 W형 V형 2개를 조합한 형태의 엔진. 폭스바겐이 개발하였다.

뱅크 각도가 15° V형 6기통 엔진 및 V형 5기통 등 독특한 엔진을 개발한 폭스바겐이 출시한 배기량이 큰 신세대 멀티 실린더 엔진. V형 엔진을 2개 조합한 W형 8기통에서도 엔진의 전체 길이는 2.5기통 정도로 소형화함이 특징.

실린더 블록의 구조

V형 엔진을 2개조 조합시킨 새로운 형상으로 개발된 엔진이지만 일반적인 V 뱅크 각에서는 가로의 폭이나 높이가 커지는 것은 아래의 그림으로도 알 수 있지만 W형 엔진은 각각의 V 뱅크 각이 좁기 때문에 실현이 가능하다고 할 수 있다.

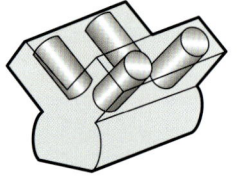 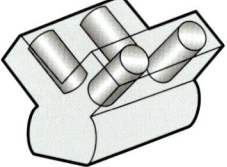 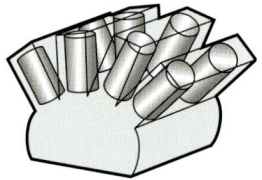

● **Tip** ● 폭스바겐의 W 12기통 엔진은 V8 엔진 수준의 크기에서 결정되고 있다

피스톤의 배치

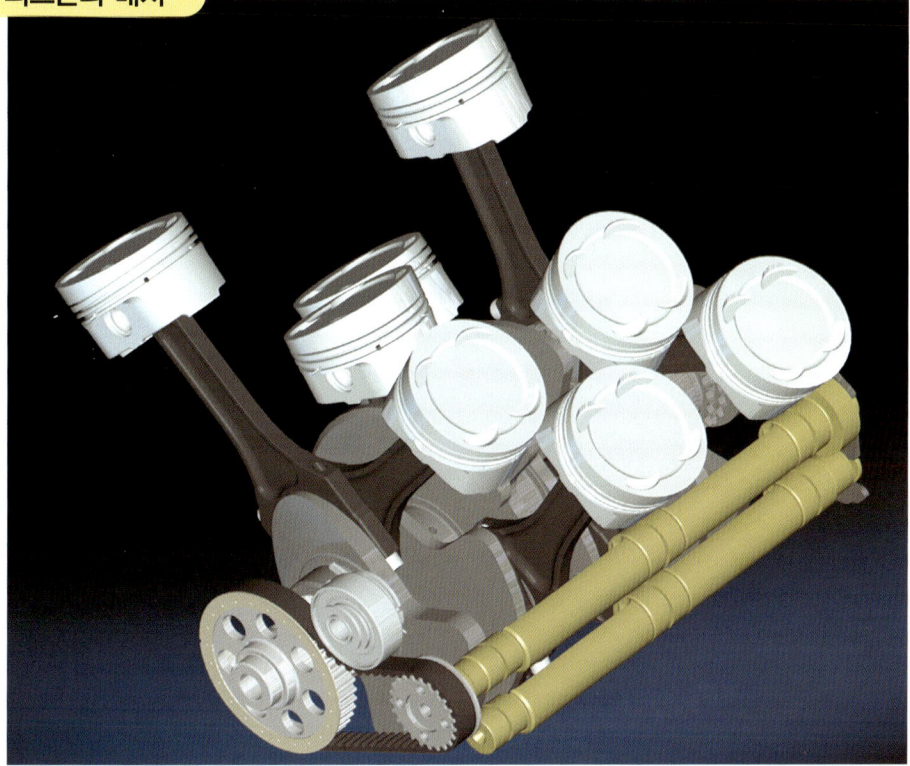

피스톤이 4열로 배치된 모양의 W형 엔진은 사진으로 밖에 볼 수 없다. 보통의 V형 엔진은 2개의 실린더 블록이 있는데 비하여 W형은 1개의 실린더 블록으로 구성되어 있으므로 엔진의 외형으로서는 W형인 것을 알 수 없다. 이것은 8기통이지만 폭스바겐의 최고급 세단인 페톤에는 W형 12기통 엔진도 탑재되고 있다.

크랭크축

실린더의 배열이 개성적이지만 크랭크축의 형상도 특징적이다. 전체 길이가 짧음은 물론이고 얇고 큰 밸런스웨이트의 형상 등은 W형 엔진이 아니라고 해도 좋을 정도이다.

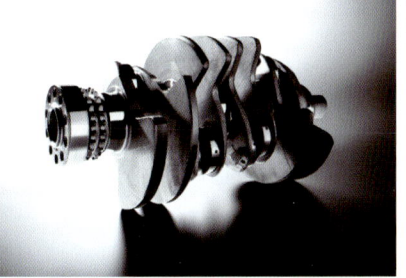

W형 엔진을 탑재한 파사트.

● Tip ● 폭스바겐의 부가티에는 W18기통 엔진이 탑재되어 있다.

Section 4 4바퀴 구동시스템

 SH-AWD 혼다가 개발한 4바퀴 구동 시스템. 뒷바퀴 구동 유닛만으로 전·후, 좌·우의 구동력을 제어한다.

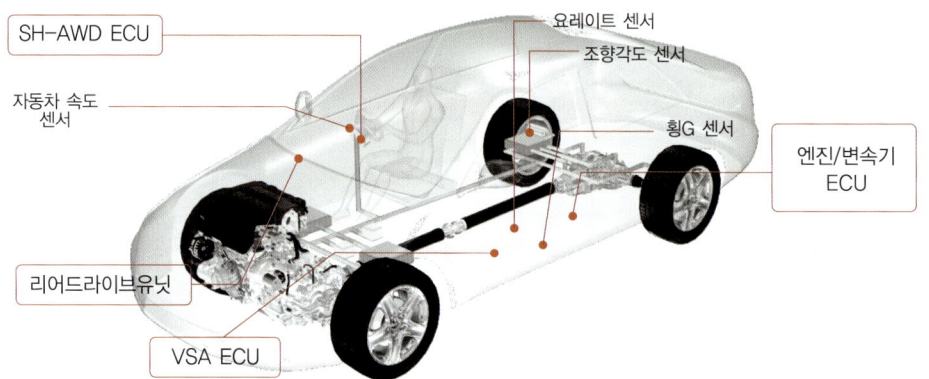

그림은 SH-AWD 구성 부품의 배치도이며, 지금까지 이러한 종류의 4WD는 구동력의 분배가 앞·뒷바퀴 방향으로만 이루어지고 있었는데 비하여 이 시스템은 뒷바퀴의 좌·우 구동력도 가변되는 것이 특징이다.

구동력 제어 이미지

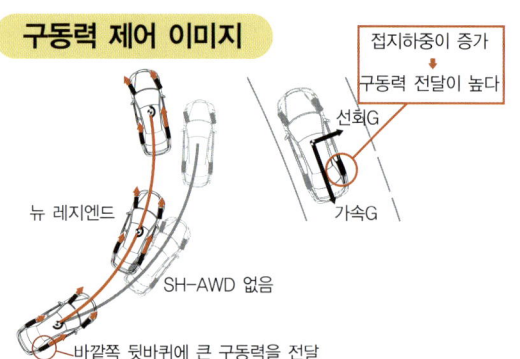

● 앞뒤 바퀴 구동력 분배
앞뒤 바퀴의 구동력을 70:30~30:70의 범위로 연속가변

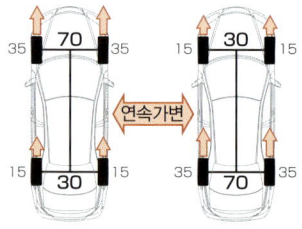

뒷바퀴 좌·우에 구동력의 분배를 연속적으로 가변시키는 것으로 운전자가 생각했던 것보다 바깥쪽으로 자동차가 쏠리는 언더 스티어를 감소시킨다.

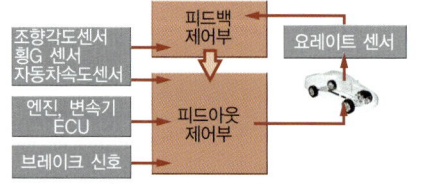

구동력 배분은 조향각도 및 횡G 등 각종 센서와 엔진의 컴퓨터를 사용하여 정밀하게 제어된다.

● 뒷바퀴 좌우 구동력 제어
뒷바퀴에 분배된 구동력을 한층 더 좌우에 100:0~0:100의 범위에서 연속 가변 (뒷바퀴에 구동력을 최대 배분했을 경우의 가변 제어)

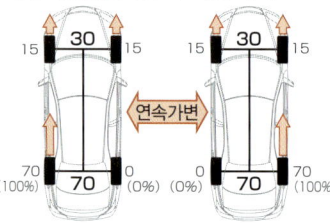

● **Tip** ● 자동차 바퀴 모두에 동력을 전달하는 것이 안전하고 빠르게 달릴(주행) 수 있다. 앞으로 메이커에서는 얼마나 효율적으로 4바퀴에 서로 다른 구동력을 분배할 것인가를 연구하고 있다.

뒷바퀴 구동 유닛

SH-AWD의 심장부가 되는 부분. 중앙 차동기어 장치와 뒤 차동기어 장치로 구성되어 있는 4WD와의 큰 차이는 뒷바퀴 구동 유닛만으로 앞뒤, 좌우의 구동력을 제어하는 것이다. 추진축 쪽에 증속기구, 뒷바퀴 구동축 쪽에 다이렉트 전자 클러치가 설치되어 있다.

다이렉트 전자 클러치. 여러 장의 플레이트로 구성되는 클러치나 붉은 사각 부분의 솔레노이드 등으로 구성되어 이것이 좌우에 1 세트씩 설치되어 있다. 일반적인 솔레노이드와 바깥쪽 자성체간에 간극(틈새)이 있어 구동력이 전달될 때는 그 간극이 밀착되어 일체가 된다.

뒷바퀴 구동 유닛의 구조

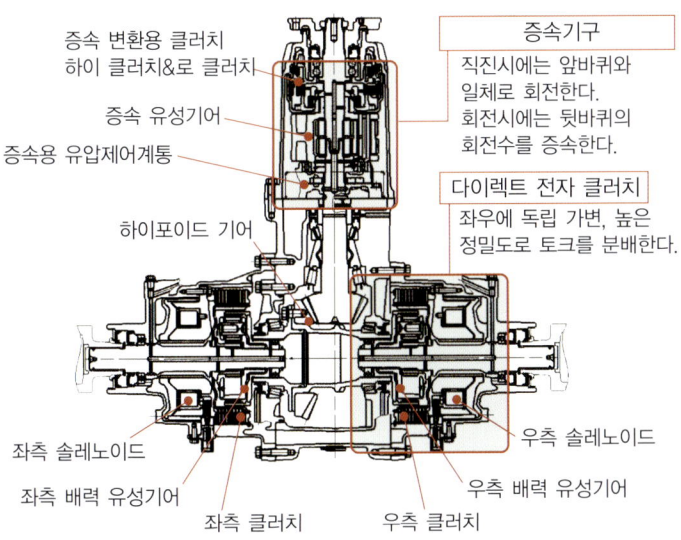

- 증속 변환용 클러치 하이 클러치&로 클러치
- 증속 유성기어
- 증속용 유압제어계통
- 하이포이드 기어
- 좌측 솔레노이드
- 좌측 배력 유성기어
- 좌측 클러치
- 우측 솔레노이드
- 우측 배력 유성기어
- 우측 클러치

증속기구: 직진시에는 앞바퀴와 일체로 회전한다. 회전시에는 뒷바퀴의 회전수를 증속한다.

다이렉트 전자 클러치: 좌우에 독립 가변, 높은 정밀도로 토크를 분배한다.

코일에 전류가 흐를 때 발생하는 전자력으로 다판 클러치를 직접 제어하는 방식은 세계 최초이다. 좌우 각각의 다이렉트 전자 클러치 솔레노이드 부분에 있는 메인 코일에 전류가 흐르면 자력이 발생하여 자성체(솔레노이드의 바깥쪽에 있는 부분)가 전자석(솔레노이드를 둘러싸고 있는 부분)을 끌어당기면 피스톤이 클러치를 압착시킴으로써 구동력이 전달된다. 압착시키는 힘(토크 분배)은 전류량을 조절함으로써 제어된다.

● Tip ● 혼다의 SH-AWD가 우수한 것은 자동차 속도나 조향핸들의 조작 등 운전상황을 세밀하게 센서를 이용하여 모니터링 함으로써 능동적으로 구동력을 분배하는 것이다.

Section 5 크루즈 컨트롤과 온 보드 컴퓨터

온 보드 컴퓨터 외부 온도, 평균 속도, 연비, 항속 거리, 모든 메인터넌스 정보 등을 카 내비게이션의 화면 등에 표시한다.

❯ 진화하는 운전지원 시스템

자동차가 많아, 한산한 직선 거리를 몇 십 킬로씩 달린다는 일은 드물지만 미국 등에서는 자기 페이스로 긴 거리를 달리곤 한다. 그때 액셀러레이터을 밟지 않아도 일정한 속도로 유지해 주는 크루즈 컨트롤(cruise control) 시스템이 있다.

크루즈 컨트롤의 시스템은 간단하다. 즉 자동 액셀러레이터이다. 실제로 운전자가 액셀러레이터를 밟지 않고 차의 컴퓨터가 연료분사를 지시하여 설정된 속도를 유지시킨다. 언덕길 같은 곳에서 속도가 떨어질 경우에는 스로틀을 좀 더 열고, 속도가 너무 높아지면 엔진 브레이크가 작동하게 되어 속도를 컨트롤해 준다. 긴급시에 브레이크를 밟으면 속도 설정이 해제되는 것이 일반적이다.

또, 앞 차량과의 거리를 측정하는 **미리파식** 또는 **레이저식 레이더 시스템**, 도로의 흰선 등으로 차선을 판단하는 카메라를 설치하여 차간거리 제어, 차선유지 기능까지 있는 크루즈 컨트롤도 이미 등장하고 있다. 옵션 가격이 비싼 것이 흠이고 보급에는 시간이 걸릴 것이다.

❯ 차량 상태를 알리는 온보드 컴퓨터

현재의 차는 고장이 나지 않고 계기 종류도 적어지고 있다. 예전에는 속도계·회전계·연료계·유압계·온도계·전압계 등 다양한 정보를 모니터하면서 주행해야 하지만 최근에는 속도계 이외에 경고등만 있는 자동차도 있다.

그래서 카 내비게이션이나 별도의 표시부를 설치함으로써 이러한 정보를 표시하는 것이 온 보드 컴퓨터이다. 모델에 따라서 외기 온도와 평균 속도, 순간 연비, 추정 항속거리를 표시하는 기능도 있으며 운전의 즐거움을 폭넓고 안정성 높게 해주는 것도 있다.

나아가 연료를 낭비없이 운전하도록 효율 좋은 스로틀 밸브 개도를 인디케이터로 알려주는 모델도 있다. 친환경에도 도움이 되는 것이다. 또 엔진오일 교환시기나 정기점검, 타이어의 공기압 경보까지 겸비한 타입도 있다. 현재의 차는 세밀한 부분까지 컴퓨터로 제어하고 있으므로 이러한 정보를 표시하는 것이 가능하게 된 것이다.

● Tip ● 일정 속도로 달릴 수 있는 크루즈 컨트롤은 연비 향상에도 공헌한다.

크루즈컨트롤

핸들의 오른쪽에 설정 스위치가 있는 크루즈 컨트롤. 자신이 유지하고 싶은 속도가 되면 SET쪽으로 레버를 누르면 자동으로 그 속도를 유지해 준다. 미리파 레이더나 카메라로 차선과 차간거리를 유지할 수 있는 진화한 타입이 일부 고급차종에 옵션 설정되어 있다.

온 보드 컴퓨터

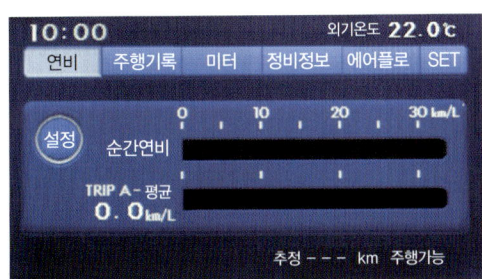

순정 내비게이션에 세트된 온 보드 컴퓨터의 연비표시화면. 오도/트립 미터 부분 등에 표시판이 있는 차도 있다. 연비 표시는 세밀하게 리셋할 수 있는 것과 주유할 때까지 리셋이 안되는 타입이 있다.

정비 정보를 입력하는 것도 일반적이 되고 있다. 엔진 오일과 오일 필터 등의 교환하는 거리와 교환한 날짜를 설정하면 그 시기가 되었을 때에 내비게이션 화면에 문자정보로 교환시기가 되었다는 것을 알려준다.

● Tip ● 차 외기온도를 계속 계측하여 물이 어느 온도 가까이에 도달하면 경고음이 울리는 차도 있다.

비석유화가 진행되는 엔진 기술

▶ 보급이 진행되는 하이브리드 엔진 자동차

석유의 고갈 문제와 가솔린 엔진이나 디젤 엔진의 배기가스가 환경을 오염시키는 문제가 대두되면서 자동차 업계는 이것들을 바꿀 수 있는 동력원을 모색하고 있다.

현재 가장 실용화가 진행되고 있는 것이 하이브리드 엔진 방식이다. 가솔린 엔진과 전기 모터를 조합하여 배기가스의 양을 큰 폭으로 저감시키는 것에 성공하고 있다. 가솔린 엔진은 출발과 가속시 회전수를 급격하게 올릴 때 연료를 많이 소비한다.

그러나 급격히 회전수를 올리지 않고 같은 속도로 움직이고 있을 때는 그만큼 연료를 소비하지 않는 특성이 있다. 따라서 하이브리드 자동차는 출발과 가속시 등은 모터의 힘을 사용한다. 엔진은 발전기를 회전시키는 동력으로서도 사용되어 배터리에 충전을 한다.

▶ 곧 실용화될 연료전지 자동차

실용화가 진행되고 있는 것은 연료전지 방식이다. 이것은 수소와 산소가 반응할 때 발생되는 전기를 이용하여 모터를 회전시키는 것이며, 배출되는 것은 가스가 아니고 물이다.

자동차에 연료는 수소만(수소를 이용하기 위한 메탄올 등을 탑재하는 경우도 있다)을 탑재하고 연소에 필요한 산소는 공기 중으로부터 도입된다. 저공해이면서 고효율화가 가능하도록 현재 활발하게 연구되고 있다. 문제점으로는 폭발 위험성이 있는 수소를 얼마나 안전하게 많이 실을 수 있는가에 달려 있다.

연료 전지의 원리는 이미 1839년에 발명된 것으로 현행 기술의 응용인 만큼 그 연구 속도는 빠르다. 2013년경에는 현재의 자동차 수준으로 사용할 수 있을 것이라는 예측도 있지만, 거기에는 수소가스 충진소 등 인프라의 구축이 키포인트가 된다.

또 실용화는 아직 이르지만 연구가 진행되고 있는 기술은 수소 엔진이 있다. 연료 전지에서는 수소를 사용하여 전기를 발생시켜 모터를 구동력으로서 사용하지만, 수소 엔진은 수소를 실린더 안에서 폭발시켜 동력으로 하는 방식이다. 이 기술의 장점은 가솔린 엔진에서 얻은 노하우를 사용할 수 있는 것이다. BMW가 활발하게 연구하고 있으며, 이 외에도 식물의 기름으로 움직이는 엔진 등도 연구되고 있다.

● Tip 현대·기아차 그룹은 한번 충전으로 758km까지 가능한 「모하비수소연료자동차」를 '2008 LA 모터쇼'에서 공개했고 2012년까지 소량 생산체제를 구축한 다음 2015년부터 상용화하겠다고 밝힘('09.9.10)

Chapter 03
엔진

Section 01 엔진의 형태
Section 02 연소실
Section 03 4행정 사이클
Section 04 탑재 방식
Section 05 보어(bore) & 행정(stroke)
Section 06 캠축
Section 07 밸브기구
Section 08 밸브 타이밍
Section 09 SV, OHV, OHC
Section 10 피스톤
Section 11 커넥팅 로드
Section 12 크랭크축
Section 13 로터리 엔진
Section 14 스로틀 밸브
Section 15 밸브 트로닉
Section 16 연료 펌프
Section 17 연료 분사장치
Section 18 배터리와 스타트 모터
Section 19 점화 코일과 배전기
Section 20 점화 플러그
Section 21 알터네이터(AC 발전기)
Section 22 배기 경로
Section 23 배기 매니폴드
Section 24 머플러
Section 25 배출가스 정화장치
Section 26 냉각수와 순환 경로
Section 27 냉각수(coolant)
Section 28 라디에이터(방열기)
Section 29 엔진 오일
Section 30 터보 ①
Section 31 터보 ②
Section 32 슈퍼 차저
Section 33 엔진 룸의 정비

Section 1 엔진의 형태

 실린더 배열 엔진의 배기량, 크기, 밸런스 등을 고려하여 각 메이커는 실린더 수와 배열을 결정한다.

▶ 배기량과 실린더(기통)수

엔진의 배기량을 크게 하면 출력(마력)은 커진다. 배기량을 크게 하기 위해서는 **1개 실린더(기통)**의 용적을 크게 하는 것으로 가능하지만 연소 속도나 부품 하나하나의 강성 및 내구성에 한계가 있기 때문에 실린더 수를 늘려서 전체의 배기량을 크게 하는 방법이 채택되고 있다.

실린더를 배열하는 방법에는 메이커의 연구에 의해 엔진의 설치 방향이나 형상을 1열로 배열하는 직렬형 엔진과 2열로 배열하는 V형 엔진 및 수평 대향형 엔진이 있다.

▶ 배기량이 작은 자동차는 직렬형 엔진이 주류

직렬형 엔진은 실린더가 1열로 된 모양이다. 현재 2ℓ 이하의 배기량이라면 직렬 4기통(실린더) 엔진이 가장 많이 사용된다. 경자동차에는 3기통 엔진과 4기통 엔진이 모두 사용되고 있지만 4기통 엔진이 진동이나 정숙성 등이 우수하다.

또한 2ℓ 이하의 엔진도 예전에는 6기통 엔진이 사용되었었지만, 1개 실린더의 배기량이 작고 폭발력 및 토크도 작으며, 저속회전 엔진으로 자동차의 길이가 길어지기 때문에 현재는 4기통 직렬형 엔진이 주류를 이루고 있다.

▶ 배기량이 큰 자동차는 V형 엔진이 주류

V형 엔진은 직렬형 엔진을 V형으로 만든 것. 점화 순서의 밸런스를 위해서 실린더 수에 따라 적절한 뱅크 각도(bank of angle)가 다르다. 예를 들면 6기통 엔진이나 12기통 엔진이면 90도의 뱅크 각도가 이상적으로 여겨지며, 8기통 엔진에서는 60도가 이상적인 뱅크 각도이다. V형 엔진은 직렬형 엔진에 비해 폭은 넓어지지만 길이는 짧아지기 때문에 중심도 낮아지는 등의 장점이 있다.

현재 감소하는 추세가 보이는 직렬 6기통 엔진은 회전과 진동의 밸런스를 잘 맞출 수 있어 고급 엔진이라고 할 수 있다. 그러나 애호가는 많지만 엔진의 본체가 길어져 보다 앞부분에 충돌시 안전상 부서지는 공간을 확보하려면 제작 비용이 증가된다. 또 FF카에서 엔진을 가로로 설치하기에 어려움 등이 있어 V형 엔진이 주류가 되고 있다.

수평 대향형 엔진은 뱅크각이 180도의 V형이라고 할 수 있는 형식으로 V형 엔진보다 중심이 한층 더 낮아진다. 그러나 엔진의 폭이 넓어지고 전체의 폭이 좁은 차량이라면 타이어를 설치할 부분이 작아지게 된다. 또한 중력(重力)의 영향으로부터 윤활유가 한쪽으로 쏠리기 쉬운 등의 단점도 있다.

실린더의 배열

● 직렬형 엔진

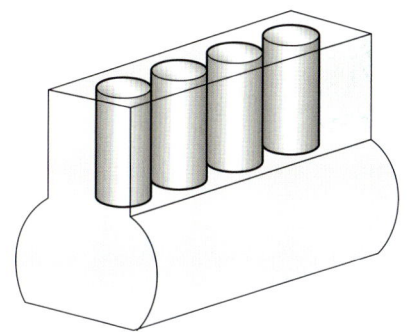

실린더가 수직으로 1열로 세워져 있다. 전체 길이는 길어지지만 구조는 간단하다.

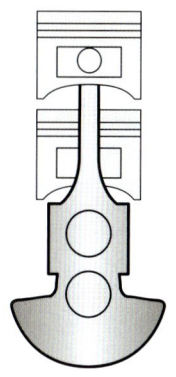

피스톤이 수직으로 배치되는 것이 많지만 약간 비스듬히 경사지게 배치하는 경우도 있다.

● V형 엔진

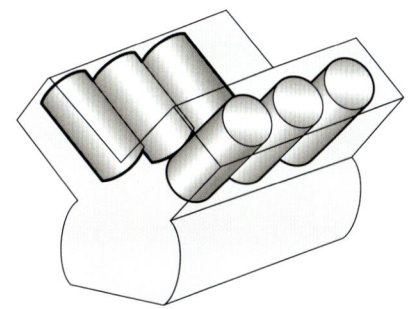

실린더를 2열로 배치한 형식. 직렬형 엔진보다 엔진의 길이를 작게 할 수 있다.

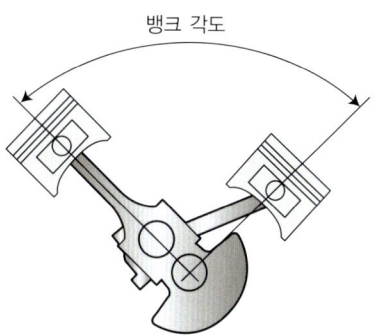

뱅크 각도

2열의 피스톤이 서로 경사지게 설치되어 작동한다. 두 개의 피스톤이 배치된 각도를 「뱅크 각도」라 한다.

● 수평 대향형 엔진

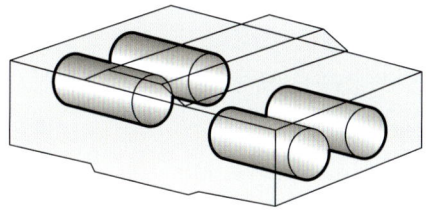

V형 엔진의 뱅크 각도가 180까지 열리는 형식.

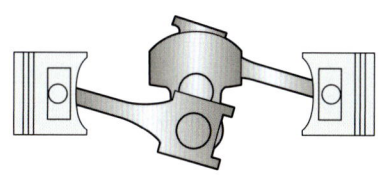

피스톤은 수평으로 움직인다. 피스톤의 움직임이 마치 권투선수가 펀치를 서로 치는 것에서 비유하여 「복서 엔진」이라고도 한다.

● **Tip** ●
- 10년 전에는 1.8ℓ V6 엔진 등도 존재했지만 취급하기 불편하고 비용도 증가되어 최근에는 배기량이 작은 자동차의 6기통 모델의 사용빈도가 적어졌다.
- 폭스바겐에는 W형 엔진이 있다.

Section 2 연소실

 **펜트 루프형** 삼각 지붕의 형태를 한 연소실. DOHC 4 밸브에서는 자연스럽게 이 형태가 이루어져 현재 연소실의 주류가 되고 있다.

◎ 엔진의 에너지원은 기체의 열팽창

자동차 엔진은 간단하게 말하면 연료를 연소 폭발시킨 에너지를 회전 에너지로 변환하여 사용하는 기관이다. 연료를 실린더 안에서 연소시킬 때 발생된 가스는 피스톤을 눌러 내린다. 이 기체의 팽창이 엔진의 에너지원이 된다.

피스톤으로 공기를 밀어 넣어 압축하더라도 연료의 양이 같으면 발생되는 연소 가스의 양은 같다. 따라서 공기를 가능한 한 압축하여 운동에너지를 최대한 발생시키는 연구가 이루어지고 있다.

◎ 보다 적은 연료를 완전 연소시키려면?

가솔린을 연소시키기 위한 연소실은 실린더 헤드에 있다. 피스톤이 상사점에 있을 때 실린더 상부에 남는 공간을 **연소실**이라 하며, 여기에 가솔린을 분사시키고 공기를 압축하여 점화 플러그에 의해 연소 폭발시킨다.

연소실은 점화 플러그, 밸브의 수 및 크기 등에 의해서 여러 가지 다양한 형태가 있으며, 엔진의 성능을 좌우하는 중요한 장소이며 에너지 절약, 환경에 미치는 영향의 경감이라는 관점에서도 연소실의 형태는 많이 연구되고 있다.

가솔린과 공기를 완전 연소시키는 지표에는 **이론 공연비**라는 것이 있다. 이론상 필요한 최소 공기량과 연료량의 질량비로서 일반적으로 연료 1g에 대해서 공기 14.7g이 최적 가솔린의 값으로 이것보다 연료량이 적은 상태로 연소시키는 것을 **희박 연소(lean burn)**라고 한다.

연료가 적은 상태로 연소시키는 것은 기술적으로 어렵기 때문에 공기에 소용돌이(渦流)를 발생시켜 점화 플러그 주변에 진한 혼합기를 모으는 등 연소실에 대한 연구가 이루어지고 있다. 연소실에는 기술적으로 발전의 여지가 아직도 남아 있다.

◎ 직접 분사

종전의 엔진은 흡기다기관 내에 연료를 분사하고 연료와 공기의 혼합기를 연소실로 보내고 있었다. 그러나 현재는 연소실 내의 점화 플러그 부근에 고압의 연료를 분사시키는 직접 분사방식이 증가하고 있다. 미리 공기와 연료를 혼합하여 연소실로 보내는 것보다 연소 폭발의 효율성이 높아 앞으로 주류를 이루게 될 것이다.

펜트 루프형 연소실

펜트 루프(pent roof)란 삼각 지붕이라는 의미이다. 효율적으로 흡기와 배기를 할 수 있는 DOHC 4밸브 엔진에 가장 적합한 연소실이다. 또 밸브 지름을 크게 하여도 점화 플러그를 실린더 중앙으로 설치할 수 있는 등의 장점도 있다. 최근의 엔진은 거의 펜트 루프형 연소실을 갖추고 있다.

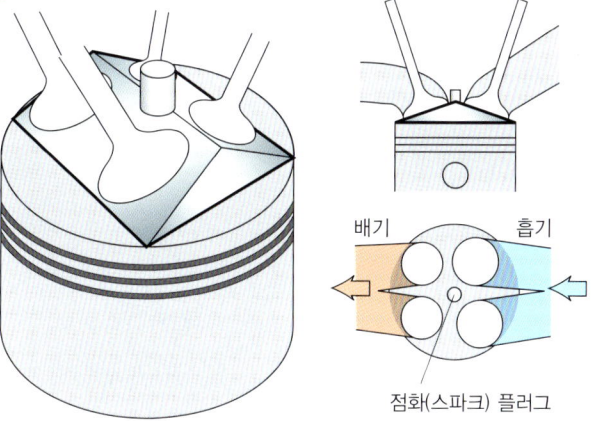

그 외의 연소실

● 욕조형 연소실

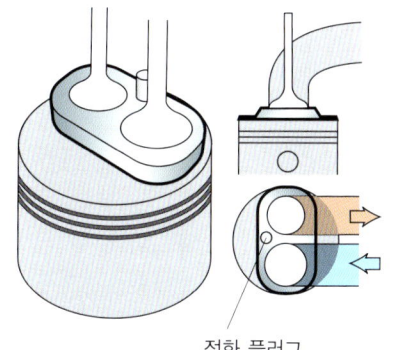

● 반구형 연소실

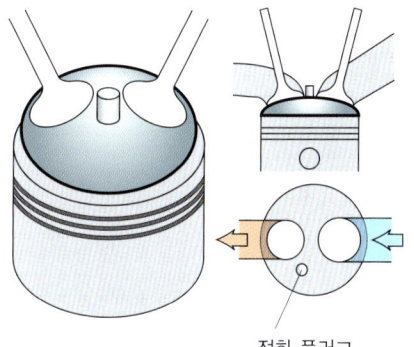

연료 분사 장치

● 직접 분사식 연료 분사

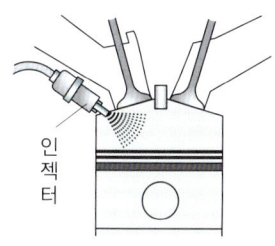

가솔린을 직접 실린더 내에 분사시키는 형식. 연료 자체를 분사시킴으로써 적은 연료를 효율적으로 연소 폭발시킬 수 있다.

● 인젝션식 연료 분사

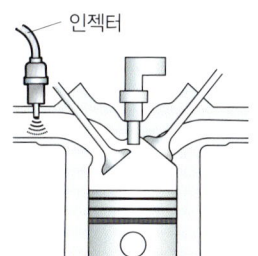

미리 공기와 가솔린을 혼합한 가스를 연소실로 보내는 형식. 연료를 희박(엷게)하게 하여 연비를 향상시키기에는 한계가 있다.

● Tip ● 직접 분사식 엔진은 제2차 세계대전 무렵 독일의 전투기 엔진에 사용되고 있었을 정도로 역사는 오래 되었다.

Section 3 4행정 사이클

 4행정 사이클 엔진 크랭크축이 2회전 하는 동안에 1개의 실린더가 흡기, 압축, 폭발팽창, 배기의 4행정을 실시한다.

❯ 4개의 행정으로 1개의 사이클

4행정 사이클 엔진의 4행정이란 ① 흡기 ② 압축 ③ 폭발팽창 ④ 배기이다.

① 흡기 행정 피스톤이 상사점으로부터 하사점에 도달하는 동안에 피스톤이 하강을 시작하면 실린더 내에는 부압이 생겨 공기(혼합기)가 흡입 밸브를 통하여 빨려 들어간다.

② 압축 행정 실린더 내에 들어간 공기(혼합기)는 피스톤이 상승하는 것으로 압축이 된다. 압축된 혼합기는 압력이 높아져 연소하기 쉬운 온도가 된다. 이때 흡·배기 밸브는 모두 닫혀 있다.

③ 폭발팽창 행정 압축이 종료되면 점화 플러그에 의해서 발화된다. 연소에 의해 고온·고압이 된 연소 가스는 피스톤을 눌러 하강시켜 크랭크축을 회전시킨다. 이 행정에 의해 구동력이 발생한다.

④ 배기 행정 폭발이 끝난 가스는 피스톤이 다시 상승하며 배기 밸브를 통하여 밖으로 밀려 나온다. 이 배출되는 가스가 머플러로부터 배출되는 배기가스이다. 배기행정이 끝나면 다시 피스톤이 하강하면서 흡기행정으로 돌아온다.

이 4개의 행정에 의해 크랭크축이 1분간에 회전하는 수가 이른바 엔진의 RPM이다.

덧붙여 「**1행정**」은 피스톤이 상사점으로부터 하사점으로 또는 하사점으로부터 상사점으로 운동하는 행정을 말하며, 실제로 흡·배기 밸브가 열리는 밸브 타이밍과는 다르다. 또한 실제로 에너지를 발생하고 있는 것은 폭발팽창 행정뿐이다.

흡기 압축·연소 배기가 동시에 이루어져 2행정으로 1회 폭발하는 **2행정 사이클 엔진**도 있다(클라크 사이클이라고도 한다). 연비나 배기 성능이 뒤떨어지기 때문에 현재는 감소 상태에 있다.

❯ 디젤 엔진도 기본은 같다

디젤 엔진은 연료를 폭발시키는 방법이 공기를 압축만해서 일으키는 것이 가솔린 엔진과 다른 점이며, 엔진의 내부에서 이루어지는 행정은 같다.

경유는 석유로부터 정제되는 제품 중 탄소수 16~20 정도의 탄화수소를 주체로 하는 것(가솔린은 4~11)으로 가솔린보다 연소되기 쉽기 때문에 혼합기를 압축하는 것만으로도 폭발을 얻을 수 있다.

디젤 엔진은 트럭의 전용이라고 하는 이미지가 강하지만 연료의 규제가 엄격한 유럽에서는 경유의 질도 높고 금액이 낮은 것 등으로 인해서 승용차에서도 인기가 높다.

펜트루프형 연소실

● 흡입 행정

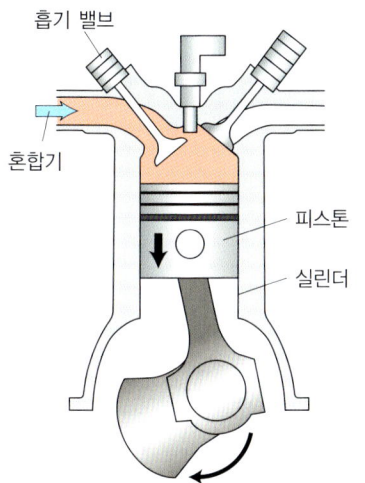

피스톤이 상사점으로부터 하강을 시작하면 흡기 밸브가 열리고 공기(또는 혼합기)가 빨려 들어간다.

● 압축 행정

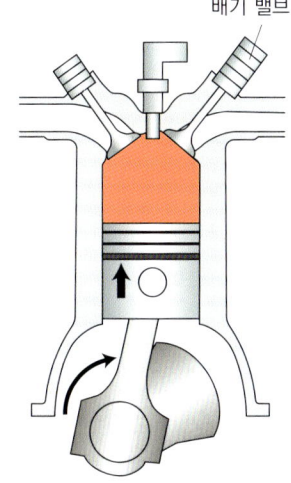

피스톤이 하사점으로부터 상승으로 변화되면 흡·배기 밸브도 닫혀져 공기(혼합기)가 압축된다. 직접 분사식의 경우 여기서 연료가 분사된다.

● 폭발팽창 행정

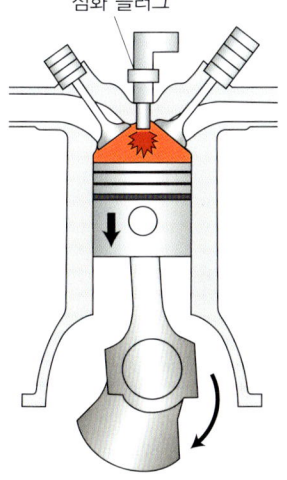

피스톤이 상사점에 이르면 점화 플러그에 의해 점화된다. 연소에 의해서 생성된 가스 온도가 올라가고 내부 압력도 높아져 피스톤을 눌러 하강시킴으로써 크랭크축을 회전시킨다.

● 배기 행정

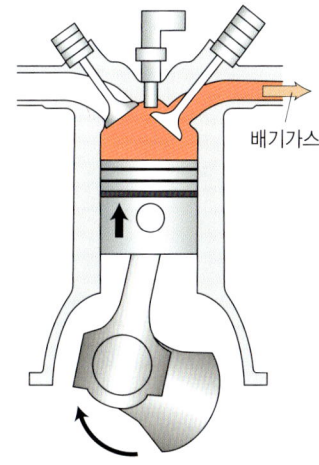

피스톤이 다시 상승을 시작하면 배기 밸브를 통해 연소 가스가 배출된다. 연소 가스는 촉매에 의해 정화되어 자동차 밖으로 방출된다.

● Tip ● 택시 등의 LPG(액화석유가스) 엔진도 4 행정 사이클이다.

Section 4 탑재 방식(搭載方式)

 세로 배치(縱置式), 가로 배치(橫置式) 중형, 대형차에는 세로 배치 엔진, 콤팩트 자동차에는 가로 배치 엔진이 주로 이용된다.

현재의 콤팩트 자동차는 일반적으로 4기통 엔진을 가로로 탑재한 「**앞바퀴 구동 자동차**」이다. 이 방식을 이용한 자동차는 엔진 룸을 간단하게 할 수 있어 자동차 실내의 공간 및 트렁크의 공간을 크게 할 수 있다.

단지 엔진은 자동차에서 가장 큰 중량물로서 앞에 있고 또 그 중량물을 주로 지지하는 것은 조향 바퀴이다. 그러므로 주행할 때 독특한 주행 특성이 있기 때문에 이전에는 앞바퀴 구동 자동차를 간단히 여기고 있었지만, 현재는 서스펜션(suspension) 등의 개발에 의해 뒷바퀴 구동 자동차와 손색이 없는 주행을 즐길 수 있다. 일반적으로 FF(Front engine · Front drive)라고 불리는 이 방식은 콤팩트 클래스에 적절한 방식이다.

아울러 아우디와 같이 세로 배치 엔진의 앞바퀴 구동 자동차도 존재한다. 이것은 중량물이 앞부분에 집중되는 것으로 서스펜션 암이 짧아지기 때문에 구조가 복잡하게 되는 단점이 있는 것에도 불구하고 핸들링을 우선한 결과라고 할 수 있을 것이다.

세로 배치 엔진은 「**뒷바퀴 구동 자동차**」에 이용된다. 뒷바퀴 구동 자동차는 앞바퀴는 조향만을 하고 뒷바퀴를 구동하는 방식으로 중형 및 대형 자동차에 이용하는 경우가 많다. 뒷바퀴에 구동력이 가해지기 때문에 큰 출력에 견딜 수 있다.

엔진을 앞바퀴 구동축의 뒤쪽 즉, 자동차 실내의 공간에 접근한 프런트 미드십 방식은 중량의 배분을 앞뒤 50 : 50에 가깝게 할 수 있으므로 고속 주행을 주목적으로 독일의 메이커나 미국의 고급 자동차 등에 이용되고 있다.

미드십 엔진(midship engine)과 리어 엔진(rear engine)

「F-1」 등의 포뮬러 자동차는 모두 미드십 엔진으로 배치되고 있다. 가장 큰 중량물인 엔진을 차체의 중심에 탑재하므로 중량의 밸런스와 핸들링이 뛰어나지만 자동차 실내의 공간이나 화물을 적재할 수 있는 공간이 좁아지며, 난방기 등 보조기구의 배치도 복잡하게 된다.

포르쉐 911은 리어 엔진으로 자동차 맨 뒤쪽에 엔진을 탑재하고 뒷바퀴를 구동하는 방식(RR : Rear engine · Rear drive)이다. 뒤쪽에 구동력이 가해지고 엔진의 높은 출력이 손실되지 않고 타이어에 전달할 수 있다.

트랙션이 걸리기 쉽고, 고출력 엔진의 힘을 놓치는 일 없이 타이어로 전할 수 있다. 일찍이 한 세대를 풍미한 독일의 폭스바겐에서 처음 생산된 비틀도 이 방식을 이용했다.

탑재 방식 엔진을 탑재하는 방식에는 자동차의 진행 방향으로 볼 때 가로로 탑재하는 방식과 세로로 탑재하는 방식이 있다. 일반적으로 가로 방향으로 탑재하면 실내 공간을 넓게 이용할 수 있고 세로로 탑재하면 엔진의 진동이 보디에 전달된다.

● 가로 배치 방식(橫置式)

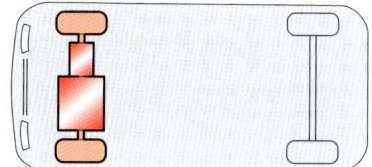

앞바퀴 구동 자동차 등에 많이 이용되는 방식으로 가로 폭(자동차 폭)과의 균형을 잘 이루어 V형 또는 직렬 4기통 엔진이 대다수를 차지한다. 볼보에서는 5~6기통의 직렬형 엔진을 가로로 탑재한 모델도 있다.

● 세로 배치 방식(縱置式)

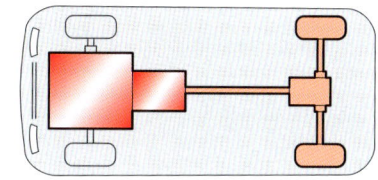

뒷바퀴 구동 자동차에서는 대체로 이 방식이 주류를 이룬다. 자동차가 처음 만들어질 때부터 널리 보급되어 있는 타입으로 직렬형 엔진이나 V형 엔진, 수평 대향형 엔진 등 여러 가지 타입을 탑재할 수 있다. 중량의 밸런스를 맞추기 쉽기 때문에 앞바퀴 구동차에 이용하는 경우도 있다.

● 프런트 미드십 방식

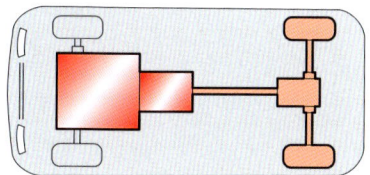

엔진을 가능한 한 자동차 실내 측에 가깝게 접근시켜 탑재하는 방식. 중량의 밸런스와 뒷바퀴 구동의 견인력 두 가지를 만족시키는 방식으로 BMW 등이 대표적이다. 변속기 부분이 실내 바닥으로 돌출되어 정해진 실내 공간이 조금 좁아지는 경우가 있다.

● 트랜스퍼 액슬

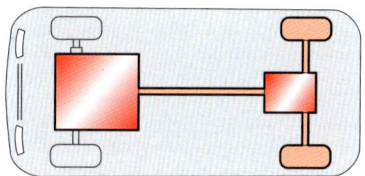

엔진을 앞에 배치하고 변속기를 뒷바퀴 부근에 배치하는 것으로 중량의 배분을 적정화시킨 방식. 일부의 스포츠카 등에 이용하고 있지만 제작 비용이 비싸기 때문에 많지는 않다.

● 미드십

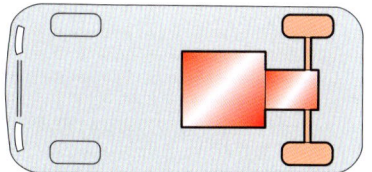

중량물인 엔진을 차체의 중심에 탑재하는 방식. 중심에 배치하는 것으로 미드라고 부른다. 중량의 배분이 우수하기 때문에 레이스 전용으로 만들어지는 포뮬러카나 스포츠카에 많이 이용된다. 스포츠카의 경우 배기량이 작은 엔진은 가로로 배치하고 배기량이 큰 엔진은 세로로 배치하는 경우가 많다.

● RR

스포츠카의 대표적인 포르쉐 911에 이용하는 방식. 중량물인 엔진이 자동차의 제일 뒤에 있기 때문에 독특한 주행 특성을 갖는다. 엔진이 뒷부분에 있으면 냉각이 어렵기 때문에 현재는 거의 볼 수 없는 방식이 되었다.

● **Tip** ● 오토바이 엔진은 전체 길이를 짧게 하기 위해서 보통 가로로 배치된다.
 ● 초기 시대에는 이와 같이 엔진과 변속기를 세로로 겹쳐 탑재하는 방식도 존재하였다.

Section 5. 보어(bore) & 행정(stroke)

 토크 엔진의 회전력. 엔진의 출력은 토크의 크기로 정해진다. 토크의 크기를 결정하고 엔진의 특징을 부여하는 요소인 보어×행정

▶ 보어×행정은 엔진의 특징을 결정한다

보어×행정은 엔진의 기본적인 특징을 이해하는데 도움이 된다. 보어는 실린더의 내경을 말하며, 행정은 피스톤이 상사점에서부터 하사점까지 이동하는 거리를 말한다. 이것이 왜 엔진의 특징을 결정하는가 하면 엔진은 상하운동을 회전운동으로 바꾸는 시스템이기 때문이다.

행정(상사점으로부터 하사점까지)이 짧은 「**단행정 엔진**」은 폭발력이 작지만 고속으로 회전시킬 수 있으며, 반대로 행정이 긴 「**장행정 엔진**」은 많은 공기를 압축할 수 있기 때문에 폭발력이 커진다. 따라서 저속회전 영역에서도 토크가 큰 엔진이 된다. 이와 같이 기본적으로 단행정 엔진은 고속회전(고출력)을 요구하는 스포츠카에 적합하고 장행정 엔진은 저속회전에서 큰 토크를 요구하는 상용 자동차에 적합하다.

예를 들면 2ℓ 4기통 엔진의 경우 하나의 실린더는 배기량이 약 500cc이다. 보어×행정이 86.0×86.0mm라면 정방행정, 보어 쪽이 크고 행정이 짧으면 단행정, 보어 쪽이 작고 행정이 길면 장행정이 된다. 또한 보어를 반으로 나누어 제곱을 하고 여기에 원주율을 곱하면 실린더의 단면적이 되고 단면적에 행정을 곱하면 1기통의 배기량이 나온다.

연소효율과 회전 밸런스를 고려하여 1기통 당 배기량은 500cc 전후가 일반적이다. 여러 가지의 피스톤을 생산하려면 제작비용을 반영하여야 하기 때문에 각 메이커는 규격화를 추진하고 있어 배기량에 맞추어 실린더 수를 증가시키는 경우가 많다. 예를 들면 2ℓ의 엔진이라면 4기통, 3ℓ 엔진이라면 6기통, 4ℓ의 엔진이라면 8기통이라 할 때 같은 피스톤을 사용할 수 있다.

▶ 기본은 토크

토크는 회전력으로 물질을 회전시키려고 하는 힘을 말한다. 단위는 N · m(뉴턴 · 미터)이다. 엔진의 토크가 10N · m/2000rpm의 경우 1분간에 2000회전했을 때 크랭크축의 중심으로부터 반경 1m의 봉 끝에 10N의 것을 움직이려고 하는 힘이 있다는 것을 나타낸다.

실제의 자동차에서는 변속기 내의 기어로 변속(회전속도를 낮추어 토크를 증대시킨다)하여 구동바퀴에 전달한다. 극단적으로 말하면 토크가 크면 가속하는 힘이 강하게 된다. 출력(마력)이란 토크와 회전수의 곱에 비례한다. 즉 마력은 토크가 결정한다.

● **Tip** ● 배기량은 리터로 나타내는 경우가 많지만 원통의 용적(체적)이기 때문에 실제로는 1998cc 등 어중간한 숫자가 된다.

엔진의 성능 곡선

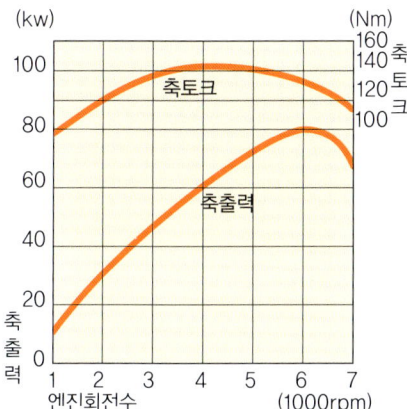

엔진의 성능은 일반적으로 최고출력 및 최대토크를 그래프로 볼 수도 있다. 엔진의 회전수가 낮을 때부터 큰 토크가 나오는 것은 도로에서 가다 서다를 잘 할 수 있다.

연소실과 실린더의 용적(체적)

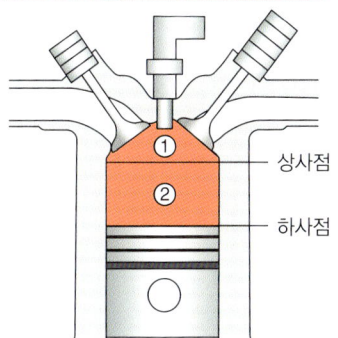

피스톤이 가장 높은 위치(상사점)에 이른 상태가 용적이 제일 작다. 반대로 피스톤이 가장 낮은 위치에(하사점)에 이르렀을 때가 용적이 제일 크다. 배기량은 1기통에서 배출되는 양을 말하고 엔진 전체에서 배출되는 양은 총배기량이다. 총배기량을 일반적으로 배기량이라고 호칭하고 있으며, 총배기량은 용적이 가장 큰 상태×실린더 수이다.
① 연소실의 용적 : 실린더 용적이 최소의 상태
② 배기량 : 피스톤이 하사점에 이른 상태
①+②=최대 상태의 실린더 용적
(①+②)÷①=압축비 : 압축 행정으로 피스톤이 혼합기를 압축하는 비율.
이 숫자가 크면 효율이 높게 된다.

멀티 실린더의 특징

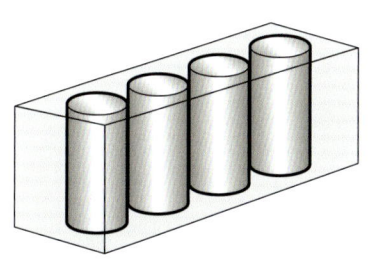 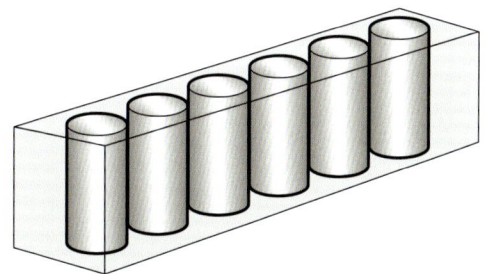

멀티 실린더(일반적으로 6기통 이상을 가리킨다)의 특징은 각 실린더가 동시에 다른 행정을 하는 것이다. 예를 들면 4기통 엔진에서는 1개의 실린더가 흡기 행정을 하고 있을 때 나머지 3개의 실린더는 각각 압축, 폭발, 배기 행정을 한다.
이것을 점화순서라고 부르지만 이 점화순서에 의해서 각 실린더의 폭발력이 크랭크축에 무리 없이 전달되어 회전이 부드럽게 됨으로써 불쾌한 진동 등을 억제할 수 있다. 또한 회전 밸런스가 우수한 것으로는 직렬 6기통 엔진, V8 엔진, V12 엔진으로 이론상 진동은 0이 된다.

● **Tip** ● 멀티 실린더화에 의한 마력 향상에 주목한 혼다는 오토바이 레이스용 차량에 6기통의 250cc 및 5기통의 125cc엔진을 개발한 경험이 있다.

Section 6 캠 축(Cam Shaft)

 캠 계란 모양을 하고 있으며, 이것을 하나의 축에 배열하여 회전운동을 직선운동으로 변환하여 밸브를 개폐시킨다.

▶ 흡·배기를 컨트롤

흡기 밸브와 배기 밸브는 버섯과 같은 모양을 한 것이 사용되며, 밸브가 개폐됨에 따라 공기의 통로가 만들어 진다. 밸브를 열어 공기의 통로를 만드는 부품이 캠축이다(밸브를 닫는 것은 밸브 스프링). 캠축은 단면이 계란 모양의 캠이 복수로 배치된 것으로 회전의 중심과 바깥 둘레까지의 거리가 다르다. 캠의 뾰족한 부분이 밸브에 접촉되면 밸브 스프링이 압축되면서 밸브가 눌려 열리며, 캠이 더 회전하여 뾰족한 부분이 이탈될 때 스프링의 힘으로 밸브가 닫혀 진다. 즉, 밸브의 개폐를 컨트롤 하는 것이 캠축이다.

이와 같이 캠이 밸브와 직접 접촉되는 방식을 「**직동식(다이렉트식)**」이라 하며, 고속회전 고출력의 엔진에 이용되고 있다. 그 밖에 로커 암이 밸브를 누르는 방식도 있다. 캠이 로커 암에 운동을 전달하면 로커 암이 밸브와 접촉되어 밸브가 개폐된다. 로커 암에는 캠이 작용하는 부분, 축에 지지되는 부분, 밸브와 접촉되는 작용점의 배치에는 여러 종류가 있으며, 중간을 지지하는 타입의 「**로커 암식**」, 끝 부분을 지지하는 타입의 「**스윙 암식**」이 있다. 각각 구조가 복잡하고 부품수가 증가하지만 지렛대의 원리로 밸브가 열리는 거리를 크게 할 수 있다.

OHC는 **오버 헤드 캠축**으로 실린더 헤드에 캠축을 설치하는 방식이며, SOHC는 캠축이 실린더에 1개, DOHC는 2개이다. 비용이나 소음 및 진동면에서 연구하여 여러 가지 방식이 이용되고 있다.

▶ 가변식

밸브의 리프트 량(밸브가 열리는 양)을 컨트롤 하는 가변식에 대한 연구가 이루어지고 있는 것이 많다. 캠축에 여러 가지 기구가 포함되어 있어 회전수나 상황에 따라서 밸브의 열리는 양, 밸브 개폐 시기를 변화시킨다.

모두 목적은 저속회전 영역에서 토크와 고속회전 영역에서 출력의 향상이시만 연소 효율의 최적화나 환경의 성능 향상도 포함되어 있다. 부품수가 증가하기 때문에 중량이 증가하는 단점도 있지만 가변식은 앞으로 증가할 것이다.

● Tip ● 캠축이 2개 있는 DOHC 타입의 엔진은 트윈 캠이라고도 불린다.

캠과 캠축

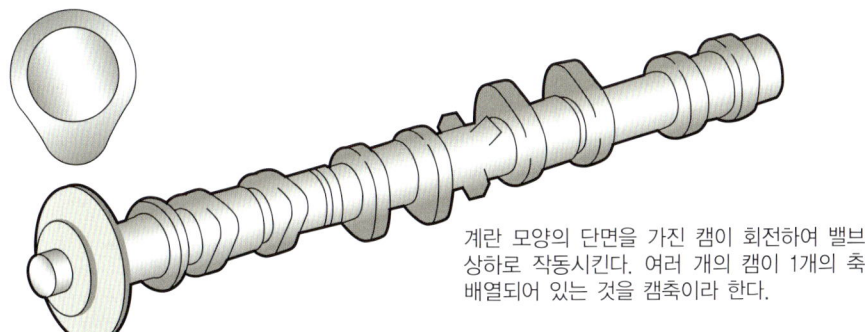

계란 모양의 단면을 가진 캠이 회전하여 밸브를 상하로 작동시킨다. 여러 개의 캠이 1개의 축에 배열되어 있는 것을 캠축이라 한다.

● 직동식

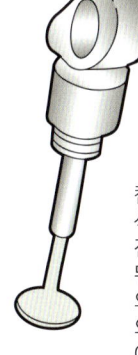

캠이 직접 밸브를 누르는 형식. 캠의 힘을 직접 밸브에 전달할 수 있으므로 응답이 뛰어나다. 그러나 엔진 설계의 자유도가 감소되어 엔진의 특성을 변화시키는 것이 어렵다.

● 로커암식

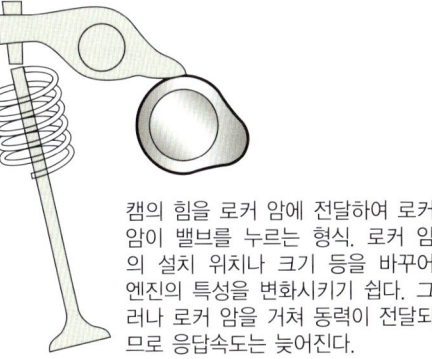

캠의 힘을 로커 암에 전달하여 로커 암이 밸브를 누르는 형식. 로커 암의 설치 위치나 크기 등을 바꾸어 엔진의 특성을 변화시키기 쉽다. 그러나 로커 암을 거쳐 동력이 전달되므로 응답속도는 늦어진다.

직동(direct)식의 캠축과 밸브. 캠축의 바로 옆에 있는 부품은 밸브 리프터라고 하는 부품으로 패트 병의 캡과 같은 모양을 하고 있으며, 밸브와 스프링 상부에 설치되어 있다. 밸브 리프터에 캠이 직접 접촉된다.

● Tip ● 밸브의 리프트 량을 변화시키는 엔진은 거의 로커암식을 이용하고 있다

Section 7 밸브 기구

 멀티 밸브 밸브의 수가 증가하는 만큼 흡·배기가 잘 이루어진다. 1기통에 5개의 밸브가 설치된 엔진도 개발되고 있다.

◎ 멀티 밸브는 효율이 높다

흡기 밸브의 개폐에 의해 신선한 공기가 들어가고 배기 밸브의 개폐로 연소된 가스를 배출하는 것이 밸브의 역할이다. 예전에는 흡기용 1개, 배기용 1개가 있으면 충분하였기 때문에 2개의 밸브가 주류를 이루었던 것이 일반적이었다. 그러나 성능이 높은 엔진을 만들려면 짧은 시간에 많은 공기를 실린더에 넣어야 한다. 진원통의 실린더 내에 진원의 흡·배기 밸브를 설치할 수 있는 공간을 얼마나 만들 수 있는지가 기술적인 과제이다.

실린더에 많은 공기를 넣기 위해서는 출입구를 크게 하여야 신속하게 이루어진다. 여기서 생각한 것이 멀티 밸브이다. 2 밸브보다 4 밸브 쪽이 열린면적(開口面積)을 크게 할 수 있다.

◎ 용도에 맞추어 열림 량을 변화시킨다

흡·배기가 원활하게 이루어지도록 하려면 멀티 밸브화 외에 밸브가 열리는 양(밸브 리프트라고 한다)을 크게 하는 방법이 있다. 그러나 저속회전에서는 그래도 좋지만 고속회전화는 어려움이 따른다. 밸브가 열리는 양을 크게 하면 많은 공기를 실린더 내에 보낼 수 있지만 밸브의 이동거리가 증가하고 피스톤의 왕복 운동이 속도에 따라갈 수 없기 때문이다. 즉 고회전화가 어려워진다. 이러한 문제 때문에 연구하게 된 것이 엔진의 사용 목적에 맞추어 밸브 리프트를 컨트롤 하는 기구이다.

저속회전 영역에서는 리프트 량을 크게 하고 고속회전 영역에서는 리프트 량을 작게 하는 밸브 리프트 컨트롤 기구에 의해서 엔진의 출력 특성을 회전수에 따라 변화시킨다. 각 제작사마다 여러 가지가 있지만 기본은 엔진 회전수에 맞추어 캠축을 조절하여 밸브가 열리는 타이밍과 닫히는 시간을 변화시키는 것이다. 이것에 의해 저속회전으로부터 풍부한 토크와 고속회전에서의 높은 출력을 만족시키고 있는 것이다.

◎ 미래의 밸브

현재는 캠축으로 눌러 밸브를 열고 스프링의 힘으로 닫히는 방식이 일반적이다. 그러나 공기의 힘으로 밸브를 개폐하는 에어 마그네틱 밸브나 전기의 힘으로 개폐시키는 방식 등 보다 확실하고 섬세한 튜닝을 실시할 수 있는 여러 가지 방식의 밸브 기구가 연구되고 있다.

> **Tip** 밸브는 구조적으로 간단하지만 900℃나 되는 연소가스에 노출되어도 변형이나 마모가 일어나지 않도록 내열성과 내마모성이 요구된다.

2 밸브와 멀티 밸브

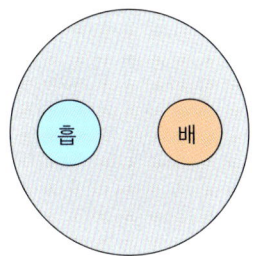 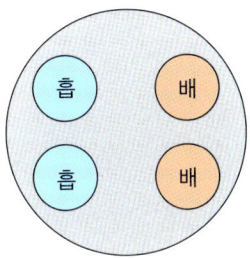 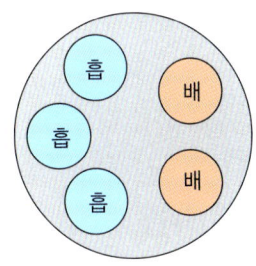

실린더에 대하여 밸브의 면적을 크게 하는 방법으로서는 밸브 수를 많게 하는 것이 일반적이다. 흡기 밸브를 3개로 한 5밸브도 존재하지만 밸브 수가 많게 됨에 따라 중량이 증가하고 비용, 접동 저항 등의 단점도 적지 않기 때문에 고속회전 전용의 스포츠카 등 일부에만 사용되고 있다. 용도 및 비용과 성능 등 여러 가지 밸런스에 큰 어려움이 있다.

밸브 지름의 대형화와 리프트 량의 증가에 따른 장점과 단점

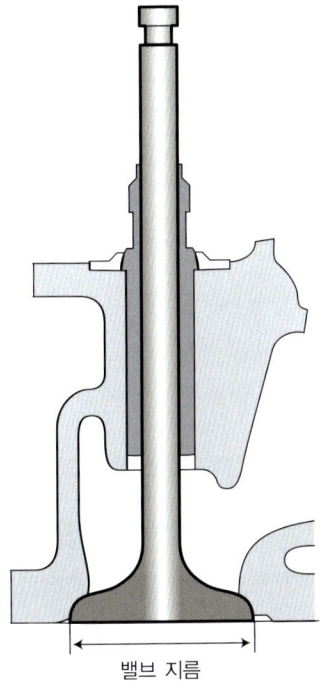

밸브 지름의 대형화. 열림 부분의 통로는 커지지만 중량이 무거워지기 때문에 각 부분의 부담이 크다.

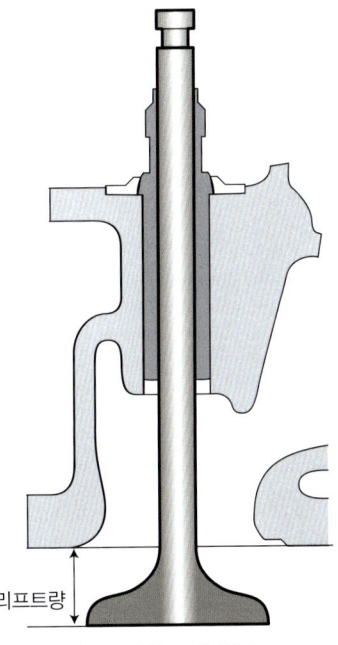

밸브의 리프트 량을 크게 한다.
공기의 통로는 커지지만 왕복 거리(리프트량)가 길어져 엔진을 고속회전화 하기에는 어려움이 있다.

● Tip ● 현재 엔진의 대부분이 멀티 밸브화되고 있다. 캠축이 한 개인 SOHC 엔진에서도 4개의 밸브가 설치된 엔진이 있다.

Section 8 밸브 타이밍(Valve Timing)

가변밸브 타이밍   밸브 개폐 시기(타이밍) 및 열림량의 제어를 컴퓨터로 컨트롤하며 높은 효율과 환경성능의 향상을 목표로 하고 있다.

◎ 관성을 컨트롤 한다

밸브 개폐시기 란, 피스톤이 어느 위치에 있을 때 밸브를 개폐할 것인가이다. 흡·배기 밸브는 피스톤이 상사점이나 하사점에 있을 때 개폐하는 것이 아니라 실제는 조금 빨리 열고, 늦게 닫힌다. 이 개폐시기를 총칭하여 「**밸브 타이밍**」이라고 한다.

예를 들면 흡기 밸브의 경우 밸브가 완전히 열릴 때까지 시간이 필요하고 또 멈추어 있던 공기가 움직이기 시작할 때까지 시간이 필요하다. 따라서 실제로는 피스톤이 상사점에 이르기 전에 밸브를 미리 열어서 피스톤이 하강하기 시작했을 때 원활하게 공기가 들어가도록 한다.

또, 피스톤이 하사점에 이르러도 밸브는 닫히지 않고 열려 있다. 이것은 지금까지 공기의 흐름에 의해서 관성이 작용하고 있기 때문에 피스톤이 상승하기 시작하여 압축이 되어도 관성력이 강하면 공기가 충전되기 때문이다.

배기 밸브도 이와 같이 피스톤이 하사점에 이르기 전에 열린다. 연소팽창 때 밸브가 열리면 에너지가 손실될 것 같지만 연소에 의한 압력상승이 종료되면 그만큼 손실은 되지 않는다. 밸브 타이밍은 '일반적인 설정값보다 빨리 열리는 것을 타이밍이 빠르다고 하며, 늦게 열리는 것을 타이밍이 늦다' 라고 한다.

흡·배기 밸브가 모두 열려 있는 상태를 「**밸브 오버랩**」이라 한다. 이 오버랩은 아직 실린더 내에 남아 있는 연소가스를 흡기에 의해서 밀어 내거나 활발하게 배출되는 연소가스에 의해 흡기를 끌어당기는 등의 효과가 있다.

◎ 가변 밸브 타이밍과 가변 리프트

밸브가 열리는 시기가 결정되면 닫히는 시기도 정해져, 엔진의 회전수 등에 따라 효율이 좋은 상태에서 밸브를 개폐시킬 수 있도록 한 것이 「**가변 밸브 타이밍**」이다.

가변 밸브 타이밍 기구는 컴퓨터 제어에 의해서 밸브 타이밍이나 리프트를 컨트롤 하는 것으로 흡·배기와 연소 효율의 향상, 높은 출력으로 연료 소비를 억제할 수 있다. 또한 가변 밸브 타이밍 기구는 메이커에 따라서 명칭도 다르고 시스템도 다른 것을 사용한다.

현재는 복수의 캠(리프트의 양을 결정한다)으로 구성되어 있는 캠축을 설치하여 최적의 캠을 선택하는 방식과 캠축을 구동하는 스프로킷 또는 풀리와 캠축 간에 유압이나 전자 기구를 이용하여 위상을 변화시키는 방식이 주류를 이룬다.

밸브 타이밍

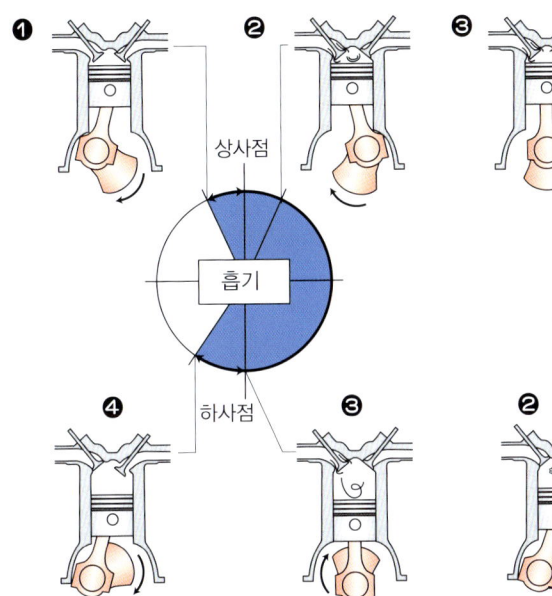

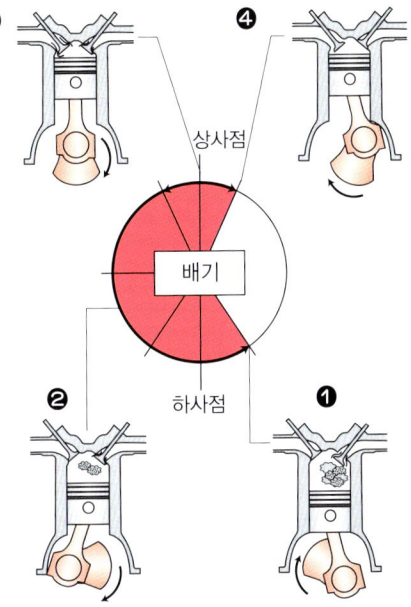

흡기 밸브는 조금이라도 많은 공기를 실린더 내에 들여보내기 위해서 피스톤이 상사점에 이르기 전부터 열리기 시작하여, 하사점을 지난 후에도 열려 있다.

배기 밸브도 하사점에 이르기 전에 열리기 시작하여 배기가 끝나는 상사점에 도달하여도 조금 열려 있다. 그 이유는 아무런 이용가치가 없는 잔류 배기가스를 조금이라도 더 배출시키기 위한 목적이다.

밸브 오버랩

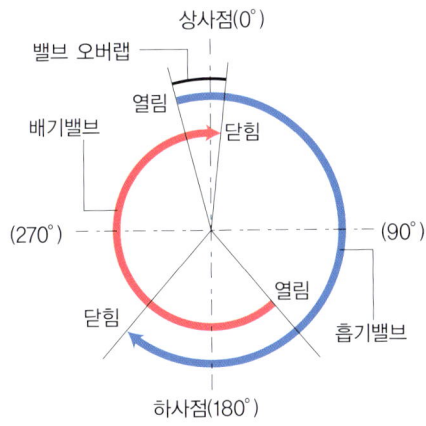

캠의 형상

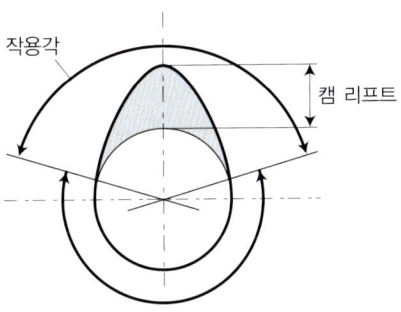

일반적으로 자동차의 엔진에는 캠 리프트가 큰 캠이 사용된다.

● **Tip** ● 고속회전형 엔진은 고속회전시 흡·배기 효율을 높이기 위해 밸브 오버랩을 크게 하여야 한다.
● 밸브 오버랩을 크게 하면 연비는 나빠진다. 따라서 근래에는 밸브 오버랩의 양을 가변시켜 필요가 없을 때는 가능한 한 오버랩을 작게 하는 튜닝이 이루어지고 있다.

Section 9 SV, OHV, OHC

 OHC 오버 헤드 캠축으로 캠축을 실린더 헤드 위에 배치한 엔진. 현재 OHC가 주류를 이루고 있다.

▶ 4사이클 엔진의 SV 엔진

흡·배기를 위한 밸브가 엔진의 상부에서 하부로 열리도록 배치되어 있는 것이 현재의 OHC(over head cam shaft)이지만 예전에는 실린더 블록 내에 흡·배기 밸브, 흡·배기 포트, 캠축을 설치하고 밸브가 실린더 지름을 벗어난 외부에 설치된 타입이 주류를 이루었다. 이것이 SV(Side Valve) 엔진이다. 구조는 간단하지만 공기의 흐름이 복잡하고 연소실의 형상이 좋지 않아, 압축비도 높게 할 수 없는 등 엔진의 성능은 높지 않았다.

▶ OHV 엔진의 등장

현재 국내의 승용차에서는 볼 수 없지만 트럭이나 풍부한 토크로 주행하는 미국의 머슬 카 등에서 지금도 사용되고 있는 것이 OHV(over head valve) 엔진이다. 캠축을 실린더 블록 내에 설치하고 흡·배기 밸브를 실린더 헤드에 장착하여 푸시로드, 로커 암을 통해서 밸브를 개폐시키는 방식이다. 실린더 블록에 밸브가 설치되어 있는 사이드 밸브에 비해서 밸브가 실린더 헤드에 설치되어 있기 때문에 OHV라 한다.

사이드 밸브식에 비해서 연소실이 간단하게 되어 공기의 흐름도 원활하고 출력도 높으며, 연비도 개선되었다. 그러나 밸브의 구동 시스템이 복잡하고 강성이나 고속회전화에는 적합하지 않지만 저속회전용으로 사용하기에는 문제가 없으므로 주로 트럭 등에서는 현재도 사용되고 있다.

▶ OHC 엔진

캠축을 실린더 헤드의 상부에 배치한 엔진을 OHC(Over Head Cam shaft) 엔진이라고 한다. OHV에 비해 밸브 개폐 기구를 간단하게 할 수 있으며, 엔진을 고속으로 회전시킬 수 있어 현재 주류를 이루고 있다.

또 더욱 발전하여 흡기용 캠축과 배기용 캠축이 각각 1개씩 설치된 **DOHC**(Double Over Head Cam shaft)는 고속회전에 적합하다. DOHC는 OHC가 진보된 것으로 크게 분류하면 OHC 엔진이다. 예전에는 DOHC 엔진은 단가가 높기 때문에 고급 자동차나 스포츠카 밖에 사용되지 않았지만 현재는 생산기술의 향상으로 대부분의 국내 자동차도 DOHC 엔진을 탑재하고 있다.

SV 엔진

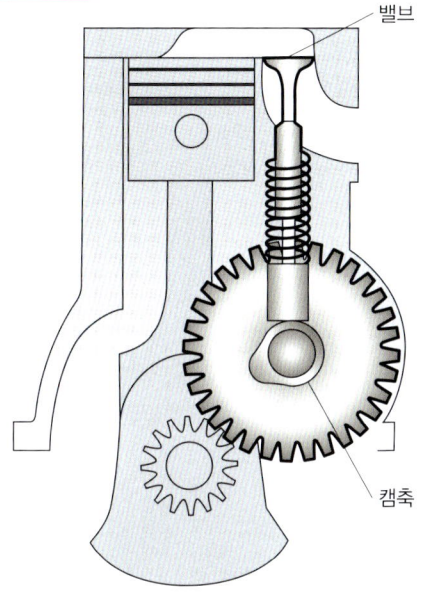

엔진의 회전을 기어로 캠축에 전달하여 밸브를 개폐시킨다. 피스톤이 상사점에 이르러도 엔진의 상부에는 넓은 공간이 형성되어 높은 압축을 얻을 수 없다. 따라서 현재는 사용되지 않는 타입의 엔진이며, 엔진의 상부가 편평하여 플랫 헤드라고도 불린다.

OHV 엔진

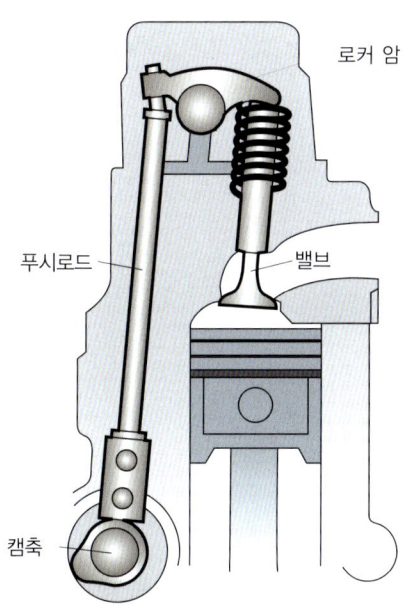

엔진의 회전을 기어로 캠축에 전달 회전시키는 것은 SV 엔진과 같지만 OHV 엔진은 푸시로드와 로커 암을 경유하여 밸브를 개폐시키는 방식이다. 이 기구를 개발함에 따라 밸브를 엔진의 상부에 설치할 수 있어 높은 압축비를 얻는데 성공하였다.

● Tip ●
- 자동차 산업에 혁명을 가져온 T형 포드는 SV방식을 사용하고 있었다.
- F1에 사용되는 엔진은 모두 DOHC 엔진이다.

Section 10. 피스톤(Piston)

피스톤 실린더 내에서 연소 폭발할 때 발생하는 최초의 에너지를 직접 받아들이는 역할을 한다.

◆ 역할을 많이 한다

실린더 내를 왕복하는 피스톤은 많은 역할이 요구되고 있다. 연소 폭발에 의해서 발생되는 가스의 압력을 받아 상사점에서 하사점으로 이동하는 것이 가장 큰 기능이며, 열에너지를 기계적 에너지로 변환하는 역할을 한다. 또한 흡입 행정에서는 새로운 공기(혼합기)를 흡입하고 배기행정에서는 연소된 가스를 배기 포트로 밀어 낸다.

피스톤은 고온 고압의 연소 가스에 노출되어 내열성이 우수하여야 하며, 왕복 운동에 의한 관성력을 저감시키기 위해 가벼운 것도 중요하기 때문에 주로 내열성의 알루미늄 합금이 사용된다.

◆ 목적에 따라서 형상이 다르다

피스톤은 여러 가지의 형상이 있다. 맨 윗부분을 「**피스톤 헤드**」(또는 크라운)라고 하며, 큰 압력을 직접 받기 때문에 피스톤에서 가장 가혹한 부분이다. 헤드의 바로 아래에는 **제1번 압축 링**(고리와 같은 모양)이 장착되어 압축 및 연소 가스의 누출을 방지하고 피스톤으로부터의 열을 실린더에 전달한다.

피스톤 헤드의 표면은 편평하게 보이지만 공기와 연료를 원활하게 혼합되도록 하고 「**노킹**」(이상 연소)의 방지를 위한 연구도 지속되고 있다. 또한 헤드 표면에는 밸브와 접촉되는 것을 피하기 위해 부분적으로 쐐기와 같은 홈이 파져 있으며, 직접분사식 디젤 엔진이나 가솔린 엔진에는 피스톤 헤드에 연소실이 있는 타입이 존재한다.

◆ 스커트는 진원을 유지한다

피스톤과 커넥팅 로드를 연결하는 피스톤 핀 아래의 부분을 「**피스톤 스커트**」라고 한다. 엔진의 운전 중 피스톤 헤드는 높은 열을 받기 때문에 열팽창도 크며, 아래쪽으로 내려갈수록 온도가 낮기 때문에 피스톤은 변형이 생긴다. 이러한 변형에 대한 대책으로 피스톤의 상부는 하부(스커트) 보다 작게 하고, 핀 방향을 작게 하는 형상을 하고 있다.

피스톤 링 홈에 장착되는 것으로 피스톤 링이 있다. 피스톤 링은 실린더 벽과 피스톤간의 기밀을 유지하는 것이 주된 역할이다. 연소 가스 누출을 방지하는 톱 링·세컨드 링과 윤활하고 있는 오일이 연소실로 유입되는 것을 방지하는 오일 링이 있다.

피스톤 링

엔진에서 중요한 구성 부품의 하나로 폭발력을 받아들이고 있는 것이 피스톤이다.

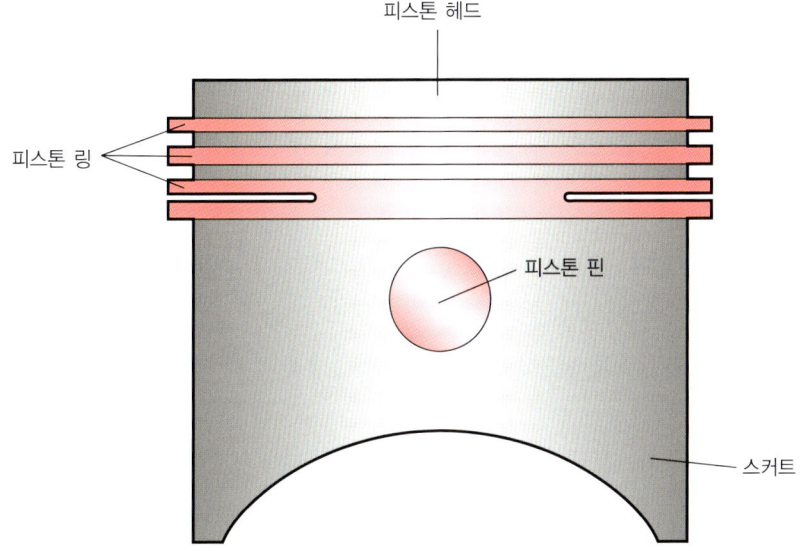

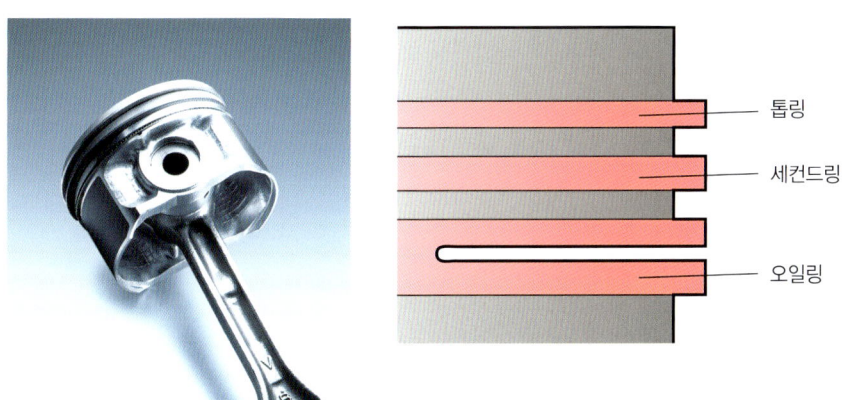

피스톤 링은 피스톤과 실린더의 기밀을 유지하기 위해서 장착되는 것이며, 오일 링은 엔진 오일이 연소실로 유입되지 않도록 긁어내리는 역할을 한다.

● Tip ●
- 피스톤 헤드부에는 밸브의 간섭을 방지하기 위해 노치가 설치되어 있거나 연소가 원활하게 이루어지도록 하기 위해서 그 형상이 복잡하게 되어 있다.
- 가혹한 환경에서 작동하는 피스톤 링의 제작에는 고도의 기술이 필요하다.

Section 11 커넥팅 로드(Connecting rod)

 Key Word　**컨로드**　커넥팅 로드의 약칭. 직선 운동을 회전 운동으로 변환하는 중요한 부품

▶ 소재는 강성이 요구된다

　피스톤의 상하 왕복운동을 크랭크축의 회전운동으로 변환시키는 부품이 커넥팅 로드이며, 커넥팅 로드에는 강력한 폭발력이 가해지기 때문에 강성(단단한 성질)이 필요하다. 따라서 크롬-몰리브덴 강이나 티타늄 합금 등 고가(高價)의 소재를 이용하여 단조에 의해 만들어진 것이 많다. 로드의 단면도 H형이나 I형으로 하여 경량화와 높은 강도를 실현하고 있다

　커넥팅 로드와 피스톤이 연결되는 부분을 「**소단부**(small end)」, 크랭크축과 연결되는 부분을 「**대단부**(big end)」라 부르며, 대단부는 2개로 분할되어 있어 볼트로 결합된다. 대단부는 회전하는 크랭크축과 연결되기 때문에 일반적으로 안쪽에 교환이 가능한 베어링으로 끼워져 있다.

　베어링은 트리메탈 등이 사용되고 있으며, 특히 고속회전 고출력인 엔진에서는 정기적으로 교환이 필요한 경우도 있다. 높은 정밀도가 요구되기 때문에 최근에는 일체 제조 후 대단부를 분할하는 방식 등 각 메이커에서 다양하게 연구되고 있다.

▶ 각 메이커의 연구에 따른 커넥팅 로드의 길이

　커넥팅 로드의 길이가 길면 길수록 피스톤에 전달되는 가로 방향의 운동에너지가 경감될 수 있다. 그러나 행정을 확보하기 위해 엔진 전체의 높이가 높아지거나 중량이 증가하는 것 등 적정한 크기를 이끌어내기 위해 각 메이커가 특징적으로 연구결과가 나타나는 부분이기도 하다.

　최근에는 엔진을 작고 가볍게 하여 연비를 경감하는 것이 중요시되고 있으므로 커넥팅 로드의 길이를 짧게 제작하는 경우가 많다.

▶ 커넥팅 로드도 윤활을 한다

　커넥팅 로드와 피스톤을 연결하는 **피스톤 핀** 부근에 오일을 분출하기 위한 구멍이 있다. 이 구멍은 개방될 때마다 피스톤의 안쪽으로 오일이 분출되도록 하며, 열이 집중되기 쉬운 피스톤 안쪽의 냉각과 소단부의 윤활이 그 주된 역할이다. 또한 대단부에도 오일을 분출할 수 있는 구멍이 있어 커넥팅 로드 하부의 윤활이 이루어진다.

● **Tip** ●　레이싱카 등 고속회전으로 사용되는 엔진의 커넥팅 로드는 0.01g의 단위로 계측하여 밸런스를 맞추고 있다.

커넥팅 로드의 위치

커넥팅 로드는 피스톤의 왕복운동을 회전운동으로 변환하는 중요한 부품. 피스톤 쪽에는 피스톤 핀이 삽입되는 작은 구멍, 크랭크축 쪽에는 크랭크축이 끼워지는 큰 구멍이 있으며, 양쪽 구멍에는 강한 힘이 가해진다.

피스톤과 커넥팅 로드

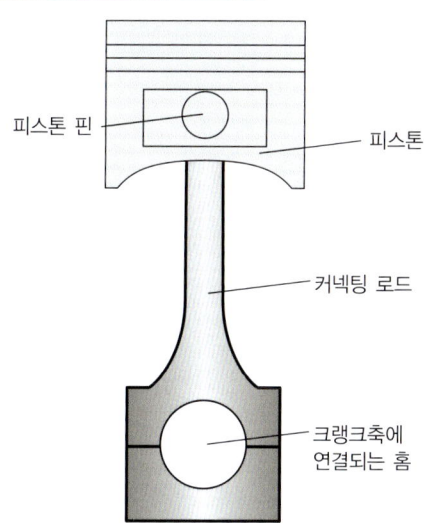

커넥팅 로드를 소단부측에서 본 사진

커넥팅 로드는 진자(振子)와 같은 움직임을 하며, 그 좌우의 진폭운동에 의해 당겨지고 피스톤도 좌우로 움직이려 한다. 이 결과에 의해 피스톤이 당겨질 때 마모되기 때문에 가능한 한 이를 피할 수 있는 커넥팅 로드의 길이로 엔진이 설계된다.

● Tip ● 튜닝의 수단(手段)으로서 자주 커넥팅 로드를 거울과 같이 연마한다. 이것은 커넥팅 로드의 표면을 균일하게 하면 커넥팅 로드에 가해지는 힘이 확산되지 않기 때문에 결과적으로 강도가 증가된다.

Section 12 크랭크축(Crank Shaft)

 Key Word **크랭크축** 폭발 에너지를 회전 에너지로 변환한다. 엔진의 운동 부품 중에서 가장 무거운 부품이다.

▶ 회전 에너지를 발생시키는 부품

크랭크축이란 엔진의 하부에 설치되어 회전하는 부품. 연소실의 폭발에 의해서 피스톤이 아래로 밀려질 때의 힘이 커넥팅 로드를 통하여 크랭크축에 전달된다. 크랭크축의 회전수가 엔진의 회전수이다.

형상은 1개의 곧은 봉이 아니고 피스톤의 상하 운동을 회전운동으로 원활하게 변환시키도록 복잡한 형상을 하고 있으며, 이 형상에 의해 불규칙적인 회전을 억제하고 진동의 발생을 적게 할 수 있다. 크랭크축은 일체 구조가 많으며, 크랭크 주축, 크랭크 핀, 밸런스 웨이트로 구성된다. 앞쪽의 끝에는 크랭크축의 회전을 보조 기구로 전달하는 풀리(pulley)가 있으며, 뒤쪽 끝에는 플라이 휠이 장착된다. 보조 기구인 물 펌프(water pump)나 파워 스티어링의 오일펌프는 크랭크축으로부터 동력을 받아 작동하며, 캠축의 회전도 크랭크축의 동력을 이용하고 있다.

그러나 최근에는 크랭크축 동력의 이용을 줄이면 동력 손실이 적어 연비가 향상되기 때문에 전동 파워 스티어링으로 필요시에 발전(發電)에 의해 유압을 발생시키는 파워 스티어링 등 전력을 이용하는 것이 많아졌다.

▶ 크랭크축의 진동을 억제하는 밸런스 축

크랭크축의 진동은 엔진의 진동 중에서 비중이 크므로 특히 밸런스가 우수한 직렬 6기통 엔진이나 V8 엔진에서도 무시할 수 없다. 크랭크축에 부속된 밸런스 웨이트에 의해서 소멸되지 못한 진동을 「**밸런스 축**」으로 소멸시키는 엔진도 있다. 밸런스 축은 크랭크축과 평행하게 설치된 축으로서 크랭크축의 동력에 의해서 구동된다.

피스톤이 상사점으로부터 하사점으로 되돌아 회전할 때의 진동을 「**1차 진동**」이라고 부르며, 이것은 밸런스 웨이트에 의해서 소멸시킬 수 있지만 실린더 중간에서 커넥팅 로드가 경사지게 되어 있어 가로 방향의 「**2차 진동**」이 발생된다.

즉, 피스톤이 1왕복할 때 2회의 진동이 발생된다. 이때 한쪽에만 밸런스 웨이트를 설치한 밸런스 축을 2배의 속도로 역회전시켜 2차 진동을 소멸시키는 것이다. 직렬 4기통 엔진 등에 이용하는 것으로 V8 엔진이나 직렬 6기통 엔진처럼 정숙성과 적은 진동을 실현할 수 있다.

크랭크축

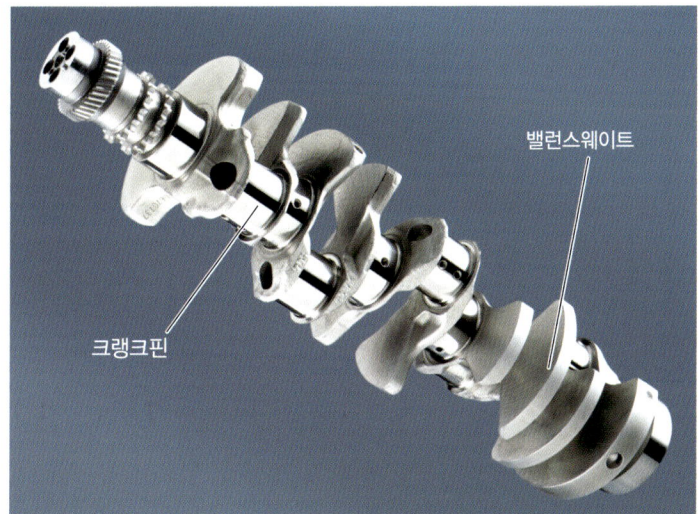

크랭크 핀은 회전축 선상에 없기 때문에 회전하면 진동이 발생된다. 그 진동을 소멸시키는 것이 밸런스 웨이트이다. 크랭크축에는 강한 힘이 가해지므로 탄소강 등의 소재를 이용하여 제작되고 있다.

밸런스웨이트
크랭크핀

밸런스 축

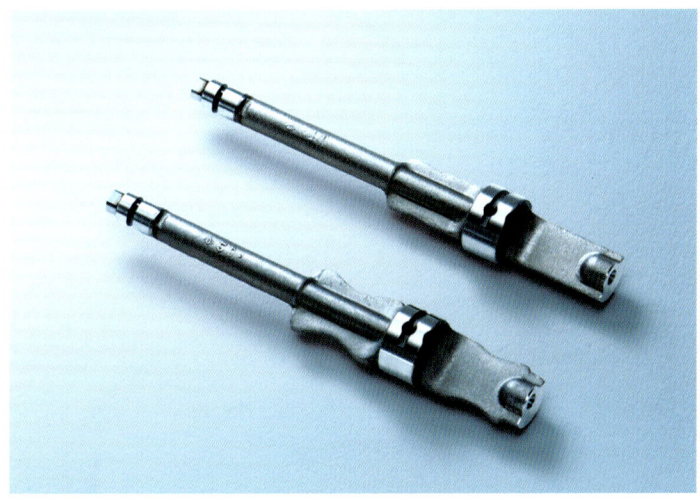

사일런트 샤프트라고도 하며, 사진과 같이 한쪽에만 무거워지도록 움푹 패인 형상을 하고 있다. 이 축을 회전시키는 것에 의해서 크랭크축에서 발생하는 진동을 소멸시킨다.

- **Tip**
  - 스타팅 모터(기동 전동기)가 개발되기 전에는 손으로 크랭크축을 회전시켜 엔진의 시동을 걸었다.
  - 밸런스 축의 특허는 일본의 미쓰비시 자동차가 가지고 있다

Section 1.3 로터리 엔진(Rotary Engine)

> **Key Word** **왕복형 엔진(reciprocating engine)** 피스톤의 왕복 직선운동을 회전운동으로 변환시키는 엔진에 비하여 로터리 엔진에서는 폭발의 에너지를 직접 회전운동으로 변환하고 있다.

❯ 가볍고 간단하다

　왕복형 엔진이 상하운동을 회전운동으로 변환하는데 비하여 로터리 엔진은 팽창가스의 압력을 최초부터 회전력으로 변환하는 엔진이다. 하우징 내에 로터가 회전하는 구조로서 로터와 하우징 간에는 3개의 공간이 있으며, 왕복형 엔진에 비교하면 하우징이 실린더, 로터가 피스톤의 역할을 한다. 크랭크축에 해당하는 「**익센트릭 샤프트**」(eccentric shaft)는 로터의 중심에 삽입되어 있다.

　혼합기를 흡입, 배기하는 것은 흡기 및 배기 포트라고 하는 로터 하우징에 열린 구멍으로 이루어지기 때문에 왕복형 엔진과 같이 밸브는 없다. 이와 같이 구성하는 부품이 적으므로 가볍고 간단한 것이 특징이다.

❯ 적은 배기량으로 높은 효율

　왕복형 엔진보다 적은 배기량으로 출력을 얻을 수 있는 것은 로터의 3변과 로터 하우징 간에 만들어지는 작동실이 각각 이동하면서 흡기·압축·폭발팽창·배기 사이클을 완료하여 팽창 압력에 의한 로터의 회전력이 익센트릭 샤프트를 통하여 외부로 출력된다.

　로터와 익센트릭 샤프트의 기능은 팽창 압력을 직접 회전력으로 변환하며, 로터 자체가 흡·배기 포트를 개폐시키기 때문에 진동이나 소음도 적으며, 익센트릭 샤프트 1회전에 1회 폭발을 한다. 왕복형 엔진에 비해 고속 회전형 엔진으로 가능하고 소형이면서 높은 출력을 얻을 수 있으며, 경량 소형이고 고속회전에 강하기 때문에 스포츠카 등에 적합한 엔진이라고도 할 수 있다.

　그러나 단점이 없는 것도 아니다. 연소하는 공간이 편평한 곳에서부터 시작되고 점화 플러그를 2개 배치하여도 화염전파 거리가 길기 때문에 연소가 신속하게 이루어지지 않는다. 또한 로터의 꼭짓점과 하우징 벽의 틈새를 밀폐시키기 어렵기 때문에 가스가 누출되는 문제도 있다. 로터리 엔진은 독일의 반켈이 발명한 것으로 「**방켈 사이클 엔진**」이라고도 부른다.

● Tip ● 로터리 엔진은 수소 엔진에 적합한 형식으로 되어 있기 때문에 일본의 마쯔다에서는 수소 로터리 엔진의 연구가 이루어지고 있다.

로터리 엔진의 행정

● 흡기

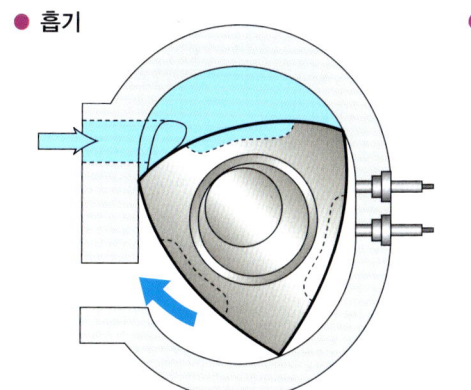

혼합기를 만들 때까지의 시스템은 왕복형 엔진과 같다. 중심의 삼각형 모양이 로터이며, 하우징과 로터 사이에는 항상 3개 공간이 있다. 로터 하우징에 열린 흡기 포트로부터 로터의 회전에 의해 발생하는 부압(負壓)으로 혼합기를 흡입한다.

● 압축

왕복형 엔진에서는 피스톤의 움직임에 의해서 압축되지만 로터리 엔진에서는 로터가 회전하여 좁아진 체적의 공간에 혼합기를 이동시키는 것으로 압축된다. 이 좁은 체적이 만들어지는 것은 로터 하우징과 로터의 3개 꼭짓점이 항상 내면에 접촉되어 있기 때문이다.

● 폭발팽창

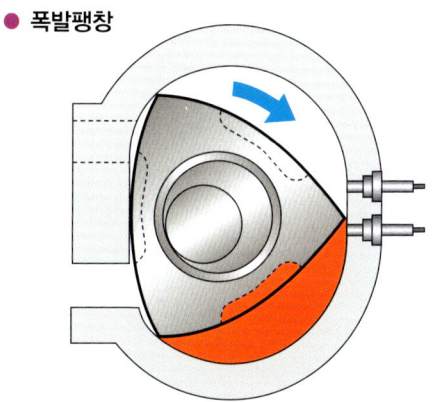

압축된 혼합기는 점화 플러그가 있는 장소에서 폭발한다. 연소 가스가 팽창하면서 로터를 밀어 동력을 얻는다. 효율이 좋은 연소를 위해서 점화 플러그는 1로터에 대하여 2개가 장착되어 있다.

● 배기

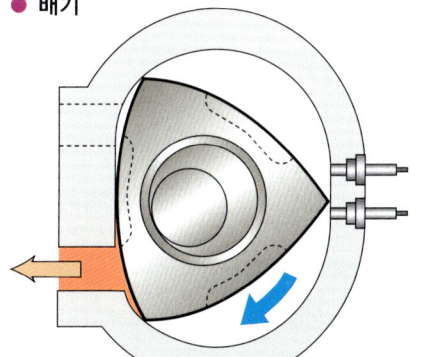

폭발 후 연소 가스는 로터의 회전에 의해서 밀려 나와 배기 포트를 통하여 배출된다. 3개의 공간에서 4행정이 완료되므로 로터 1회전에 3회의 폭발이 이루어지게 된다. 로터 1회전에 대해 익센트릭 샤프트는 3회전한다.

● Tip ● 자동차에 로터리 엔진을 탑재하고 양산하는 메이커는 일본의 마쯔다 뿐이다.

Section 14 스로틀 밸브(Throttle Valve)

 Key Word **흡기 경로** 연소에 필요한 공기는 에어클리너에서 먼지를 제거하고 스로틀 밸브에서 흡입공기량이 조정되며 흡기 매니폴드를 경유하여 분사된 연료와 함께 실린더로 이송된다.

❯ 스로틀 밸브와 흡기 매니폴드

스로틀 보디에 설치되어 있는 스로틀 밸브는 액셀러레이터 페달과 케이블로 연결되어 개폐된다. 흡입되는 공기는 스로틀 밸브에 의해서 유량이 조정되어 서지 탱크를 경유하여 흡기 매니폴드에 보내지며, 흡기 매니폴드에서 각 실린더로 분배된 공기는 분사된 연료와 함께 혼합기가 되어 실린더 내에 보내지는 것이다.

흡기 매니폴드는 각 실린더에 공기가 균일하게 분배되도록 형상을 연구한 것으로 최근에는 수지(樹脂) 등으로 제작하여 경량화 되어 있으며, 내부는 공기 저항을 가능한 한 줄이도록 표면이 매끄럽게 되어 있다.

스로틀 밸브의 개폐는 종전에 와이어를 이용하여 기계적으로 작동되었지만 최근에는 전기 신호를 이용하여 개폐하는 타입(**ETS** ; Electronic Throttle System, 드라이브 바이 와이어)이 주류를 이루고 있다. 이 방식은 페달을 밟는 양 뿐만 아니고 엔진의 상태(에어 플로 미터로 계측한 흡기 온도 등)를 고려하여 스로틀 밸브의 개도(開度)를 컨트롤 하고 있다.

일부 모델에서는 액셀러레이터 페달을 조금만 밟아도 많은 양의 혼합기를 연소시켜 가속성능이 좋도록 가장한 자동차도 있다. 이러한 세팅이 되면 스로틀 밸브가 중간 정도로 열렸을 때 응답성이 나쁘고 미세한 조정을 할 수 없기 때문에 시내 주행에서 운전하기에 불편한 자동차도 존재한다.

❯ 흡기 매니폴드와 연료 분사

직접분사 엔진 이외는 흡기 매니폴드 내에 연료를 분사한다. 연료를 흡기 매니폴드 내의 1개소에서 분사하는 「**싱글 포인트식**」과 각 기통 마다 분사하는 「**멀티 포인트식**」이 있으며, 멀티 포인트식은 미세한 조절을 할 수 있으므로 특히 고성능 엔진에 사용되고 있다.

흡기 매니폴드에 들어가는 공기는 **에어클리너**에서 먼지나 이물질을 제거하고 있으며, 에어클리너에 먼지 등이 쌓이면 적정한 양의 공기를 엔진에 보낼 수 없게 되므로 정기적으로 청소 및 교환이 필요하다.

● **Tip** ● 종전에 스로틀 밸브는 액셀러레이터 페달과 와이어에 의해 연결되어 직접 사람의 힘으로 제어하였지만 현재는 액셀러레이터 페달의 작동을 전기적으로 감지하고 그 전기 신호를 기초로 스로틀 밸브가 개폐되고 있다.

공기의 흐름

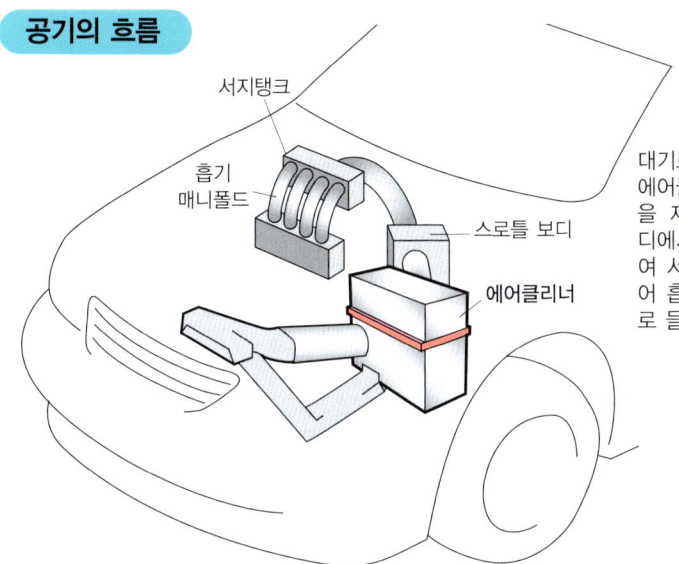

대기로부터 흡입한 공기는 우선 에어클리너에서 먼지 등 불순물을 제거한다. 그리고 스로틀 보디에서 공기의 유입량을 조정하여 서지 탱크에서 공기가 분배되어 흡기 매니폴드를 거쳐 엔진으로 들어간다.

● **스로틀 보디**

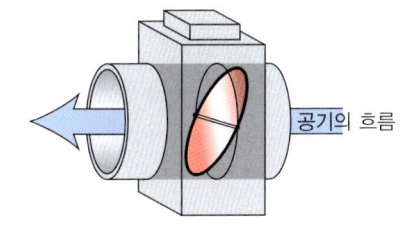

공기의 양을 조정하는 부품. 운전자가 밟는 액셀러레이터 페달과 연동하여 움직인다. 최근의 엔진에는 운전자와 스로틀 보디 간에 컴퓨터가 관여하며, 운전자의 지시를 컴퓨터가 해석하여 주행 상황에 따른 공기의 유입량을 조절하고 있다.

● **스로틀 밸브의 기능**

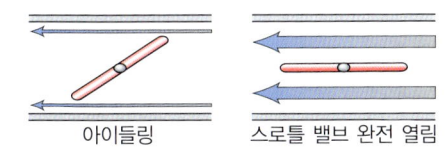

스로틀 보디 내에 설치되어 있는 스로틀 밸브의 움직임. 아이들링시를 위해서 운전자가 액셀러레이터 페달을 밟지 않아도 스로틀 밸브는 조금 열려 있다.

● **흡기 매니폴드(4기통용)**

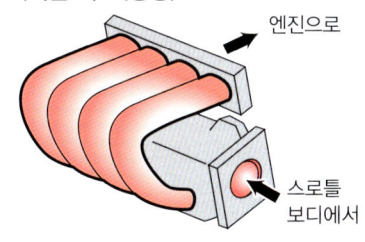

실린더 내에 공기를 분배하여 보내는 부품. 공기가 원활하게 흐르도록 하기 위한 형상으로 되어 있으며, 고온으로 되지 않는 부분이기 때문에 소재가 금속으로부터 수지로 바뀌고 있다. 흡기 매니폴드를 길게 하면 저속에서는 흡입 효율이 향상되며, 반대로 짧게 하면 고속에서 흡입 효율이 향상된다.

● **Tip** ● 스포츠카나 고급 자동차의 일부는 공기 흐름의 저항을 줄이기 위해 흡기 매니폴드 내부를 정비사가 손으로 연마한 것도 있다.

Section 1.5 밸브 트로닉(Valve tronic)

밸브 트로닉 시스템 BMW가 개발한 새로운 흡기 시스템. 흡기 밸브의 타이밍과 리프트 량을 변화시키는 것으로 흡기량을 컨트롤 한다.

▶ 밸브의 리프트 량의 컨트롤

엔진 출력의 컨트롤은 액셀러레이터 페달을 통해서 이루어지는 것으로 앞 페이지에서 소개하였지만 BMW의 밸브 트로닉은 스로틀 밸브가 아닌 흡기 밸브의 개폐를 제어하여 흡입 공기량을 컨트롤하는 기술이 완성되었다.

일반적인 스로틀 버터플라이(throttle butterfly)에서는 흡입 매니폴드 등에 발생하는 필요 이상의 부압 손실을 피하지 못하며, 스로틀 밸브 자체의 유입 저항도 있다. 스로틀 밸브가 1/2 열린 상태에서는 좁은 통로로부터 공기가 들어가는 것이므로 당연히 저항이 발생한다. 밸브 트로닉은 스로틀 밸브의 역할을 흡기 밸브가 하는 것으로 밸브의 리프트와 타이밍을 모든 영역에서 자유롭게 컨트롤 하는 것이다.

작동은 흡기 밸브를 열어 필요한 양의 공기가 실린더에 들어가면 밸브를 닫는다는 간단한 원리이며, 일반적으로 엔진의 밸브를 여는 것은 캠축이지만 인터미디에이트 암(intermediate arm)을 설치하여 리프트 량을 리니어(linear)로 컨트롤 한다.

▶ 밸브 트로닉의 장점

흡기 밸브는 일반적으로 유압을 이용하여 로커 암으로 작동시킨다. 리프트 량의 컨트롤은 상부에 설치된 모터에 의해서 이루어지며, 기어를 이용하여 **인터미디에이트 암**을 작동시키면 단조제의 정밀 가공된 중간 레버의 접촉 위치가 바뀌게 된다. 그 결과 로커 암이 밸브를 누르는 깊이도 변화된다. 모터의 작동이 매우 빨라 0.3초 이내에 리프트 량을 컨트롤 할 수 있으므로 일반적인 스로틀 밸브보다 응답성이 뛰어나 연비가 적은 상태에서 고출력을 얻을 수 있다. 추가되는 부품수가 적기 때문에 효과에 비해서 중량의 증가도 미미하다는 이점도 있다. 이 시스템은 운전자의 의도를 와이어나 유압 등으로 기계에 전달하는 것이 아니라 전기적 신호로 기계에 전달하는 「**드라이브 바이 와이어**」에 의해서 이루어지며, 현재는 직접분사 엔진의 사양에도 장착되고 있다.

이 기술이 뛰어난 점은 세계 다양한 품질의 가솔린에서도 효과를 얻을 수 있는 점이며, 특히 촉매를 사용하지 않고 높은 출력·높은 응답성·낮은 연비를 실현한 것이다.

● Tip ● 밸브 트로닉은 BMW의 특허 기술. 값싼 차종의 엔진에도 탑재되고 있다.

흡기 밸브를 컨트롤 하는 밸브 트로닉

밸브 트로닉 시스템이 장착된 BMW 엔진의 단면 사진. 흡기쪽(우측)에 장착된 밸브 트로닉 시스템을 잘 파악할 수 있다.

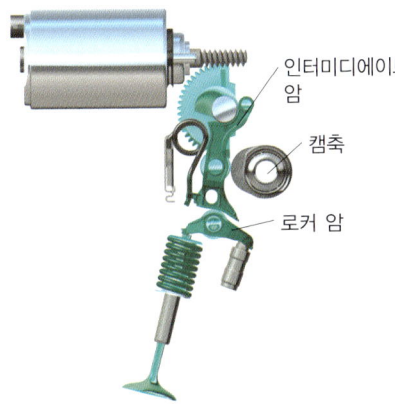

엔진에 많은 공기를 보내지 않아도 되는 상태에서는 인터미디에이트 암이 로커 암을 누르지 않는다.

많은 공기가 필요한 경우 인터미디에이트 암이 로커 암을 눌러 밸브의 리프트 량이 커진다.

● Tip ● 밸브 트로닉은 세밀하게 흡기를 컨트롤 할 수 있어 연비를 현격히 향상시키는데 성공하였다.

Section 16 연료 펌프(Fuel pump)

연료 경로 연료 탱크의 연료는 연료 펌프에 의해서 인젝터까지 보내져 높은 압력을 유지한다.

◉ 연료를 엔진에 보내는 연료 펌프

연료 탱크에 저장되어 있는 가솔린은 연료 펌프에 의해서 흡입 송출되어 엔진으로 보내진다. 연소실에는 인젝터의 분사장치로 이송되기 때문에 가솔린을 높은 압력으로 인젝터까지 보내 줄 필요가 있다.

연료 펌프는 기계식과 전기식, 전자식이 있으며, 현재는 주로 전기식 연료 펌프가 사용되고 있다. 「**기계식**」은 엔진의 동력을 이용하여 연료를 가압하는 시스템으로 펌프의 설치 위치는 엔진의 측면으로 한정된다. 그러나 「**전기식**」은 차체의 어느 위치에도 구속되지 않고 장착할 수 있기 때문에 전기식을 선호한다. 연료 탱크 부근에서 들려오는 '붕' 하는 소리는 전자식 연료 펌프가 작동하는 소리이다.

「**전자식**」연료 펌프는 전자석의 힘을 사용하여 연료에 압력을 가한다. 구조가 간단하고 전자석 코일에 전기가 흐르거나 차단되면 코일에 감겨져 있는 「**플런저**」가 상하로 작동되어 가솔린이 인젝터까지 송출된다. 탱크 쪽에 있는 「**인렛 체크 밸브**」는 한쪽 방향으로만 흐르는 구조로 되어 있으므로 연료가 탱크로 역류(逆流)되지 않도록 한다. 또한 「**아웃렛 체크 밸브**」도 한 번 보내진 연료는 펌프 쪽으로 역류되지 않는다.

◉ 연료를 저장하는 연료 탱크

연료 탱크는 충돌 등으로 파손되어도 화재가 일어나지 않도록 가장 안전한 장소에 장착되는데 대부분 뒷좌석 밑 주위에 장착되어 있다. 앞 또는 뒤로부터도 추돌될 가능성이 있으므로 차체의 바로 뒤에 장착되지는 않는다. 연료 탱크 안에는 구멍이 뚫려 있는 판으로 칸막이가 되어 있어 가솔린이 출렁거리지 않는 구조로 되어 있다. 또 연료의 잔량을 계측하기 위한 연료 게이지, 탱크 내의 공기압이 높아졌을 경우 배출시키기 위한 「**브리더 파이프**」 등이 장착되어 있다.

예전의 자동차에 장착되어 있던 연료 게이지에는 「**뜨개**(float)」가 사용되었지만 현재는 전기 저항으로 연료의 잔량을 조사하는 수직(vertical) 방식이 사용된다. 지금까지는 연료 탱크의 소재로서 금속이 사용되고 있었지만 최근에는 수지제(樹脂製)의 연료 탱크를 사용하는 자동차도 증가하고 있다.

● Tip ● 예전의 자동차는 연료 펌프의 성능이 낮았기 때문에 인젝터까지 가솔린을 보내는데 시간이 걸렸으므로 엔진을 즉시 시동하는 것을 금지하고 있었다.

연료의 흐름

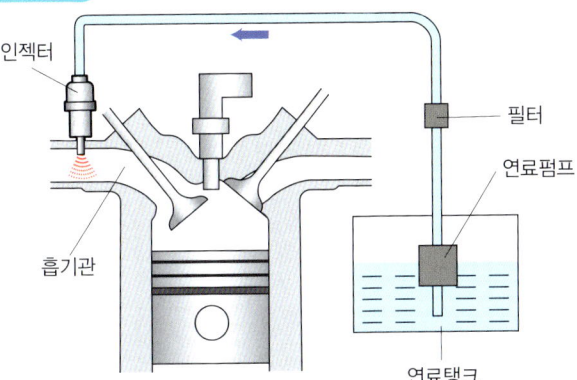

연료는 연료 탱크로부터 연료 펌프에 의해서 가압(加壓)되어 인젝터로 보내진다. 인젝터와 펌프 사이에 설치된 필터는 연료에 포함된 이물질, 수분 등이 제거된다.

● 연료 펌프(전자식 연료 펌프)

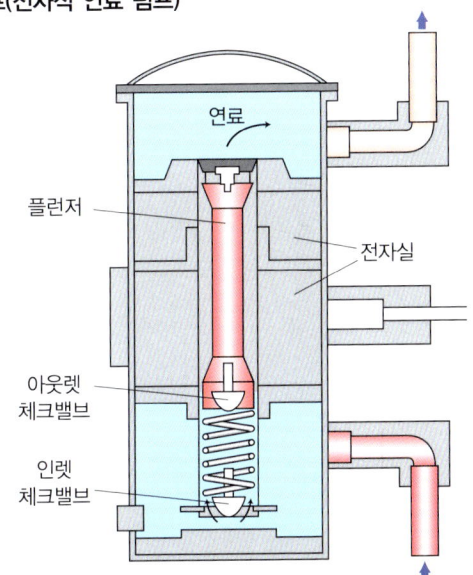

키 스위치를 START 위치까지 돌리거나 또는 엔진 시동 버튼을 누르면 연료 펌프는 작동을 시작한다. 인젝터까지 충분한 양의 가솔린을 보낸 뒤에는 연료 펌프가 자동적으로 정지한다. 엔진의 연소실에 공급된 연료가 점화 연소되어 연료 파이프 내의 압력이 낮아지면 다시 자동적으로 연료를 인젝터로 보낸다.

● 연료 탱크

그림은 수지제의 연료 탱크

수지는 금속보다 가벼울 뿐만 아니라 성형이 용이한 장점을 이용하여 높이가 낮은 복잡한 모양의 연료 탱크가 개발되었다.

● Tip ● 뜨개를 사용한 연료 게이지는 정확히 남아있는 양을 측정할 수 없기 때문에 현재는 이용되지 않고 있다.

Section 17 연료 분사장치(Fuel Injection System)

인젝터 전자제어 연료 분사장치. 연료 펌프에서 보내온 연료는 컴퓨터로 제어되는 인젝터에서 높은 압력을 가하여 흡기 매니폴드 또는 실린더에 분사된다.

멀티 포인트 방식이 주류를 이룬다

예전에는 자연의 힘을 이용한 카브레타라고 불리는 기계식 연료 장치가 사용되어 왔다. 그러나 현재는 엄격한 배기가스 기준에 맞추어 고도의 연료분사 제어가 필요함으로 전자제어 연료 분사장치가 활용되고 있다. 「**전자제어 연료 분사장치(Injector)**」는 혼합기를 만들 때 공기에 연료를 안개 모양으로 분사시키는 것으로 연료가 분출되는 부분(nozzle)은 매우 작은 구멍이며, 연료의 분사량은 노즐이 열려 있는 시간을 제어함으로써 조절된다.

작동은 전기의 ON·OFF에 의해서 이루어지며, 전기가 OFF되면 자력이 없어지기 때문에 분사가 멈추는 구조로 되어 있다. 짧은 시간에 정확한 제어가 필요한 엔진의 중요한 부분이다.

「**인젝터**」는 흡기 매니폴드에 있는 것이 일반적이었지만 현재는 실린더 내에 직접 분사하는 「**직접 분사 방식**」도 증가하고 있다. 직접 분사 방식은 흡기 매니폴드에 연료를 분사하는 것보다 더 섬세하게 제어를 할 수 있고 연료 소비를 억제할 수 있기 때문이다.

인젝터를 설치하는 위치에 따라 싱글 포인트식과 멀티 포인트식이 있으며, 섬세한 연료 분사를 제어할 수 있는 것은 「**멀티 포인트식**」이다. 「**싱글 포인트식**」은 인젝터의 수가 1기통에 해당하는 것뿐이기 때문에 단가를 줄일 수 있다. 그러나 섬세한 연료 분사를 제어할 수 없기 때문에 연비나 배기가스에 포함되는 유해 물질을 억제하는데 불리하다. 이러한 이유로 현재의 자동차에는 거의 멀티 포인트식이 사용되고 있다.

없어진 카브레타

「**카브레타(기화기)**」는 연료를 일정하게 모아 두는 뜨게실 부분과 공기가 흐르는 벤투리 부분으로 구성되어 있다. 벤투리는 공기가 흐르는 부분이 좁은 것으로 공기가 통과할 때 유속이 최대가 되어 가솔린 토출구(니들 제트)로부터 가솔린을 흡입하기 때문에 혼합기가 만들어 진다.

카브레타는 오랫동안 사용되어 아직도 애정은 깊다. 그러나 기온의 변화에 약하고 섬세한 세팅을 해야 한다. 무엇보다도 대기중에 유해가스를 배출시키기 쉬우므로 카브레타를 사용하는 자동차는 완전히 사라졌다.

● Tip ● 최근에는 스쿠터까지 전자제어 연료 분사장치가 장착되었다.

인젝터

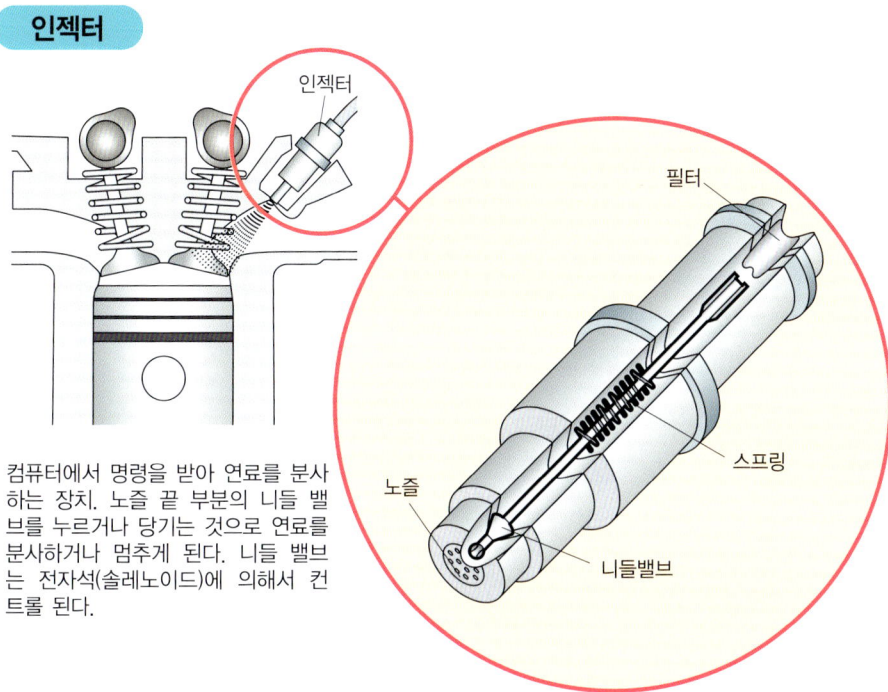

컴퓨터에서 명령을 받아 연료를 분사하는 장치. 노즐 끝 부분의 니들 밸브를 누르거나 당기는 것으로 연료를 분사하거나 멈추게 된다. 니들 밸브는 전자석(솔레노이드)에 의해서 컨트롤 된다.

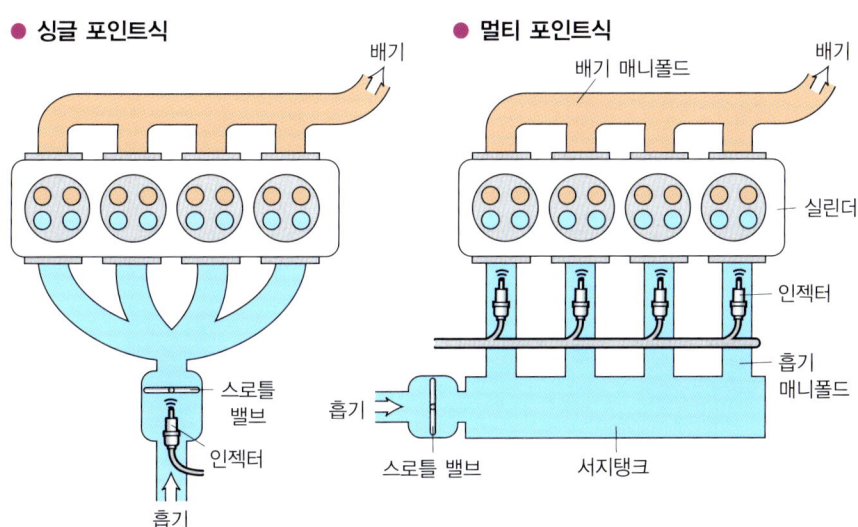

● 싱글 포인트식

흡기 매니폴드 앞에서 연료를 분사하는 방식. 정밀한 연료 분사를 제어할 수 없다.

● 멀티 포인트식

흡기 매니폴드 내에 연료를 분사하는 방식. 연료의 낭비가 없게 분사할 수 있으며, 응답성도 좋다.

● Tip ● 카브레터는 정기적으로 떼어내 분해 정비할 필요가 있었다.

Section 18 배터리와 스타터 모터

Key Word 배터리 엔진의 동력으로 발전한 전기를 모아 둔다. 전기를 사용하는 장치가 많아지고 있기 때문에 더욱 더 그 중요함이 배가 되고 있다.

◉ 가혹한 조건에서 사용되는 배터리

배터리는 외부로부터 얻은 전기적 에너지를 화학적 에너지로 바꾸어 저장하는 장치로 일반적인 자동차에서는 납산 배터리가 사용되고 있다. 납산 배터리는 이온화한 「**전기분해 액(묽은 황산)**」안에서 플러스와 마이너스의 금속에 화학 반응을 일으키게 하여 전기를 발생시키고 있다.

여기서 만들어진 전기는 직류로서 플러스와 마이너스의 1개조로 편성된 「**셀**(cell)」이라고 불리는 얇은 상자에 넣으며, 1개의 셀은 약 2V의 전압을 축전하게 된다. 일반적으로 승용차에서는 6개의 셀을 직렬로 연결한 12V 배터리가 사용된다(트럭 등의 디젤 자동차는 24V의 배터리가 많다).

배터리의 충전은 「**알터네이터**」라 불리는 발전기에 의해서 이루어지며, 충전과 방전을 반복하는 과정에서 성능이 조금씩 떨어진다. 정기적으로 배터리 교환이 필요한 것은 이 때문이다. 배터리는 저온에서는 화학반응이 원활하게 이루어지지 않아 겨울철에 문제가 발생하고, 화학 반응이 원활한 여름철에는 전력을 많이 소비하는 에어컨을 사용하므로 배터리는 가혹한 계절이다.

최근에 널리 이용되는 앞바퀴 구동 자동차의 엔진 룸에는 많은 부품의 장착으로 인하여 공간이 적어 열의 영향을 받기 쉽다. 또 자동차 내비게이션 등 전장품도 증가하고 있어 배터리의 용량은 예전보다 높아야 한다.

◉ 엔진을 시동하는 스타터 모터

키 스위치나 버튼 스위치를 이용하여 엔진을 시동하는 것이 「**스타터 모터**(starter motor)」이다. 키를 돌려 스위치를 온(ON)시켜 스타터 모터에 전기를 흐르도록 하면 모터 쪽의 피니언 기어와 플라이휠의 링 기어가 서로 맞물려, 모터의 회전에 의해서 플라이 휠과 연결되어 있는 크랭크축이 회전한다. 이 때문에 실린더 내에서 흡기·압축·폭발 팽창을 강제적으로 일으키게 되어 엔진이 시동된다.

참고로 동승자 좌석 앞에 있는 박스를 「**글로브 박스**」라고 부르는 것은 예전에 크랭크축을 수동으로 돌릴 때 사용하는 장갑(gloves)을 넣기 위한 상자였으므로, 지금도 글러브 박스라고 불리고 있다.

● **Tip** ● 전해액은 의류를 손상시킬 정도의 강한 산성을 띠고 있으므로 취급시에 주의가 필요하다.

배터리의 내부

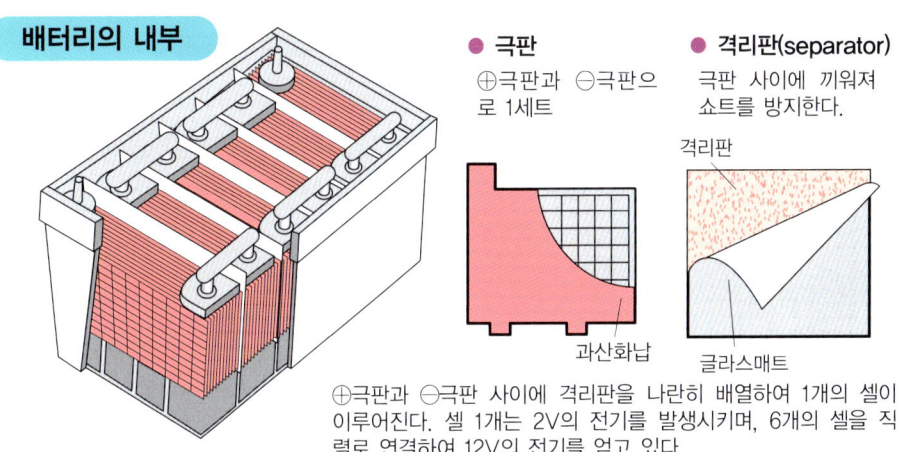

● 극판
⊕극판과 ⊖극판으로 1세트

● 격리판(separator)
극판 사이에 끼워져 쇼트를 방지한다.

⊕극판과 ⊖극판 사이에 격리판을 나란히 배열하여 1개의 셀이 이루어진다. 셀 1개는 2V의 전기를 발생시키며, 6개의 셀을 직렬로 연결하여 12V의 전기를 얻고 있다.

● 배터리의 화학반응

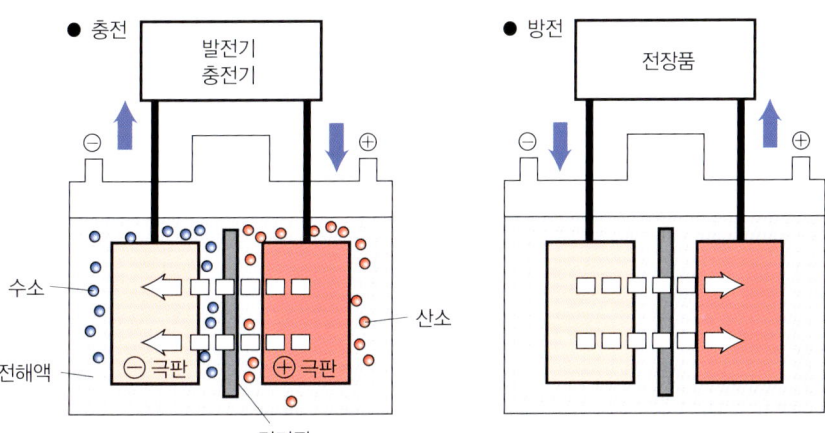

● 스타터 모터

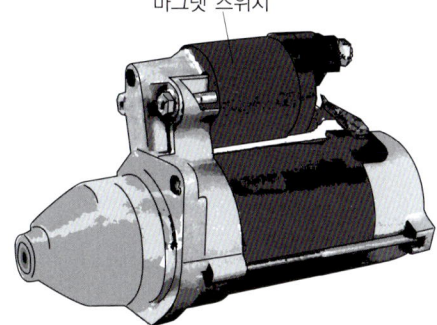

전류가 흐르면 모터가 회전한다. 동시에 마그넷 스위치에도 자력이 발생되어 스타터 모터의 기어를 엔진 쪽으로 밀어낸다. 엔진의 시동이 완료되면 마그넷 스위치에 보내지던 전류는 차단되고 스타터 모터의 기어는 원래의 위치로 돌아온다. 스타터 모터가 엔진의 힘으로 계속 회전하는 것을 방지하기 위함이다.

● Tip ● 완전 방전된 배터리는 본래의 성능으로 회복되는 것이 불가능하므로 곧바로 교환하는 것이 현명하다.

Section 19 점화 코일과 배전기

 점화 코일 점화 플러그가 불꽃을 일으키는데 필요한 높은 전압을 발생하는 장치. 최근에는 다이렉트 점화방식이 증가하고 있다.

▶ 점화 코일은 높은 전압을 발생시키는 장치

가솔린 엔진에는 점화 플러그가 불꽃(spark)을 일으키는 장치가 설치되어 있다. 이 전기 불꽃을 발생시키기 위해 매우 높은 전압의 전류가 필요하다. 배터리로부터 보내진 낮은 전압의 전류 그대로는 플러그에서 불꽃을 일으킬 수 없기 때문에 점화 코일을 이용하여 전압을 높이고 있다.

점화 코일은 구멍 뚫린 사각의 철심 둘레에는 2차 코일과 1차 코일이 감겨 있는 구조로 되어 있다. 2차 코일과 1차 코일이 감긴 수의 차이가 「**전류의 상호유도 작용**」으로 인하여 전압을 높이게 된다. 점화 코일에서 발생한 전류는 배전기에 의해서 점화 플러그에 전류가 분배된다. 배전기로부터 보내지는 전기는 하이 텐션 코드(고압 케이블)를 통해서 점화 플러그 갭(gap)으로 전해져 불꽃을 일으키는 것이다.

▶ 전류가 흐르는 타이밍도 제어하는 배전기

배전기는 각 점화 플러그에서 적절한 타이밍(시기)에 불꽃을 일으키게 하는 장치로서 엔진의 회전 속도에 따라 전기를 보내는 「**타이밍**」을 변화시킨다. 엔진의 회전은 캠축에 장착된 구동 기어와 맞물려 있는 배전기의 피동 기어를 통하여 전달된다. 따라서 캠축을 통해서 회전을 받은 배전기는 적절한 타이밍에 불꽃을 일으키게 한다. 배전기의 회전은 엔진 회전수의 1/2로 회전한다.

최근에는 배전기가 없는 다이렉트 점화 방식이 주류를 이루고 있다. 이것은 배전기를 없애고 각 점화 플러그에 소형의 점화 코일을 개별적으로 장착한 것으로 크랭크축 등의 회전수를 감지하는 센서가 엔진을 제어하는 「**컴퓨터(ECU)**」로 신호를 보내어 컴퓨터가 점화 타이밍(시기)을 컨트롤 하도록 한다. 컴퓨터로부터 보내온 명령에 의해 소형의 코일에서 전압을 높여 점화 플러그가 불꽃을 일으킨다.

장점으로는 높은 전압의 「**하이 텐션 코드**」가 없기 때문에 전압의 손실이 없으며, 세밀한 제어를 할 수 있고 엔진의 동력을 이용하지 않기 때문에 배전기에 의한 동력 손실이 없다. 현대의 낮은 연비 및 높은 출력의 엔진은 각 부분의 발전으로 성능이 향상되고 있는 것이다.

● Tip ● 점화 코일은 소모품. 오래 사용하고 열을 받으면 성능이 떨어진다.

점화계통의 전류 흐름

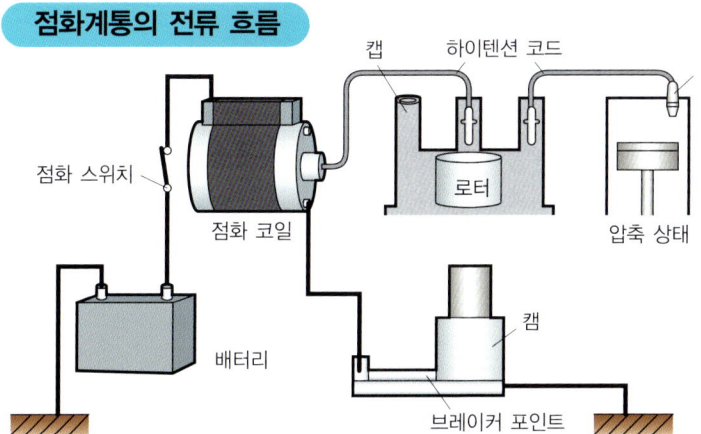

엔진의 동력은 캠으로 전달할 수 있어 캠이 회전하면 불꽃을 일으키는 타이밍을 제어한다. 캠이 브레이커 포인트에 접촉되지 않을 때만 전기가 흐른다.

● 점화코일

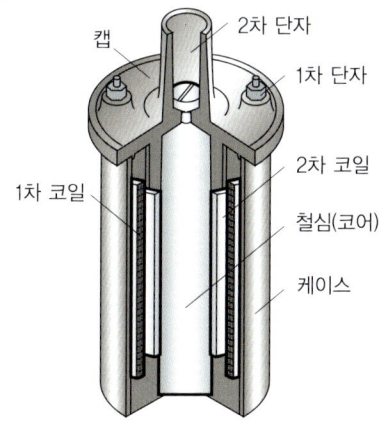

절연된 원통형 케이스 중심의 철심 둘레에는 이중 코일이 감겨져 있다. 바깥쪽에 감겨진 코일을 1차 코일, 안쪽에 감겨진 코일을 2차 코일이라 한다. 1차 코일은 굵은 구리철사로 대략 400회, 2차 코일은 가는 구리철사로 대략 20,000회 정도 감겨져 있다. 이 2개 코일의 감은 수 차이로 전류의 상호유도 작용이 일어나 전압을 높일 수 있는 것이다.

● 배전기

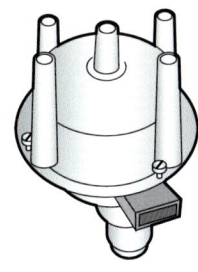

엔진의 회전수를 기계적인 움직임으로 감지하여 불꽃을 일으키는 타이밍을 제어하는 장치. 컴퓨터 제어 기술 등 전자 기술의 발달로 요즘 자동차에는 별로 이용되지 않는다.

● 다이렉트 점화

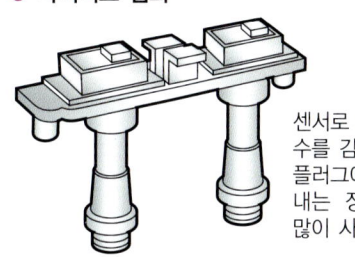

센서로 엔진의 회전수를 감지하여 점화 플러그에 전력을 보내는 장치. 최근에 많이 사용된다.

● Tip ● 배전기의 회전 부분에는 오일이 충진되어 있다. 배전기가 오일로 더럽혀져 있으면 오일의 누출을 방지하는 패킹을 교환할 필요가 있다.

Section 20 점화 플러그(Spark plug)

> **Key Word** 스파크 플러그 실린더 내의 압축된 혼합기에 불을 붙이는 부품. 열형(hot type)과 냉형(cold type)이 있다.

▶ 고가(高價)의 소재가 사용되는 전극

가솔린 엔진은 압축된 혼합기에 불꽃을 일으켜 폭발 에너지를 얻고 있는데 이 불꽃을 일으키는 것이 점화 플러그(spark plug)이다. 「**점화 플러그**」는 각 실린더에 최저 1개씩 배치되며, 끝 부분의 전극이 연소실에 노출되어 있다. 이 전극에 높은 전압이 가해지면 접지 전극과의 「**간극(gap)**」에 공중 방전을 할 때 발생되는 불꽃으로 가솔린을 포함한 혼합기에 점화시키고 있다.

전극끼리의 간극은 매우 좁아 0.8~1.1mm 정도이며, 간극이 너무 좁으면 불꽃이 약하고 너무 넓으면 불꽃을 일으키기 어렵다. 점화 플러그의 중심 전극이 플러스(+)이고 접지 전극이 마이너스(-)로서 소재에는 고가의 백금이나 이리듐의 합금이 사용된다. 전극은 혼합기에 노출되며, 온도가 매우 높은 장소에 설치되기 때문에 손상되기 쉽다. 예전에는 정기 교환 부품이었지만 현재는 부식이나 열에 강한 고가의 소재를 사용하여 수명을 연장시키는데 성공하였다.

▶ 이상 연소에 의해 오염되는 점화 플러그

점화 플러그는 항상 정상적인 연소가 이루어지면 오손되는 부품이 아니다. 그러나 전극의 온도가 너무 높으면 불꽃이 일어나기 전에 그 열에 의해서 자연 점화되기 때문에 이상 연소가 발생된다.

반대로 전극의 온도가 너무 낮으면 정상적인 연소가 되지 않으므로 카본 등이 전극에 달라붙어 오손된다. 어느 쪽이든 정상적으로 가솔린을 연소시킬 수 없을 때 일어나는 것으로서 불완전 연소를 일으키고 있는 석유스토브에 그을음이 발생되는 것과 같다고 생각하면 된다.

▶ 열형(hot type)과 냉형(cold type)

점화 플러그 자체는 같은 모양으로 엔진 블록에 순환되는 냉각수에 의해 냉각된다. 톱(top) 부분의 형상을 변화시켜 냉각하기 쉽게 방열 면적을 크게 한 「**냉형 플러그**」와 냉각을 어렵게 하기 위해 방열 면적을 작게 한 「**열형 플러그**」가 있다.

일반적으로 낮은 출력으로 열의 발생이 적은 엔진에는 열형을, 높은 출력으로 열의 발생이 많은 엔진에는 냉형을 사용한다. 각 메이커는 엔진의 배기량이나 자동차의 특성에 따라 여러 가지 플러그를 선택하여 사용하고 있다. 디젤 엔진에는 점화 플러그가 존재하지 않는다.

● **Tip** ● 점화 플러그는 간편하게 실행할 수 있는 인기 튜닝 부품이다.

점화 플러그

엔진의 본체에는 전기가 흐르고 있기 때문에 엔진과 접촉되어 있는 접지 전극에도 전류가 흐른다. 이때 점화 코일에서 공급되는 (+)전류가 흐르면 점화 플러그의 끝에서 불꽃이 일어난다.

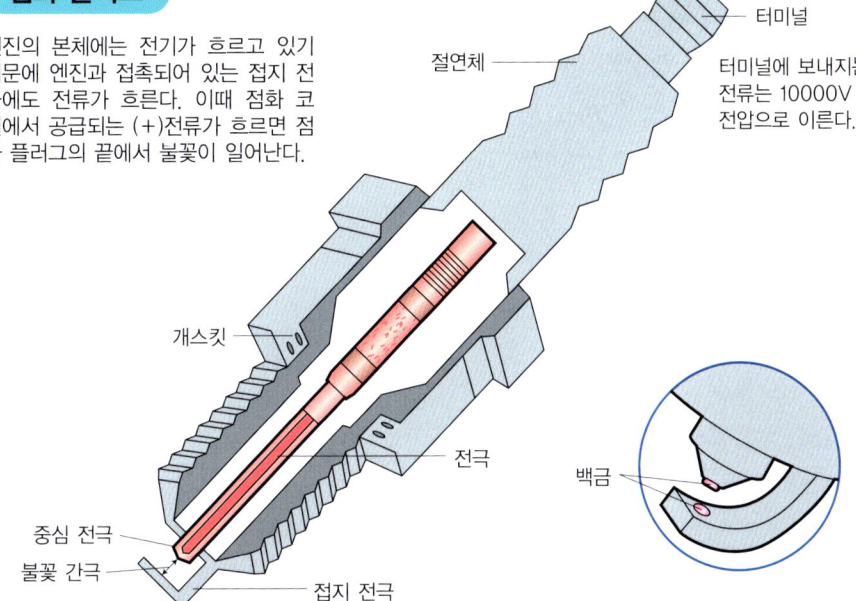

터미널에 보내지는 전류는 10000V 전압으로 이른다.

● **열형**

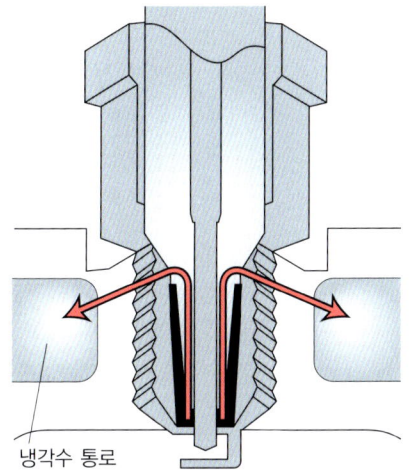

방열 면적을 작게 하여 플러그 끝부분의 냉각을 어렵게 한 타입.

엔진의 온도가 높지 않기 때문에 플러그가 쉽게 냉각되는 것으로서 출력이 낮은 자동차에 이용된다.

● **냉형**

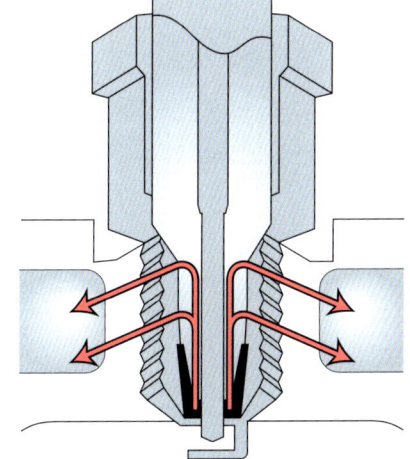

방열 면적을 크게 하여 플러그 끝부분의 냉각을 쉽게 한 타입.

엔진이 항상 고온이 되는 것으로서 출력이 높은 자동차에 이용된다. 특히 터보차저 자동차는 엔진의 온도가 높아지므로 냉형 플러그가 사용된다.

● **Tip** ● 점화 성능을 높이기 위해 1개의 실린더에 2개의 점화 플러그를 이용하는 엔진이 있다. 알파로메오의 4기통 엔진이 그 대표적이다.

Section 2.1 알터네이터(AC 발전기)

 교류 발전기 엔진의 동력을 이용하여 로터를 회전시켜 전자유도에 의해 교류 전류를 발생한다. 교류 전류를 직류 전류로 정류하여 배터리에 충전한다.

❯ 크랭크축의 회전으로 전기를 발생

자동차에는 점화를 위해 사용하는 전기 외에도 여러 전기 시스템에 사용되고 있다. 엔진을 냉각하는 팬이나 와이퍼 및 에어컨, 오디오, 내비게이션, 전동 시트 등 열거하면 수없이 많다. 이러한 전기 장치에 필요한 전기를 만들어 내는 것이 알터네이터(교류 발전기)이다.

알터네이터는 크랭크축의 회전력을 이용하여 전력을 발생시키고 있으며, 알터네이터로 발전된 전기는 배터리에 저장할 수 있다.

❯ 전기 부품의 발전

자동차에 사용되는 전기가 직류였기 때문에 예전에는 직류 발전기(DC 제너레이터, 발전기)가 사용되었다. 그러나 「**직류 발전기**」는 전력을 발생할 경우 자계(磁界)를 만들기 위해 스스로 발전(發電)한 전력을 소비하였기 때문에 엔진의 회전수가 높은 경우 이외에는 배터리에 충전할 수 없었다.

현재는 저속 회전에서도 발전 능력이 높고 소형이며, 내구성이 뛰어난 알터네이터, 즉 교류발전기가 이용되고 있다. 발전된 「**교류 전류**」는 직류 전류로 변환하여 각종 전동 부품에 공급된다. 엔진의 회전수가 높아지면 발전 전압이 상승하므로 전압을 일정하게 유지하는 조정기 등이 설치되어 있다.

❯ 전기의 중요도는 매우 높아진다

현대의 아반떼 LPI는 예전에 엔진에만 의지하던 동력을 전기 모터로 보충하는 하이브리드 자동차이다. 「**하이브리드 자동차**」는 주행 상태에 따라 엔진에서 발전한 전기를 모터에 사용하거나 또는 모터와 엔진의 힘을 합하여 가속하는 등 여러 가지 용도로 사용하게 되었다.

브레이크를 작동시키면 모터가 발전기의 역할을 하여(**회생 모터**) 전기를 충전하는 구조도 있다. 또한 엔진으로 앞바퀴를 구동하고 긴급할 경우에만 모터로 뒷바퀴를 구동하는 전기식 4WD자동차도 판매되고 있어 자동차에서 전기의 중요도가 매우 높아지고 있다.

● Tip ● 알터네이터는 주행거리나 사용 연수에 따라 성능이 떨어진다. 배터리의 방전이 빈번하게 반복된다면 알터네이터의 성능이 떨어진 것으로 의심할 수도 있다.

알터네이터의 구조

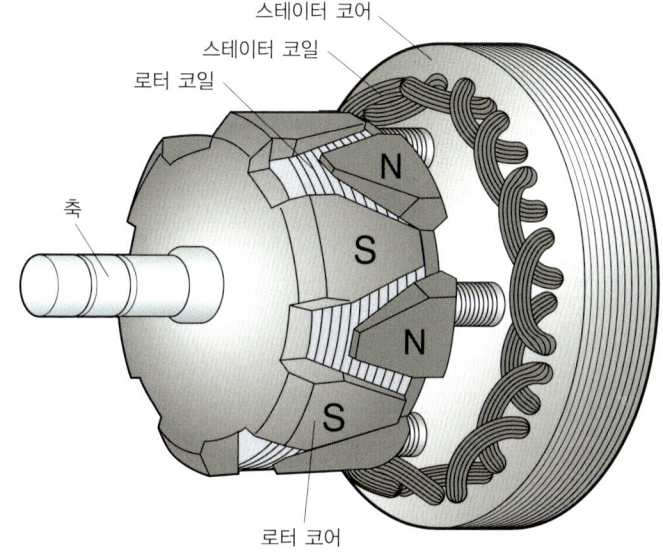

엔진으로부터의 동력이 풀리에 전달되면 축에 연결된 로터 코일을 회전시킨다. 로터는 배터리로부터 전력이 공급되어 S극과 N극의 자력을 띤 자석이 된다. 로터 코일을 스테이터 코어 안에서 회전시키면 전력이 발생한다.

발전의 원리

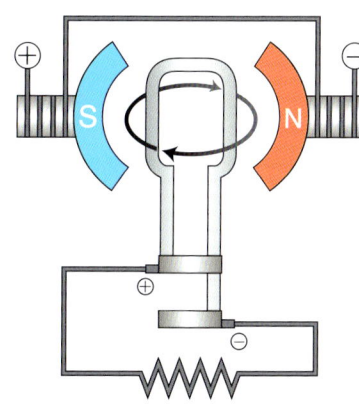 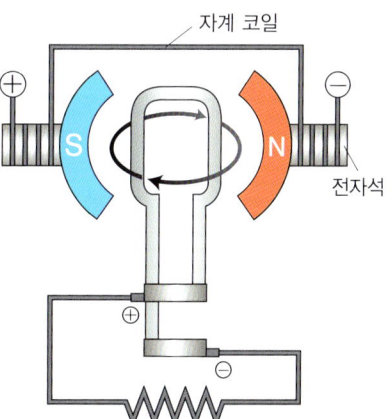

이 장치의 원리는 플레밍의 오른손의 법칙으로 자속(磁束)이 변화하면 금속편에 전기가 발생하는 원리를 이용하고 있다. 로터를 회전시키면 차례대로 자속이 변화되어 발전도 단속적(斷續的)으로 이루어진다. 발전된 교류 전류는 알터네이터 내에 있는 다이오드에 의해 직류로 정류된다.

● Tip ● 신호 대기에서 라이트(전조등)를 끄는 습관은 알터네이터의 성능이 낮았던 시대에서 전력 소비를 줄이기 위한 것이 있지만, 지금도 상대편 자동차에 대한 예의로서 계승되고 있는 습관.

Section 2 배기 경로

 배기가스 연소된 혼합기는 엔진으로부터 배출되며 유해한 물질이 포함되어 있으므로 그대로 방출할 수는 없다.

◎ 배기 경로가 중요한 것

엔진은 연료를 연소 폭발시켜 동력을 얻고 있지만 연소가 끝난 가스는 신속하게 배출하여야 한다. 만약, 연소가 끝난 가스가 실린더 내에 남아 있으면 새롭게 들어오는 공기(혼합기)의 양이 줄어들어 필요로 하는 힘을 얻을 수 없게 됨으로써 배기가스의 배출을 도와주는 것이 배기 장치이다. 또 이외에도 배기가스를 청정하게 하거나 연소를 돕는 등 배기 경로에는 여러 가지 연구가 이루어지고 있다. 배기가스의 대부분은 **이산화탄소(CO_2), 일산화탄소(CO), 탄화수소(HC), 질소산화물(NOx)**로 구성되어 있다.

◎ 연소 온도를 낮추는 EGR

가솔린 엔진은 정해진 회전수에서 효율이 매우 좋은 연소를 할 수 있다. 그러나 연소 상태가 좋아지면 연소 온도도 높아지기 때문에 질소산화물의 양이 증가하는 특성이 있다. 따라서 배기가스의 일부를 흡기 계통으로 되돌려 재연소시키는 것이 「**배기가스 재순환 장치**(Exhaust Gas Recirculation)」이다.

배기가스를 혼합기에 혼합시키면 혼합기 중에 포함되는 산소의 양이 감소되어 연소효율이 낮아짐과 동시에 연소 온도도 낮아지기 때문에 배기가스에 의해 질소산화물의 발생량이 억제된다. 예전에는 대량의 EGR을 실시하면 엔진 출력의 저하 등이 있었지만 현재는 발전된 전자제어에 의해 개선되고 있다.

◎ 조금의 누출도 허락하지 않는 PCV

엔진은 피스톤이 상하 운동을 하여 동력을 얻지만 피스톤 링 등에서 기밀(氣密)을 유지하고 있어도 압축이나 연소 팽창할 때 엔진 하부의 크랭크 실에 혼합기나 연소 가스가 침입하는 경우가 있다. 이 가스(**블로바이 가스**)는 많은 양의 탄화수소를 포함하고 있어 그대로 대기에 방출해서도 안된다.

따라서 엔진에 「**블로바이 가스 환원장치**(Positive Crankcase Ventilation)」가 장착되어 있으며, EGR과 같이 흡기 매니폴드로 블로바이 가스를 보내어 혼합기와 함께 재연소시키고 있다. 또한 탄화수소는 인체에 유해할 뿐만 아니라 엔진 오일을 산화시키는 원인이 된다.

● Tip ● 배기가스를 재연소시키는 기술의 확립은 그린 환경의 목적 사업에 일조를 한다.

배기 경로

연소실로부터 배출된 가스는 O_2 센서(산소 센서)에 의해서 성분을 조사할 수 있으며, 배기가스를 정화시키는 캐털라이저(catalyzer ; Catalytic converter)는 적정 온도(약 350℃ 이상)가 되지 않으면 작동하지 않는다. 엔진 시동시는 차실 밑 캐털라이저까지 열이 미치지 않기 때문에 작은 수직형 캐털라이저 1개를 배기 매니폴드 주위에 설치하였다

O_2 센서
수직형 캐털라이저
차실 밑 캐털라이저

● EGR

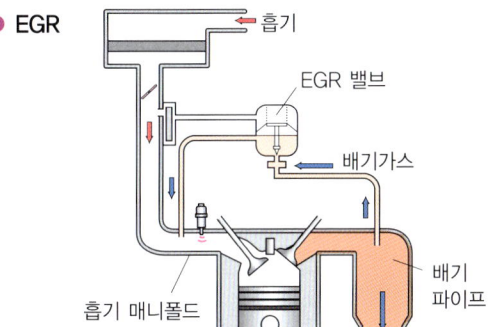

흡기
EGR 밸브
배기가스
배기 파이프
흡기 매니폴드

각종 센서에 의해 연소 온도가 필요 이상으로 높아졌다고 감지되었을 경우 EGR 밸브가 열려 배기 파이프로부터 배기가스가 흡기 매니폴드로 흘러간다. 혼합기 내에 많은 량의 배기가스(20% 이상)를 혼입할 수 있는 엔진도 있다.

● PCV

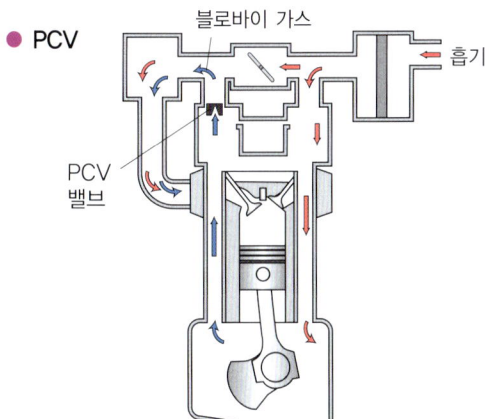

블로바이 가스
흡기
PCV 밸브

크랭크 케이스 안에는 피스톤 링의 틈새로 빠져 나간 혼합기나 오일이 가열되어 발생한 가스 등이 모인다. 이 가스도 탄화수소를 포함하고 있어 그대로 대기 중에 방출되면 광화학 스모그의 원인이 되기 때문에 이를 방지하기 위해서 탄화수소 가스를 연소실에 보내 연소시키는 것이 PCV의 역할이다.

● Tip ● EGR은 배기가스를 대량으로 배출시키는 트럭 등의 디젤 엔진에서도 적극적으로 이용되고 있다.

Section 2.3 배기 매니폴드(Exaust manifold)

배기 매니폴드 배기가스를 신속하게 대기 중에 방출하는 부품. 소음이나 진동을 억제하는 역할도 한다.

◎ 배기 매니폴드

엔진 블록에 장착된 배기 매니폴드는 배기가스가 신속하게 대기 중으로 방출되도록 하기 위해 설치되어 있다. 배기 매니폴드는 왜 구부러진 형상을 하고 있는 것일까?

피스톤의 항에서도 서술한 것과 같이 원래 엔진은 한 번에 모든 실린더에서 폭발을 하는 것은 아니다. 4기통 엔진이라면 4개의 실린더가 차례로, 6기통 엔진이라면 6개의 실린더가 차례로 폭발하는 것으로 진동이나 소음을 억제하고 있으며, 6기통 이상의 엔진에서는 어느 실린더에서 배기가 끝났을 때 또다른 실린더에서는 배기가 시작되는 것이 반복적으로 일어난다.

배기 매니폴드가 아주 짧거나 1개의 파이프로 하면 「**배압**(排壓 ; 배기 장치안의 압력)」이 높아진 상태에서 다른 실린더가 배기를 시작하기 때문에 배기가스의 흐름이 나빠져 배기의 간섭이 일어난다. 이러한 현상을 방지하기 위해서는 가능한 한 배기 매니폴드를 길게 할 필요가 있다.

◎ 배기 매니폴드를 배치하는 방법

6기통 엔진에서는 3개를 1개의 그룹으로 하여 배기 매니폴드를 2개 배치하는 등 여러 가지가 연구되고 있다. 점화하는(배출하는) 순서에 따라 배기의 간섭이 일어나지 않도록 하여 1개의 배기 파이프에 모으기 때문에 배기 매니폴드는 뒤얽힌 형태가 되어 있다.

배기 매니폴드는 신속하게 배기가스를 대기에 방출하는 역할도 한다. 먼저 배출된 배기가스의 관성 운동을 이용하여 연속적으로 배출되는 가스의 흐름을 빠르게 할 수 있다.

그러나 배기 매니폴드를 1개의 배기 파이프에 모으면 배기효율이 높아지지 않는다. V형 엔진 등에서는 「**배기구**」가 엔진의 양쪽으로 나누어지기 때문에 1개의 배기 파이프에 모으기에는 무리가 있어 배기 매니폴드를 2개 배치하는 방식을 이용한다.

배기 매니폴드를 배치하는 방법에는 여러 가지가 있는데 4개의 배기관을 1개의 배기 파이프에 모으는(4-1) 것도 있고 4-2-1로 배치하는 엔진도 있다. 또한 6기통 엔진의 경우는 6-1로 배치하는 것이 아니라 6-2-1로 배치한다.

● **Tip** ● 배기 매니폴드에는 배기가스의 성분이나 습도 등을 검출하기 위해 각종 센서가 장착되는 것이 많다.

직렬 6기통 엔진의 배기 매니폴드

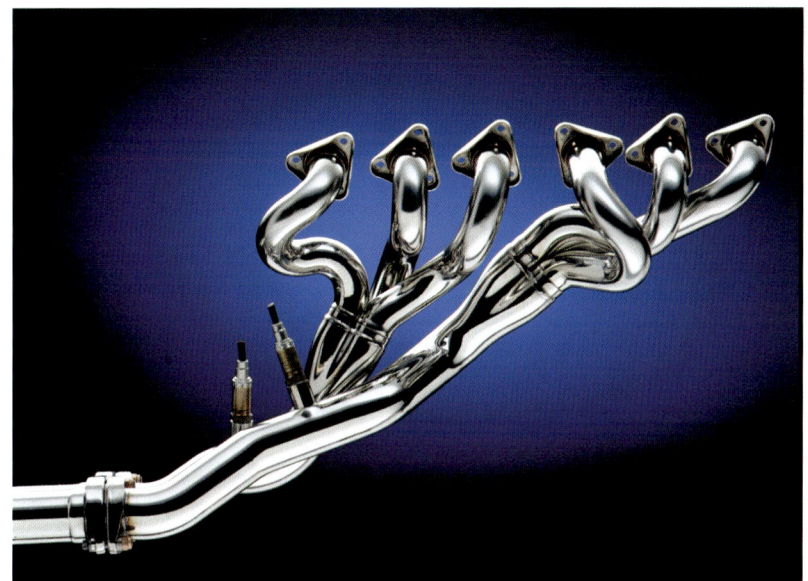

BMW 직렬 6기통 엔진의 배기 매니폴드. 배기 매니폴드는 3기통을 1그룹으로 배열하고 있다. 배기 매니폴드를 통과하는 배기가스는 배기관을 경유하여 최종적으로 1개의 배기 파이프를 통해서 대기 중으로 방출된다.

● **배기 매니폴드를 배치하는 방법(4기통)**

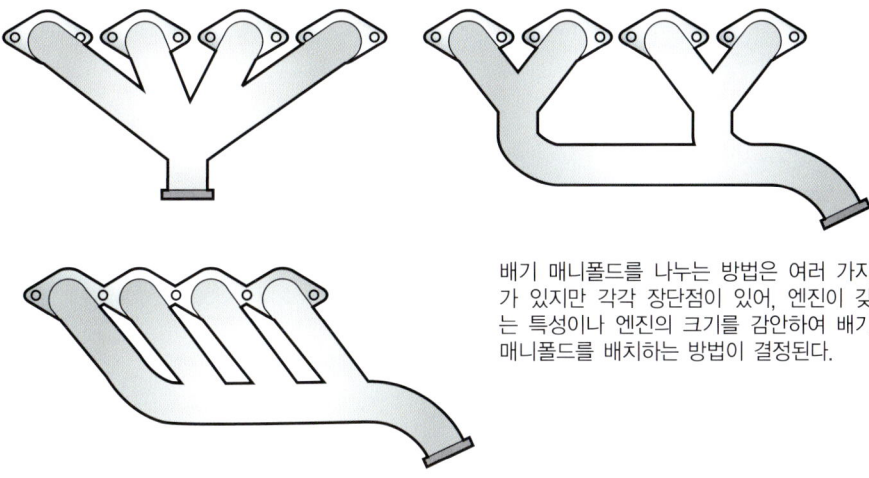

배기 매니폴드를 나누는 방법은 여러 가지가 있지만 각각 장단점이 있어, 엔진이 갖는 특성이나 엔진의 크기를 감안하여 배기 매니폴드를 배치하는 방법이 결정된다.

● Tip ● 배기 다기관이라고도 부른다.

Section 24 머플러(Muffler)

 **가변 머플러** 머플러 안에 가변 밸브를 설치하여 저속 회전시에는 밸브를 닫아 소음을 억제하고 고속 회전시에는 밸브를 열어 소음을 억제함과 동시에 배기 압력을 낮춘다.

▶ 머플러

배기가스를 부드럽게 대기 중으로 방출하고 싶지만 엔진에서 그대로 대기에 방출하면 배기가스는 한번에 팽창하기 때문에 대단히 큰 소리가 발생한다. 이것은 고온 고압의 가스가 대기로 배출되면 1기압의 대기 속에서 한번에 팽창하여 주위의 공기를 진동시킨다. 이때 배기의 소음을 저감시키기 위해서 머플러(소음기)가 장착되는 것이다. 배기가스의 팽창을 완만하게 이루어지도록 하는 머플러의 용적은 배기량의 10배에서 20배가 필요하다고 한다.

▶ 구조는 복잡하다

머플러는 단순히 큰 타원형의 통으로 보이지만 내부 구조는 복잡하며, 일반적으로 「**팽창, 공명, 흡음**」 등의 기능을 갖는다. **팽창**(膨脹)에 의해서 좁은 공간으로부터 넓은 공간에 내보내는 것으로 음량이 저감되는데 용적이 커지면 기체의 압력이 낮아지는 것을 이용하고 있다. 그러나 머플러의 크기에서는 소음을 모두 없앨 수는 없다.

공명(共鳴)과 음파의 성질을 이용한 것으로 공명실 안에 들어간 음파가 벽에 부딪혀 튀어 올라오는 반대 위상의 음파로 소리를 상쇄시키는 원리이다. 그러나 음파는 소리의 파장이므로 음파의 크기는 소리의 높낮이(주파수)로서, 모든 소리를 없앨 수는 없다.

흡음(吸音)이란 유리 섬유 등 표면적이 큰 섬유 모양의 물질에 소리가 부딪치는 것으로 열에너지로 변환하여 흡수하는 것을 말한다. 머플러는 이러한 기능이 원활하게 이루어지도록 조합시켜 배기가스가 배출될 때 내는 소리를 경감시킨다. 그러나 소음을 경감시키기 위해서 경로를 너무 복잡하게 하면 저항이 되어 엔진의 출력이 떨어진다. 이 때 이용할 수 있는 것이 「**가변 밸브 장치**」로서 내부의 가변 밸브를 작동시켜 저압시와 고압시에 흐르는 경로를 길게 하거나 넓게 변화시키는 기구이다. 소음을 상쇄시키는 효과를 유지하면서 배압을 낮추어 출력의 손실을 억제하는 효과가 있다.

자동차의 옵션 품목이나 자동차 제작사 외의 메이커로부터 제작 판매되고 있는 고효율 머플러는 알루미늄이나 티탄 등 고가(高價)의 경량인 소재를 사용하여 가격보다 효율을 우선한 구조로 만들어졌으며, 엔진의 고속회전 영역에서의 배기 흐름도 좋다. 이 때문에 튜닝의 첫 걸음으로서 머플러의 교환이 인기가 높다.

가변 머플러

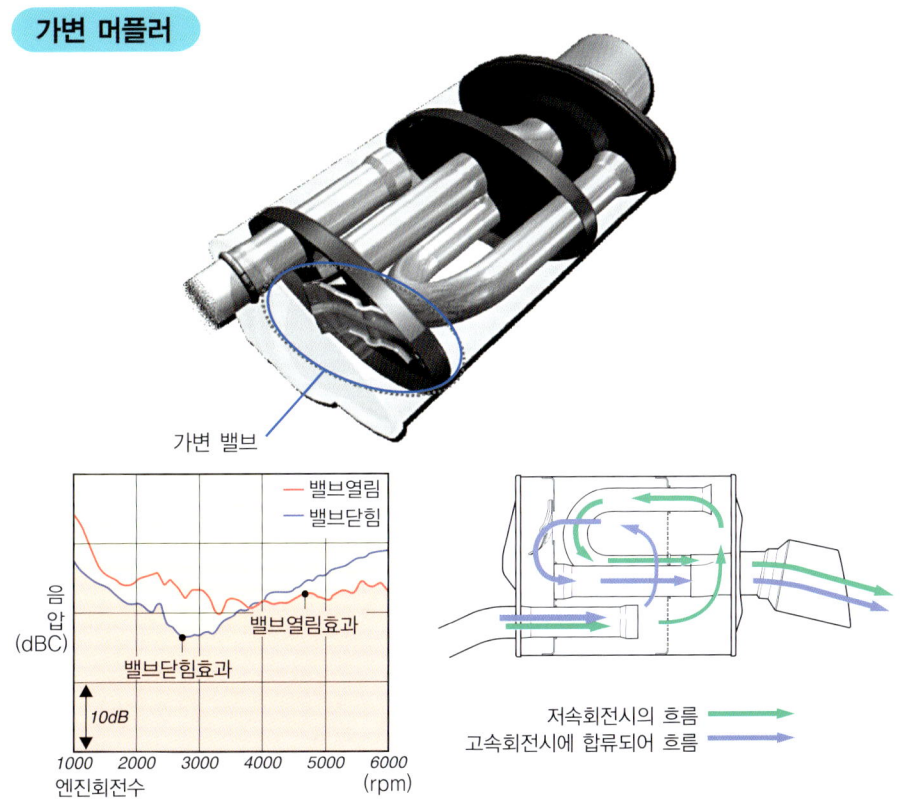

엔진 회전수가 낮을 때는 그만큼 배기 압력이 크지 않기 때문에 배기가스가 통과하는 관을 길게 한다. 이때 밸브를 닫아 관을 길게 하여 소음을 줄인다.(그래프 참조). 엔진 회전수가 높아지면 배기압도 높아지기 때문에 밸브를 열어 배기가스가 통과하는 관을 굵게 하고 배기의 저항을 줄이는 것만이 아니라 소음도 줄일 수 있다.

● 머플러의 재료

머플러에 사용되는 소재로서 최근에는 스테인리스강이 사용되고 있으며, 스테인리스는 산화부식(녹)에 강하다. 높은 출력의 자동차는 열에 강한 소재 또는 스테인리스 등이 선택된다.

> **Tip** • 머플러는 부식이 되어 구멍이 생기는 경우가 있다. 배기음이 크면 머플러를 점검할 필요가 있다.
> • 매우 가벼운 티탄제의 머플러를 판매하는 부품 업체도 있다.

Section 2-5 배출가스 정화장치

삼원촉매 배기가스에 포함되는 유해 성분인 CO(일산화탄소), HC(탄화수소), NOx(질소산화물)의 3개(삼원) 물질을 동시에 산화 환원시켜 무해한 물질로 변환하는 촉매.

▶ 정화장치

배기가스에는 질소와 수증기만 있는 것이 아니라 환경을 오염시키는 CO, HC, NOx이 포함되어 있으며, 대기 중에 그대로 배출시키면 유해하기 때문에 제거해야 한다. 이 3개의 오염물질을 제거하는 것이 삼원촉매(catalyzer)이다. CO나 HC는 산화시켜 무해한 CO_2(이산화탄소)나 H_2O(물)로 바꾸고, NOx를 N_2(질소)나 O_2(산소)로 동시에 환원시키는 것을 **삼원촉매**라 하며, 현재의 가솔린 자동차는 거의 탑재되어 있다.

촉매에는 파라듐이나 로듐 등 고가의 소재가 이용되고 있으며, 형상은 배기가스의 접촉 면적을 크게 하고 배기 저항을 감소시키기 위하여 **펠릿**(pellet, 알갱이), **모놀리스**(monolith, 판), **허니콤**(honeycomb, 벌집과 같은 모양) 등이 있다.

촉매는 약 350℃ 이상(작동 온도)에서 기능을 발휘하기 때문에 가능한 한 엔진 부근에 배치한다. 엔진 시동시 배출되는 가스가 가장 유해한 것인데, 촉매의 작동 온도 이전에 배출되어 산화 및 환원 작용을 할 수 없기 때문이다. 또한 촉매에는 **A/F 센서**(공연비 센서) 및 O_2**센서** 등이 장착되어 있어 검출된 정보가 컴퓨터에 보내지면 컴퓨터는 그 정보를 기초로 엔진의 혼합기를 정밀하게 제어한다.

▶ NOx(nitrogen oxides) 촉매

NOx 촉매는 NOx의 오염을 방지하기 위하여 배기가스에 포함되어 있는 NOx를 제거하는데 사용하는 촉매이다. **NOx**는 질소가 산화되어 생성하기 때문에 그로부터 산소를 분리하여 무해한 질소와 산소로 바꾸는 환원작용을 촉진하는 역할을 한다. 삼원촉매는 이론 공연비인 14.7보다 희박할 경우 정화할 수 없기 때문에 **린번 엔진**(lean burn engine)이 탑재된 자동차에는 희소 금속이 내장되어 있는 NOx 촉매가 필요하다. 자동차 메이커는 전 세계의 판매 경쟁에 노출되어 있으며, 가솔린 성질 또한 세계 각 나라별 다양하기 때문에 한번에 보급하는 것은 어렵다. 즉, 열악한 가솔린을 사용하는 발전도상국이나 지역에서 희박 연소로 연비를 높이려면 고가의 소재로 교환하여야 한다. 당연히 고가인 자동차의 가격이 더 높아지게 된다. 이와 같이 상반되는 사유가 있으므로 전 세계를 대상으로 판매하기 위해서는 자동차의 개발에 어려움이 따른다.

● Tip ● 촉매 기술은 일본이 가장 뛰어난 기술 분야.

자동차에서 배출되는 가스의 종류

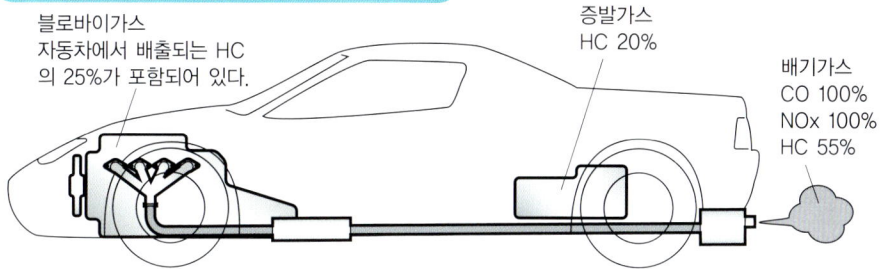

블로바이가스
자동차에서 배출되는 HC 의 25%가 포함되어 있다.

증발가스
HC 20%

배기가스
CO 100%
NOx 100%
HC 55%

자동차에서 배출되는 가스는 배기가스뿐만 아니라 연료 탱크에서 증발되는 가스, 엔진의 실린더와 피스톤 사이에서 누출되는 블로바이가스 등이 있다.
모두 유해한 가스이므로 배출을 억제하기 위해 자동차 메이커에서는 여러가지 기술 개발을 실시하고 있다.

배기가스를 정화시키는 촉매 컨버터

● 모놀리스형 촉매 컨버터

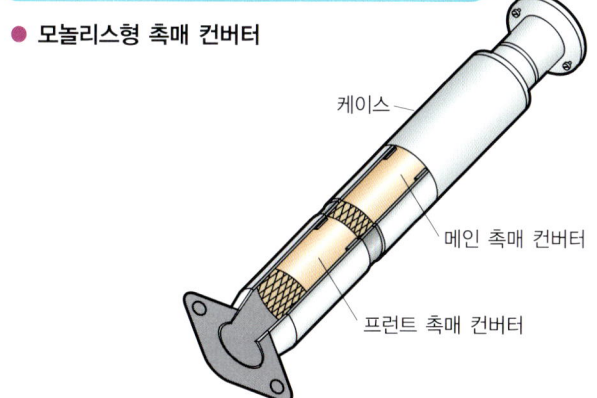

케이스
메인 촉매 컨버터
프런트 촉매 컨버터

촉매 컨버터의 내부에는 격자 모양의 알루미나에 백금, 파라듐 등의 촉매 물질이 설치되어 있다. 이 격자 중앙으로 배기가스가 통과될 때 유독 물질을 제거한다.

● NOx 흡장 촉매

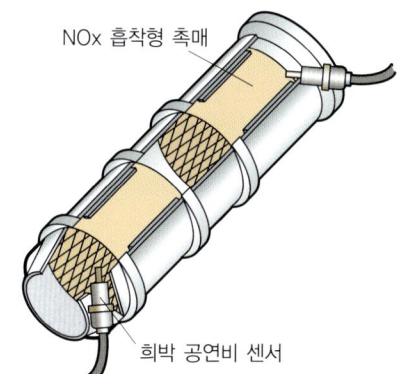

NOx 흡착형 촉매
희박 공연비 센서

린번 엔진은 연비를 향상시키기 위해 많은 양의 공기와 적은 양의 연료를 혼합 연소시켜 폭발을 일으키는 엔진으로 연료 소비는 감소되지만 환경을 오염시키는 NOx가 발생된다. 이 가스를 정화시키는 장치가 NOx 흡장 촉매장치로서 엔진이 작동되어 배기가스가 배출될 때 NOx를 촉매에 흡착하여 모아둔다. 센서에 의해서 흡착할 수 있는 한계가 감지되면 혼합기를 사용하여 NOx를 모두 연소시켜 배기가스를 정화한다.

● Tip ● 배기가스는 환경부에서 인정하는 규정값이 있다.

Section 26 냉각수와 순환 경로

수냉식 엔진 엔진 블록 내에 냉각수를 순환시켜 온도를 일정하게 유지하는 엔진. 이전에는 공랭식 엔진의 자동차도 있었지만 현재는 대부분이 수냉식 엔진이다.

▶ 냉각수는 라디에이터로 냉각시킨다

엔진은 내부에서 발생하는 연소열에 의해서 온도가 높아진다. 온도가 높아진 엔진에는 기체의 열팽창으로 많은 공기가 흡입되지 않기 때문에 산소가 희박하게 되어 엔진 출력이 떨어지며, 실린더 내에서 가솔린이 자연 발화하여 노킹 등의 이상 연소가 일어나는 경우가 있다.

그리고 엔진의 냉각이 잘 되지 않아 계속 온도가 높아지면 오버 히트(over heat) 현상이 발생되어 피스톤이나 밸브가 눌어붙거나 팽창 또는 변형되어 파손된다. 이것을 방지하기 위해 엔진에 냉각 장치를 설치하여 불필요한 열에너지를 대기 중으로 방출시키고 있으며, 현대의 엔진은 수냉식으로 엔진의 블록 내에 냉각수를 순환시켜 엔진 본체가 냉각되도록 하고 있다.

엔진 블록 내의 냉각수 통로는 **워터 갤러리**(water gallery) 또는 **워터 재킷**(water jacket)이라 부르며, 냉각수는 **워터 펌프**(water pump)에 의해서 엔진 내부를 순환하게 된다. 엔진의 열을 흡수하여 뜨거워진 냉각수를 라디에이터(radiator)로 보내 공기 중에 열을 방출시키고 다시 엔진으로 되돌아온다. 엔진의 내부를 순환하는 냉각수는 가압(加壓)되기 때문에 비점을 높여 외부 공기와의 온도 차이를 크게 하여 냉각 효과를 높이고 있다. 냉각수의 적정 온도는 약 80℃ 전후로 **서모스탯**(thermostat)에 의해 유지되고 있다.

▶ 엔진은 적정한 온도를 유지할 필요가 있다

냉각수는 물(연수)에 부동액을 혼합하여 사용되며, **부동액**이란 문자 그대로 냉각수가 동결되지 않도록 하는 액체이다. 냉각수가 동결되면 체적이 변화되기 때문에 엔진이나 라디에이터가 동파된다. 부동액의 주성분은 **에틸렌글리콜**로서 기온이 0℃ 이하가 되어도 냉각수의 동결을 방지한다.

예전에는 냉각수가 필요 없는 공랭식의 자동차도 있었지만 현재는 수냉식 엔진이 대부분이다. 그러나 오토바이는 주행할 때 받는 공기에 의해 엔진 자체를 냉각시킬 수 있어 공랭식 엔진이 주로 사용된다. 별로 알려지지 않았지만 엔진을 너무 차갑게 냉각시켜서도 안 되는데 그 이유로는 연소 효율이 나빠지기 때문이며, 일반적으로 「**오버 쿨**」(over cool)이라고 부르고 있다. 엔진을 효율적으로 작동시키려면 내부의 온도를 적정하게 유지하여야 한다.

● Tip   부동액이 혼합된 냉각수에는 적색과 녹색이 있지만 기능은 동일하다.

수냉식 엔진의 구조

● **냉각수의 흐름**

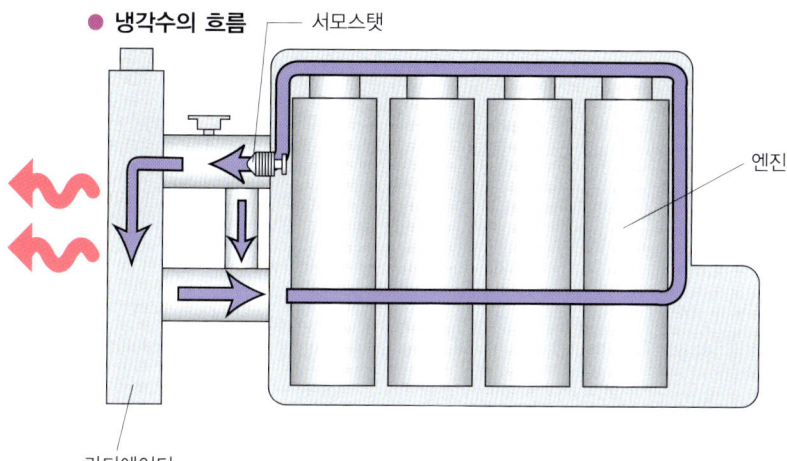

냉각수의 적정 온도는 80℃ 정도. 엔진을 순환한 바로 직후의 냉각수 온도는 적정 온도보다 낮다. 그러한 경우에 냉각수는 라디에이터를 경유하지 않고 엔진의 냉각수 통로를 순환하게 된다.

● **엔진 내의 냉각수 통로**

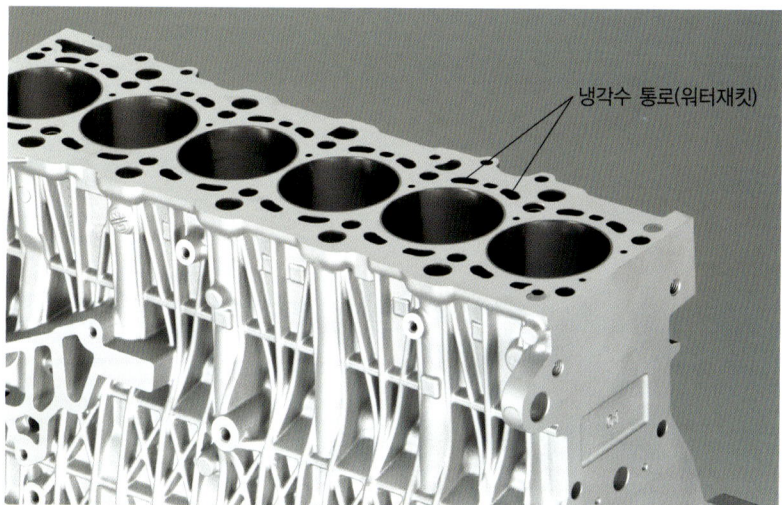

엔진 내부에서 온도가 가장 높은 실린더 헤드 부근에는 냉각수가 통과하는 많은 구멍이 설치되어 있다.

● **Tip** ● 주행 중에 냉각수 온도가 비정상으로 높아지면 곧바로 자동차를 도로의 가장자리 등 안전한 장소에 세워 냉각수를 체크 한다. 이 경우 냉각수의 누출이 원인이기 때문이다.

Section 27 냉각수(Coolant)

서모스탯 엔진의 냉각수를 적정 온도(약 80℃)로 유지하기 위한 장치. 냉각수 온도가 80℃ 이상이 되면 밸브를 열어 라디에이터로 순환시킨다.

▶ 비등(沸騰)이 어려운 냉각수

일반적으로 1기압 하에서 물은 100℃에서 비등하여 수증기가 되지만 물에 압력을 가하면 비등점은 100℃를 넘을 수 있다. 외부 공기의 온도와 차이가 크면 클수록 냉각 효과를 높일 수 있으므로 라디에이터 내부에 압력을 가하기 위해 냉각수의 경로를 밀폐시킨다. 그 이유는 비점을 높일 수 있고 외부 공기와의 온도 차이를 크게 할 수 있어 보다 높은 냉각 효과를 얻을 수 있기 때문이다.

그러나 압력에 견딜 수 있도록 라디에이터의 강도를 높이면 크기가 커지고 중량이 무겁게 된다. 또한 라디에이터는 공기와 잘 마주치는 차체의 앞부분에 장착되는 것이 많은데 크기가 크고 중량이 무거운 장치가 탑재되면 자동차의 조종성에 큰 영향을 미치게 된다. 라디에이터 내부에 압력을 가하는 압력식 캡을 사용하여 비등점을 110℃에서 120℃ 정도로 높이고, 압력이 높아지면 **라디에이터 캡**의 밸브가 열려 보조 물탱크로 냉각수를 보내며 압력을 해제시키고 있다.

▶ 냉각수 온도를 컨트롤 하는 서모스탯(thermostat)

냉각수의 온도는 자동으로 온도를 조절하는 서모스탯에 의해서 컨트롤 되고 있다. 냉각수의 적정 온도는 대략 80℃. 80℃ 이상의 냉각수는 라디에이터 내로 순환시켜 적정 온도를 유지하지만 80℃ 이하의 경우는 냉각수의 온도를 더 낮게 유지할 필요가 없기 때문에 라디에이터를 순환시키지 않는다. 엔진의 냉각수 통로를 흐르는 냉각수는 **서모스탯**을 통과한다. 엔진을 시동한 직후에는 냉각수 온도가 낮기 때문에 서모스탯 밸브가 닫혀 있으므로 냉각수는 라디에이터로 순환되지 않고 다시 엔진으로 되돌아간다. 이러한 순환을 반복하여 냉각수의 적정 온도인 80℃에 이르게 되는 것이다.

▶ 냉각수를 순환시키는 물 펌프(water pump)

물 펌프는 냉각수를 엔진 내에 강제적으로 순환시키는 장치로 크랭크축으로부터 동력을 받아 물 펌프 내의 **날개(임펠러 ; impeller)**를 회전시킨다. 그러나 물 펌프가 없어도 엔진 내에서는 냉각수가 자연스럽게 순환된다. 뜨거워진 냉각수는 라디에이터 상부에 모여 냉각됨에 따라서 아래로 흘러내리는 액체의 대류를 이용한 것에 의해서 예전에는 물 펌프가 이용되지 않았다. 그러나 요즘에는 엔진의 고성능화에 의해 냉각수 온도가 높아져 냉각수를 순환시키는 물 펌프는 당연한 장치가 되었다.

● Tip ● 냉각수에는 에틸렌글리콜과 부식방지제 등 여러 종류의 첨가물이 혼합되어 비등 및 동결되지 않도록 특성이 개선되고 있다.

서모스탯

● 온도가 낮을 때   ● 온도가 높을 때

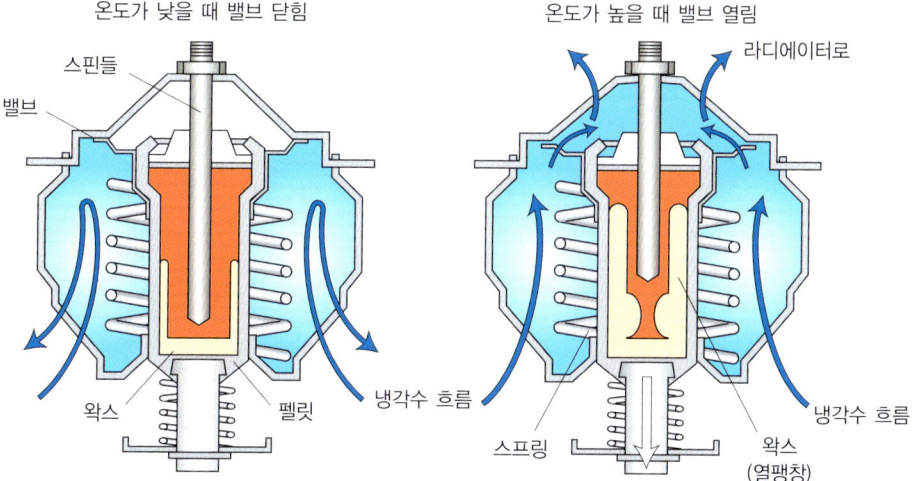

서모스탯은 벨로즈형(bellows type)과 펠릿형(pellet type)이 있다. 여기에서는 현재 주로 사용되고 있는 펠릿형에 대해 설명한다. 펠릿이라는 용기 안에는 열에 의해 체적을 증감하기 쉬운 왁스가 봉입되어 있다. 온도가 낮을 때는 왁스의 체적은 변하지 않지만 온도가 상승하면 왁스는 열 팽창하여 펠릿에 삽입된 스핀들이라고 하는 봉을 밀어 올림에 따라 만들어진 틈을 통하여 냉각수는 라디에이터로 들어간다.

물 펌프

물을 순환시키는 날개(임펠러)는 적당한 간격을 두고 돌출되어 있다. 고장이 발생되어도 자연적으로 순환이 이루어질 수 있는 간격으로 배치된 날개가 사용되고 있다.

물 펌프는 엔진의 앞쪽에 장착된다. 왼쪽에 보이는 피스톤과 같은 부품에 벨트를 통하여 크랭크축에 연결되어 있으며, 물 펌프가 송출하는 냉각수량은 엔진의 회전수에 비례하여 변화된다.

● Tip ● 물 펌프는 소모되는 부품. 10만 km를 초과하는 경우에는 교환이 필요.

라디에이터(방열기 ; Radiator)

 냉각 팬 일반적으로 라디에이터 바로 뒤에 설치되어 있으며, 가다 서다를 반복하는 정체 중에 자동차가 움직여도 라디에이터에 바람이 통과하지 않을 경우에 작동하여 강제적으로 바람을 보낸다.

◉ 가느다란 냉각수 튜브에 의해 구성되는 라디에이터

엔진 내부에서 뜨거워진 냉각수는 「라디에이터」라고 하는 열교환기로 냉각된다. 라디에이터는 일반적으로 자동차 앞부분 그릴 뒤에 배치되어 신선한 공기에 많이 접할 수 있도록 되어 있다. 라디에이터는 자동차의 앞쪽에 설치되므로 중량이 무거우면 운동성에 영향이 크기 때문에 알루미늄 합금 등의 가벼운 재질로 만들어진다. 라디에이터는 공기와 접촉하는 면적을 확보하기 위하여 가느다란 **냉각수 튜브**를 다량으로 배열하고 튜브와 튜브 사이에는 얇은 핀(cooling fin)을 설치하여 **방열 면적**을 크게 하고 있다. 엔진의 방열량에 맞추어 냉각수 튜브의 양을 결정할 수 있으므로 자동차에 따라서 라디에이터의 크기를 선택하는데 배기량이 큰 자동차 또는 터보를 탑재한 자동차 등 과열되기 쉬운 자동차의 라디에이터는 크다. 라디에이터에 의해 냉각되는 엔진이지만 일부의 열은 유효하게 이용되고 있다. 냉난방장치의 히터는 이 방열을 재이용한 것으로 따뜻한 공기를 실내에 송출한다. 일찍이 에어컨의 가격이 비싸 장착되지 않았던 시대에도 히터만은 장착할 수 있었던 것은 통풍구를 통해 실내를 따뜻하게 할 수 있었기 때문이다.

◉ 온도 센서와 팬

라디에이터만으로 냉각을 따라가지 못하는 경우에는 팬을 회전시켜 강제적으로 라디에이터에 바람을 공급하여 냉각시키고 있다. **온도 센서**는 냉각수 온도가 높아지면 팬을 회전시키는 모터에 전류를 흐르게 하고 반대로 냉각수 온도가 낮아져 적정 온도가 되면 모터에 흐르는 전류를 차단하여 냉각 팬의 회전을 정지시킨다. 또한 엔진의 동력을 사용하여 냉각 팬을 회전시키는 자동차도 있으며, 차종에 따라서는 냉각 팬이 2개 설치된 타입도 있어 회전수나 팬이 작동하는 수를 조절하여 적정한 온도를 유지한다.

◉ 엔진에도 적정한 온도가 있다

엔진에 설치된 서모스탯에 의해 조정되어 일반적으로 80℃ 정도까지 냉각수 온도가 상승하게 되어 있으며, 엔진은 거의 금속으로 되어 있어 정해진 온도에서 팽창하였을 때 알맞은 **간극**을 유지할 수 있다. 따라서 너무 뜨거워도 너무 차가워도 안 되는 것이다.

● **Tip** ● 라디에이터로부터 냉각수가 누출되는 고장이 비교적 잘 일어난다. 라디에이터 자체를 수리하는 것은 보기 드물고 주로 부품을 교환한다.

라디에이터

● 라디에이터 위치

라디에이터

라디에이터는 바깥 공기에 가장 접촉하기 쉬운 차체의 앞부분에 장착되며, 엔진 룸 안에는 엔진의 열에 의해서 고온이 되기 때문에 최근에는 열에 노출되지 않도록 라디에이터 둘레를 수지 등으로 차단시키는 자동차가 있다. 가능한 한 라디에이터에 열이 전달되지 않도록 하고 있다.

● 냉각 팬

냉각 팬

자동차를 주행하면 바람이 라디에이터에 접촉되어 냉각수는 차갑게 된다. 그러나 정체 중에는 라디에이터에 바람을 접촉할 수 없어 냉각수의 온도는 높아진다. 이러한 현상을 방지하기 위해 엔진 룸 안에는 바람을 강제적으로 라디에이터에 접촉시키도록 전동식 냉각 팬이 설치되어 있다.

● 라디에이터의 구조

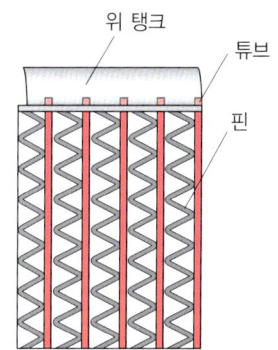

위 탱크   튜브   핀

열을 흡수한 냉각수는 위 탱크로부터 튜브를 따라서 아래 탱크로 내려갈 때 튜브에 장착된 금속의 핀에 의해 방열되어 냉각수 온도가 낮아진다. 라디에이터의 재질은 알루미늄이나 동, 황동 등이 이용되고 있다.

● **Tip** ● 정체가 많은 환경에서는 라디에이터 팬은 필수품. 팬이 고장나 작동을 못할 경우에는 정체가 없는 이른 아침이나 심야에 자동차를 운행하여 정비업소에 입고시킨다.

엔진 오일(Engine Oil)

 오일 펌프 오일 팬에 저장된 엔진 오일을 흡입하여 엔진 위쪽으로 순환시킨다. 로터리식 펌프와 기어식 펌프가 있다.

▶ 엔진 오일은 여러 가지 역할을 한다

　엔진은 금속으로 되어 있으며, 금속의 표면은 매끄럽게 보이지만 실제는 작은 요철이 있어 금속끼리 서로 접촉하면 마찰력이 발생한다. 그러나 액체끼리 서로 접촉하면 마찰력이 작기 때문에 엔진 오일이 필요한 것이다. 즉 금속의 표면을 오일의 막으로 덮어 씌워 금속을 보호하여 유지시킨다.

　엔진 오일은 엔진 내부를 윤활하여 마찰을 적게 하는 것 외에도 엔진의 **청정**(淸淨), **냉각**(冷却), **방청**(防錆), **기밀**(氣密)을 유지하는 등 많은 역할을 한다.

　엔진이 정지되면 오일은 엔진의 아래쪽에 있는 오일 팬에 저장된다. **오일 팬** 안에는 큰 불순물을 걸러주는 **오일 스트레이너**가 있으며, 스트레이너를 통과한 오일은 **오일펌프**, **오일필터**를 경유하여 엔진의 각 부품에 공급된다. 엔진 블록에 설치된 오일 통로를 「**오일 갤러리**」라고 하며, 각 부품을 윤활한 오일은 오일 팬으로 돌아오는 순환을 반복하고 있다. 오일 팬은 엔진 아래쪽에 있어 항상 외부의 공기와 접촉한다. 따라서 오일의 저장 외에 냉각의 역할도 하는 것이 오일 팬이다.

　일반적으로 자동차는 오일 팬에 의한 냉각으로 충분하지만 레이싱 타입의 자동차나 터보를 탑재한 자동차 등 엔진의 온도가 높아지는 자동차에는 오일을 냉각시키기 위해 **오일 쿨러**를 설치한 경우도 있다.

▶ 오일은 첫 번째 소모품

　오일 필터는 에어컨이나 공기 청정기의 필터와 같이 **여과지**(걸러주는 종이)를 이용한 것으로 오일 속에 포함되어 있는 미세한 금속 분말, 먼지 등을 여과시키는 역할을 한다. 메이커에서는 보통 1회의 오일 교환에 대해서 필터를 교환하도록 하고 있으며, 오일 필터가 막혀도 오일을 **바이패스**시켜 갤러리에 공급이 되도록 한다. 하지만 오일 필터를 교환하지 않는 한 필터의 기능을 상실하기 때문에 정기적으로 교환을 하여야 한다.

　필터에서 불순물을 깨끗하게 여과시킨다 해도 엔진 오일은 매우 온도 차이가 큰 가운데서 그 역할이 다방면에 걸쳐 이루어지고 있다. 엔진 오일 교환시기의 기준은 일반적으로 10,000km라고 하며, 정기적인 엔진 오일의 교환에 의해 성능의 향상 및 내구성도 현저하게 향상되고 있다.

● **Tip** ● 엔진 오일을 교환할 때 주행거리를 차계부에 메모하여 두면 교환시기의 표준이 되어 편리하다.

오일 펌프

● 로터리식 펌프

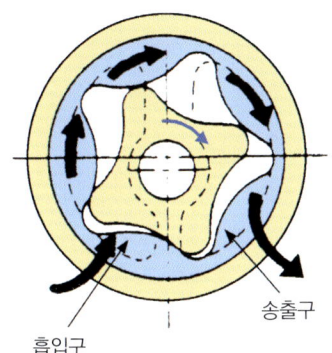

흡입구 / 송출구

5개의 돌기가 있는 아우터 로터 안에 4개의 돌기를 지닌 이너 로터를 넣어 회전시킬 때 양쪽 로터 사이의 용적 변화를 이용한 펌프.

● 기어식 펌프

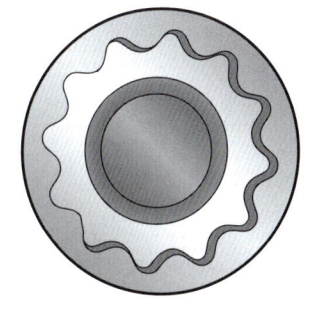

기어의 수가 다른 바깥쪽의 기어와 안쪽의 기어를 회전시키면 부압이 생겨 오일을 흡인한다. 진행되는 회전에 의해 기어 톱니 사이의 공간에 실려 있던 오일은 반대쪽으로 이동되기 때문에 압력이 가해져 갤러리에 오일이 송출된다.

● 오일이 흐르는 경로

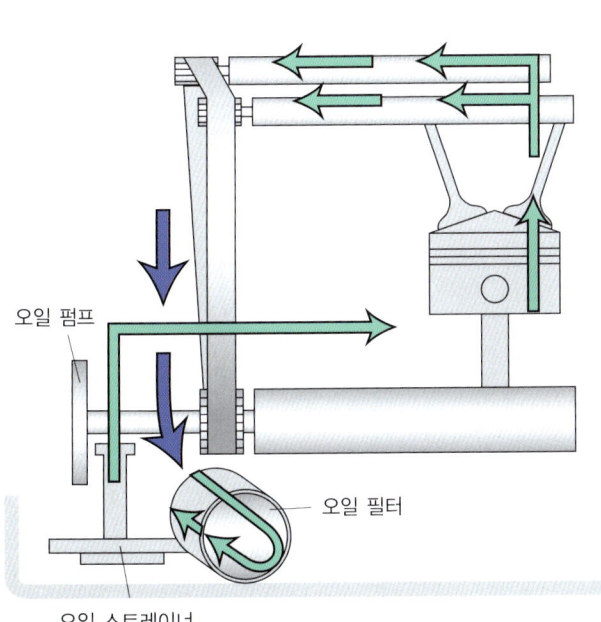

오일 펌프 / 오일 필터 / 오일 스트레이너 / 오일 팬

오일펌프가 회전하면 오일 팬에 저장된 오일이 흡인된다. 오일 속에 포함되어 있는 큰 입자의 불순물이 오일 스트레이너에서 여과된 후 엔진의 각 부품에 공급되며, 입자가 작은 미세한 불순물은 오일 라인에 설치되어 있는 오일 필터에서 여과된다. 기능을 완료한 오일은 중력의 힘으로 아래쪽으로 흘러내려 다시 오일 팬으로 돌아온다.

● Tip ● 오일을 적정한 온도로 유지시키기 위한 난기 운전(暖機運轉, 엔진의 회전수를 급상승시키는 운전)은 할 필요가 없다고 여겨진다. 다만 적정한 온도로 상승할 때까지 엔진의 회전수는 상승시키지 않는 공전 상태의 운전으로 유지한다.

터보 ① (Turbo)

> **Key Word** **과급기(過給器)** 공기를 압축하여 엔진에 보내는 장치. 과급기에 의해 압축압력, 폭발압력이 높아져 출력이 향상된다.

▶ 배기가스의 힘으로 플레이트를 회전시킨다

엔진의 출력을 향상시키는 제일 간단한 방법은 배기량을 증가시키는 것이며, 엔진 전체의 폭발력을 높이는 것으로도 출력이 증가된다. 그러나 배기량을 증가시키지 않아도 한 번에 연소할 수 있는 공기의 양을 증가시키면 출력을 높일 수 있는데 그 기능을 하는 것이 과급기다.

대표적인 '**과급기**'에는 '**터보차저**'와 '**슈퍼차저**'가 있으며, 일반적으로 터보라고 부르는 것은 배기가스의 힘을 이용하여 실린더 내에 강제적으로 혼합기를 보내는 터보차저를 말한다. 터보는 1개의 축 양쪽에 날개가 설치되어 있으며, 다른 한쪽(turbine blade)이 배기가스의 힘을 받아 회전하면 다른 한쪽(compressor blead)은 공기를 압축하여 실린더 내로 보낸다. 이 보내는 힘은 '**kPa**'라고 하는 단위로 나타내며 수치가 클수록 많은 공기를 압축할 수 있다는 뜻이다.

터보는 엔진으로 부터 아주 빠른 속도로 배출되는 배기가스의 에너지를 이용하며, 터빈 하우징 안에 들어온 배기가스는 유속을 빠르게 변환하여 터빈을 회전시킨다. 이 때의 터빈 블레이드는 매우 높은 온도의 가스와 접촉되므로 배기쪽의 블레이드(날개)는 니켈이나 세라믹 등의 고온에 견딜 수 있는 소재가 사용된다.

▶ 너무 많이 압축된 공기를 바이패스(by-pass)시키는 웨이스트 게이트 밸브

쓸모없어 버리던 배기가스의 힘을 이용하기 때문에 터보는 매우 합리적이다. 그러나 터빈의 회전속도가 상승하면 충진할 수 있는 공기량도 증가하지만 너무 많이 증가하면 **노킹**(이상 연소)의 원인이 되기 때문에 배기 통로에는 터빈을 통과하지 않도록 하는 바이패스 통로가 만들어져 있고, 그 입구에는 웨이스트 게이트 밸브(waste gate valve)가 설치되어 있다. '**웨이스트 게이트 밸브**'는 보통 닫혀 있는데 공기의 압력이 높아지면 밸브를 닫고 있는 스프링의 힘을 이기고 밸브가 열리므로 배기가스가 바이패스 된다. 터보의 수동변속기 자동차가 시프트 업 등에서 스로틀 밸브를 닫으면(액셀러레이터 페달을 놓으면) 웨이스트 게이트 밸브도 작동하여 "프쉬"와 같은 독특한 공기 음을 발생하는 자동차도 있다.

또 공기가 압축되면 온도가 상승하여 밀도가 저하되기 때문에(동시에 산소 농도가 희박해 진다) 과급 능력을 높이기 위해 흡기 온도를 낮추는 '**인터 쿨러(inter cooler)**'라고 부르는 방열기를 장착할 필요가 있다. 터보 엔진은 열을 얼마나 낮추는가가 개발의 중요한 포인트이다.

터보차저의 원리

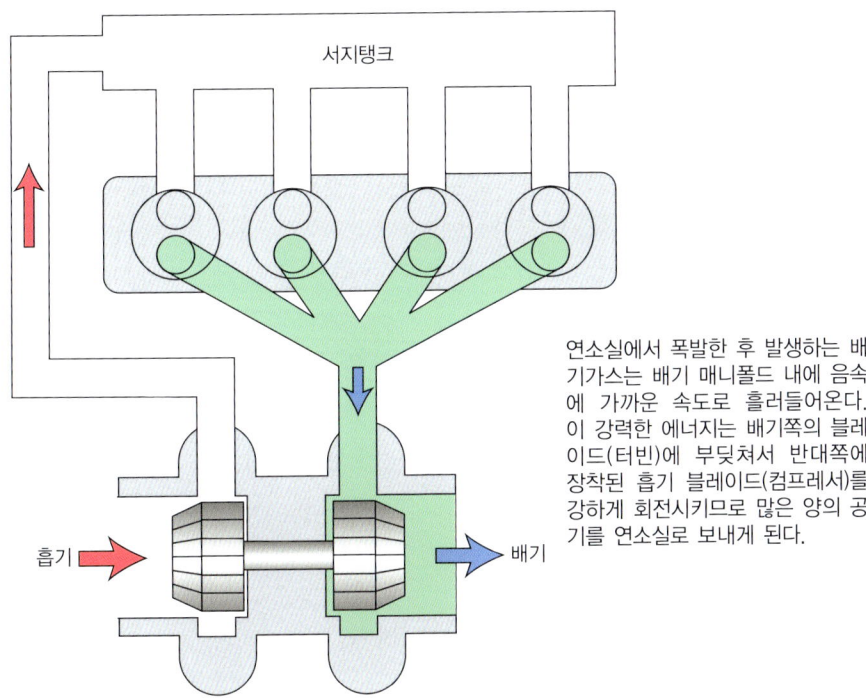

연소실에서 폭발한 후 발생하는 배기가스는 배기 매니폴드 내에 음속에 가까운 속도로 흘러들어온다. 이 강력한 에너지는 배기쪽의 블레이드(터빈)에 부딪쳐서 반대쪽에 장착된 흡기 블레이드(컴프레서)를 강하게 회전시키므로 많은 양의 공기를 연소실로 보내게 된다.

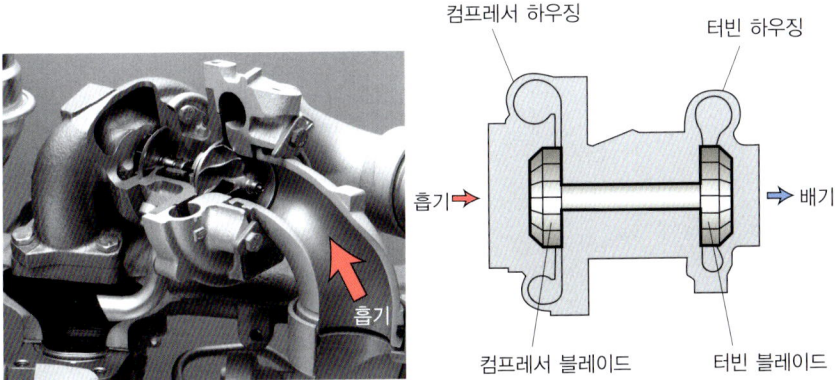

앞쪽이 흡기 블레이드. 앞의 파이프로부터 공기가 흡입되어 엔진으로 이송된다. 안쪽에 보이는 것이 배기쪽. 통과하는 기체의 온도가 높기 때문에 밝게 보이는 흡기쪽과 다른 소재가 사용되고 있는 것을 확인할 수 있다.

흡기·배기 블레이드를 연결하는 터빈 축에는 볼 베어링이 장착되어 있다. 고온에 견딜 수 있는 볼 베어링을 만들기 위해서 대단한 기술력이 필요하다.

- Tip
  - 터보를 장착한 엔진은 고온이 되므로 엔진 오일은 고품질의 것을 주입한다.
  - 세라믹 소재의 터보 블레이드는 가볍게 만들 수 있으므로 응답성을 향상시키는 장점이 있다.

Section 3-1 터보 ②

로-프레셔 터보(low-pressure turbo) 작은 터보를 사용하여 저속회전 영역으로부터 과급을 하도록 하여 저속 및 중속에서 토크의 향상을 목적으로 한 것.

▶ 터보 엔진의 약점인 터보 래그

터보차저에도 단점이 있다. 배기가스를 이용하여 공기를 보내기 위해서는 배기가스의 양이 부족할 경우 그 효과를 발휘할 수 없다. 예전의 터보는 어느 회전속도 이상(배기가스량의 증가)에서 급격히 출력을 높일 경우 스로틀 밸브 개도의 응답성이 좋지 않아 운전성에 문제가 있었다.

또한 터보에 의해서 과급된 상태를 기초로 엔진이 설계되었으므로 터보 효과가 없는 회전 영역에서는 보통 엔진을 탑재한 자동차보다 가속성이 떨어졌다. 급가속이 아닌 완만하게 회전속도를 증가시키는 방법의 가속에서 어느 회전속도 범위가 되어야 폭발적인 가속이 되었다. 이러한 현상에서 보듯이 터보의 효과가 없는 상태를 「**터보 래그**」라고 한다.

▶ 기술은 해마다 발전한다

근래에는 배기가스의 압력이 낮은 상태에서도 과급이 시작되는 작은 터보를 사용하고, 높은 출력보다는 저속 회전에서 토크의 향상을 주안점으로 한 엔진이 많다. 이것을 「**로-프레셔 터보**」라고 한다. 2개의 터보차저를 평행하게 병렬로 설치하여 엔진 회전수에 따라 터빈의 수를 구분하여 사용함으로써 응답성(應答性)을 향상시킨 「**시퀀셜 트윈 터보**」등도 있다. 시퀀셜 터보는 저속회전 영역과 고속회전 영역에서 배기가스의 유로를 순간적으로 변환하여 엔진의 모든 회전 영역에서 터보의 효과를 얻기 위한 것이다. 같은 구조이지만 크고 작은 두 개의 터보를 설치하여 큰 과급이 필요한 경우는 큰 쪽의 터보에만 배기가스를 보내는 「**2 스테이지 터보**」장치도 있다.

터보의 단점으로서는 엔진 자체로 압축비를 높일 수 없다는 것이다. 압축비는 터보에 의해서 과급되고 있을 때를 기준으로 하므로 피스톤이 압축할 수 없을 만큼의 공기가 연소실에 들어갈 수 없기 때문이다. 그러나 현재는 로-프레셔 터보에 한정되지만 자연 흡기 엔진과 다르지 않는 레벨까지 압축비를 높인 모델도 존재하여 연소 효율을 저하시키지 않고 출력을 향상시킬 수 있다. 엔진 컨트롤 기술의 발전에 의해 생성된 기술이다.

> ● **Tip** ● 터보차저가 장착된 자동차는 제트 엔진과 같은 고주파의 소리를 낸다. 이 소리는 공기를 컴프레서로 압축할 경우에 나오는 것.

로-프레셔 트윈 터보

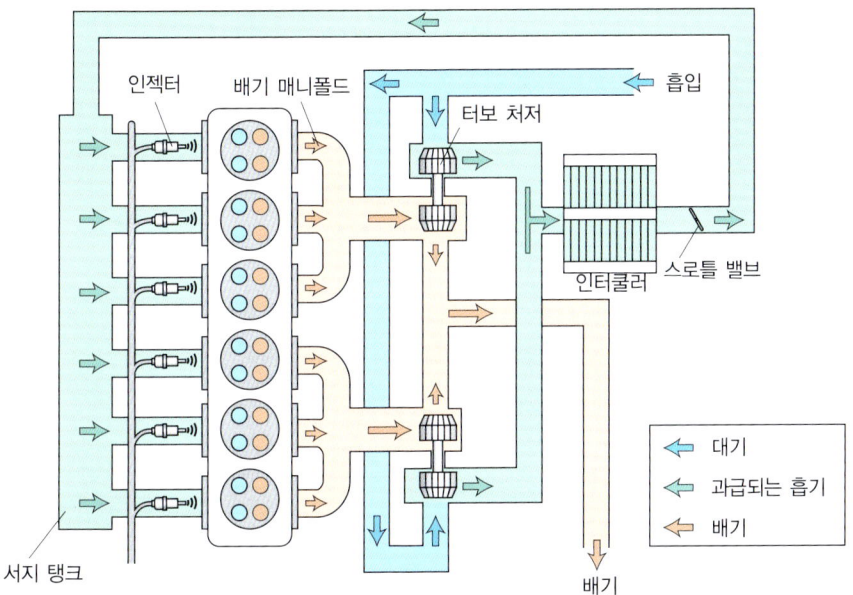

배기가스의 낮은 압력에서도 과급을 시작하는 작은 터보 두 개를 조합시킨 장치. 자연 흡기 엔진에서는 있을 수 없는 저속회전 영역에서부터 출력을 얻을 수 있다. 그러나 문제는 고속회전 영역이 되면 터보의 과급이 한계점에 도달한다.

2 스테이지 터보

● 저속 회전시

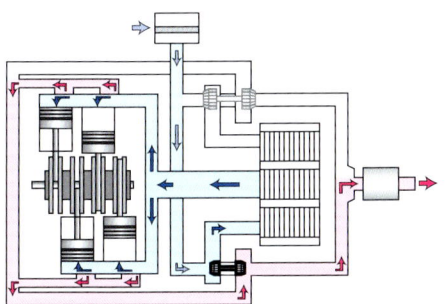

● 고속 회전시

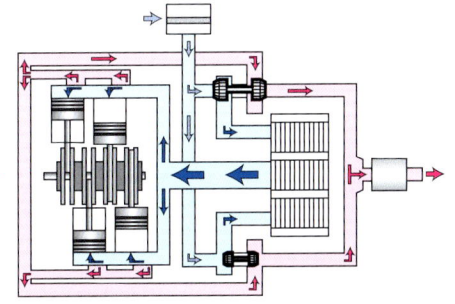

로-프레셔 터보의 단점을 해소한 것이 2스테이지 터보. 저속회전 영역에서는 작은 터보만으로 과급을 하고 엔진이 고속회전 영역에 이르면 큰 터보 쪽에도 배기가스를 보내 완만한 가속을 실현한다. 이것과 비슷한 시스템이 시퀀셜 트윈 터보로 고속회전 영역에서 작은 터보에 배기가스를 공급하는 것이다. 어느 쪽이나 터보 래그의 억제와 고속회전 영역까지 과급의 양립(兩立)을 목표로 한 시스템이다.

● Tip ● 최신의 터보 엔진은 이질감 없이 자연스런 과급을 시작하는 것이 많다.

슈퍼 차저(Super Changer)

 **슈퍼 차저** 크랭크축의 회전을 이용하여 압축 공기를 엔진으로 보낸다. 과거의 비행기에는 일반적으로 많이 이용되었다.

여러 종류가 있는 슈퍼 차저

터보가 배기가스를 이용하여 공기를 압송하는데 비하여 크랭크축의 회전을 이용하여 공기를 보내는 것이 슈퍼 차저이다. 슈퍼 차저는 몇 개의 종류로 분류하는데 누에고치 모양의 로터가 서로 반대 방향으로 회전하여 혼합기를 보내는 **루츠식**(Roots type), 나사선 모양의 로터 2개를 회전시켜 혼합기를 보내는 **리숄므식**(Lysholm type), 편심축을 회전시켜 바깥 케이스와의 간극을 컨트롤하여 압축하는 **G 래더식**(G lader type), 배기가스의 힘을 이용하지만 압력파와 배기가스의 속도 차이를 이용하는 **압력파**(壓力波 ; pressure wave type) 등이 있다.

방식은 분류되지만 요구하는 것과 단점은 같다

한마디로 슈퍼 차저는 종류가 다양하지만 공통적인 것은 크랭크축의 회전을 이용하기 때문에 저속회전에서부터 곧바로 과급을 시작하여 토크가 신속하게 높아지는 것이 터보보다 우수한 점이지만 단점이 없는 것은 아니다.

크랭크축의 회전을 이용하기 때문에 동력의 손실, 부하(負荷)의 증가, 진동이나 소음이 발생하기 쉽다. 특히 동력의 손실은 심각하고 저속회전 영역에서는 그 장점을 이용할 수 있지만 고속회전의 영역이 되면 슈퍼 차저에 동력을 보내는 것은 저항으로 되기 때문에 엔진의 동력을 사용하지 않는 터보 쪽이 고속회전 영역에서 우수한 성능을 발휘하기 쉽다.

터보도 실제는 슈퍼 차저

슈퍼 차저는 과급기의 의미로 터보도 슈퍼 차저의 일종이다(**터빈 슈퍼 차저** : 배기 터빈 과급기). 이에 대해 기계식의 슈퍼 차저는 명칭 그대로 **메커니컬 슈퍼 차저**(기계식 과급기)라고 부른다. 그러나 일반적으로 배기가스를 이용하는 것을 터보, 기계식을 「**슈퍼 차저**」라 하여 다른 장치로 분류하여 취급되고 있다.

터보가 실용화된 것은 제 2 차 세계대전 중 비행기에 사용된 것이 시작이지만 그 무렵에는 벌써 슈퍼 차저가 실용화되어 일반 비행기에 이용되고 있었다. 슈퍼 차저는 고도의 기술력을 필요로 하지 않고 개발할 수 있었던 장치인 것이다.

● **Tip** ● 저속 회전으로부터 과급을 시작하는 슈퍼 차저는 교통 환경에 적절한 장치라고 할 수 있다.

루츠식 슈퍼 차저

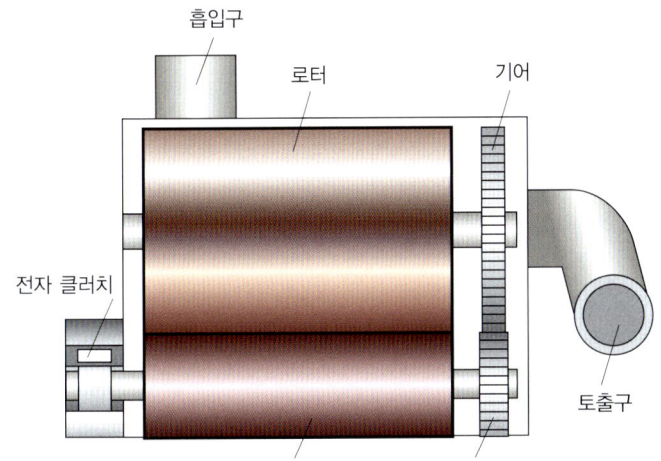

대표적인 슈퍼 차저의 형식. 두 개의 누에고치 모양을 한 로터가 회전하여 공기를 압축한다. 엔진의 회전이 벨트에 의해서 슈퍼 차저에 전달된다. 필요 이상으로 과급되지 않도록 전자 클러치가 설치되어 로터의 회전수를 제어한다.

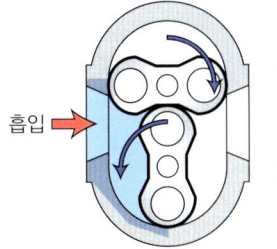 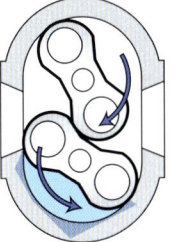 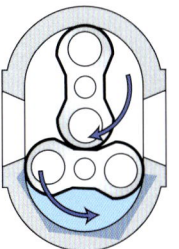 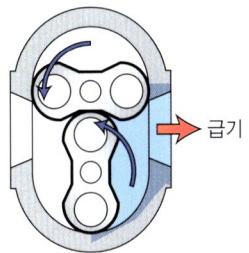

압축된 공기는 흡기 매니폴드 안을 통과하여 실린더 내로 이송된다. 그림과 같은 누에고치 모양의 로터를 이용하는 경우 엔진에 공기를 보낼 수 없는 타이밍이 조금 발생한다. 현재는 그것을 해소하기 위해서 로터를 삼각형으로 하여 항상 엔진에 공기를 보낼 수 있도록 개량된 것도 실용화되고 있다.

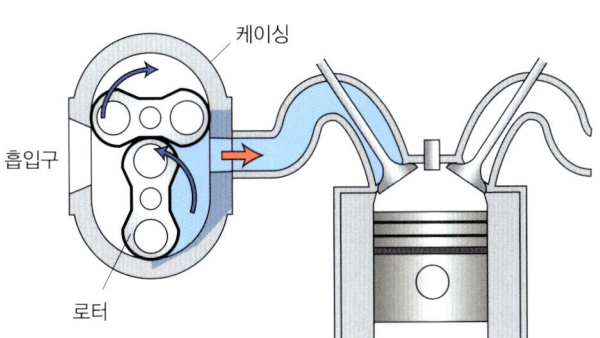

● Tip ● 슈퍼 차저는 한때 컴프레서라고 호칭되는 경우도 있었다.

Section 3.3 엔진 룸의 점검

 엔진 룸 엔진 본체 등 자동차의 중추 기능이 모여 있다. 일상 점검에 유의하여야 하며, 엔진 오일이나 냉각수의 보충 등은 운전자도 할 수 있는 정비 사항이다.

엔진을 가로로 배치한 자동차의 엔진룸

FF형식 자동차의 대부분은 엔진을 가로로 배치하는 방식이다. 냉각수나 워셔 액 등은 보충하기 쉽게 엔진 룸의 외각에 설치되어 있어 위치를 확인하기 쉽다.

엔진을 세로로 배치한 자동차의 엔진룸

FR형식 자동차의 대부분은 엔진을 세로로 배치하는 방식이다. FR형식은 대형 자동차에 채용하는 것으로 엔진 룸은 비교적 여유가 있다. 그러나 사진의 차종과 같은 고성능 자동차에는 보조기구가 많이 설치되어 약간 복잡하게 보인다.

● Tip ● 최근의 자동차는 웬만해서는 고장이 발생되지 않지만 전혀 고장이 없는 것은 아니기 때문에 엔진 룸을 열고 무엇이 어디에 있는지의 정도는 확인해 두는 것이 좋다.

엔진 오일과 배터리 액

엔진 오일에는 많은 종류가 있으므로 자동차의 매뉴얼에 기록된 등급(grade)의 오일을 구입하여야 한다. 특히 고성능 자동차는 높은 품질의 오일을 요구하므로 주의가 필요하다. 배터리 액은 증류수이므로 등급은 없다.

엔진 오일의 양을 확인한다

엔진 오일의 양은 조금이지만 줄어드는 경우가 있다. 엔진에는 오일의 양을 점검하는 레벨 게이지가 설치되어 있다.

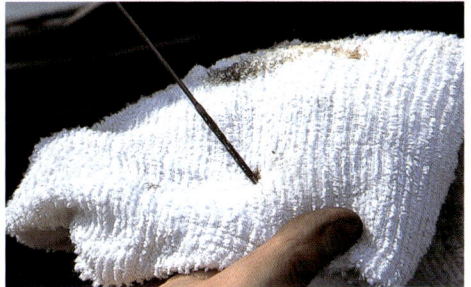

레벨 게이지를 한번 뽑아내어 걸레로 닦는다. 그리고 한 번 더 엔진에 끼웠다가 다시 뽑은 다음 게이지에 묻어나온 오일의 양을 확인한다.

엔진 오일의 보충

오일을 보충하는 구멍은 실린더 헤드 커버에 있다. 실린더 헤드는 엔진을 정지시킨 직후에는 뜨겁기 때문에 화상을 입지 않도록 주의하여야 한다.

엔진 오일을 엔진에 보충한다. 깔대기와 같은 것이 있으면 편리하다. 조금씩 나누어 넣으면서 레벨 게이지로 오일의 양을 측정한다.

● **Tip** ● 엔진 오일의 교환은 카센터에 의뢰하는 것이 편리하다. 자동차를 들어 올려 오일을 배출시키기 때문이다.

배터리 액의 보충

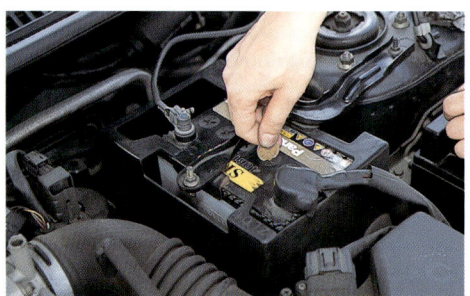

배터리 셀의 플러그는 동전으로 푼다. 힘을 가하기 쉬운 비교적 큰 동전이 풀기가 쉽다.

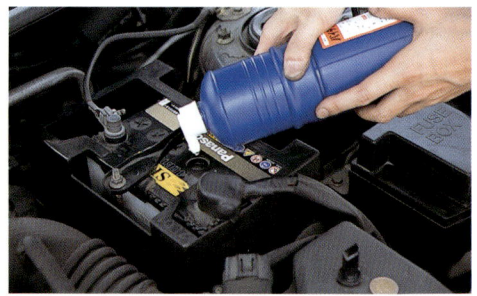

배터리 액이 줄어들었다면 액을 보충하여야 한다. 규정량 이상 보충하지 않도록 주의한다.

냉각수의 보충

필히 엔진을 정지하고 식은 상태에서 보충한다. 냉각수는 고온 고압이 되기 때문이다.

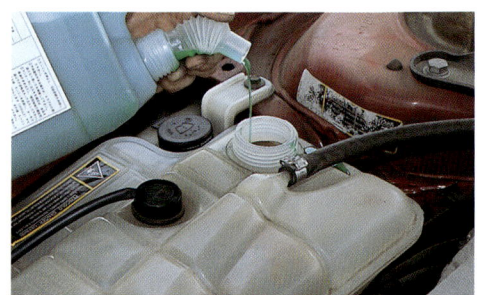

탱크에 표기되어 있는 레벨 게이지를 보면서 냉각수를 천천히 보충해 나간다.

워셔 액의 보충

워셔 액에는 압력이 가해지지 않기 때문에 엔진을 멈춘 뒤 바로 보충할 수 있다.

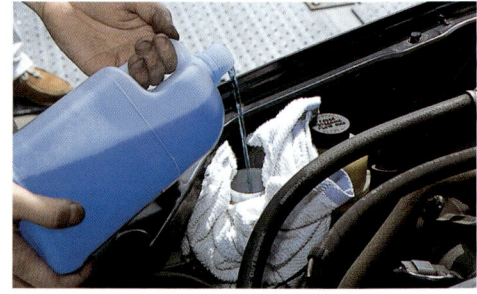

보충 액을 흘리지 않게 탱크의 구멍 주위에 걸레 등으로 덮어씌운다.

● Tip ● 배터리 액의 보충이 필요 없는 무정비(maintenance-free)의 배터리도 있다.

04 구동계통

Section 01   FF 자동차와 FR 자동차
Section 02   RR 자동차과 MR 자동차
Section 03   4WD
Section 04   변속기와 클러치
Section 05   변속기
Section 06   클러치
Section 07   싱크로나이저
Section 08   AT
Section 09   토크 컨버터
Section 10   로크 업 기구
Section 11   CVT
Section 12   프로펠러 샤프트
Section 13   드라이브 샤프트
Section 14   디퍼렌셜
Section 15   LSD
Section 16   트랙션 컨트롤
Section 17   타이어의 점검

Section 1. FF 자동차와 FR 자동차

Key Word
- **FF** 차체의 앞부분에 엔진을 배치하고 앞바퀴를 구동한다.
- **FR** 차체의 앞부분에 엔진을 배치하고 뒷바퀴를 구동한다.

▶ FF 자동차와 FR 자동차

FF는 **프런트 엔진(Front engine)·프런트 드라이브(Front drive)**의 약어로서 차체의 앞부분에 엔진을 탑재하고 앞바퀴를 구동하는 형식이며, FR은 **프런트 엔진(Front engine)·리어 드라이브(Rear drive)**의 약어로서 앞부분에 엔진이 탑재되어 있지만 뒷바퀴를 구동하는 형식이다.

FF형식의 자동차는 앞바퀴로 구동과 조향을 하기 때문에 앞바퀴 부분의 구조가 복잡하게 되어있지만 실내 공간의 확보가 쉬워 소형 자동차를 중심으로 채용하고 있다. 또한 추진축이 필요 없기 때문에 전체적으로 경량화를 완성할 수 있다.

FR형식의 자동차는 초창기에서부터 널리 보급되고 있는 방식으로 앞부분에 엔진을 탑재하고 뒷바퀴를 구동하기 때문에 엔진을 세로로 배치하는 경우가 많으며, 변속기 및 추진축이 실내 중앙의 아래 부분을 통하여 종감속 기어장치에 연결되므로 FF형식의 자동차보다 실내 공간이 협소하고 중량이 무거워진다.

▶ 소형 자동차는 FF형식, 출력이 큰 자동차는 FR형식

FF형식은 앞바퀴만으로 자동차를 구동 및 조향을 하기 때문에 큰 출력을 지지하기에는 어려움이 있다. 뒷바퀴 구동 자동차라면 앞바퀴로는 조향을 하고 뒷바퀴로는 구동을 함으로써 뒷바퀴에 **하중**이 걸리기 때문에 큰 출력에 견딜 수 있다.

또, 앞바퀴와 뒷바퀴의 역할이 나뉘어 있으므로 운전의 감각이 우수하기 때문에 뒷바퀴 구동 자동차를 고집하는 마니아가 있는 것도 이 때문이며, FR방식은 앞·뒤의 중량 배분을 이상적인 **50 : 50**으로 접근하기 쉬워 스포티한 자동차에도 이용되고 있다.

▶ 효과는 있지만 가격(價格, cost)이 문제?

FR 자동차 중에서 일반적으로 엔진과 접속되어 있는 **변속기**를 뒷바퀴 쪽에 배치한 자동차가 있는데 이것을 트랜스 액슬(trans axle)이라고 한다. 엔진 다음으로 중량물이라 할 수 있는 변속기를 뒷바퀴 쪽의 종감속 기어 부근에 배치하여 중량의 배분을 보다 이상적으로 접근시키려는 방식이다.

중량 배분의 적정화는 운동성을 향상시킬 수 있다. 그러나 구조가 복잡하거나 뒷자리의 공간이 변속기에 의해서 좁아지기 때문에 일부의 고급 스포츠카 등에서만 이용되고 있다.

프런트 엔진(Front engine) · 프런트 드라이브(Front drive) (FF)

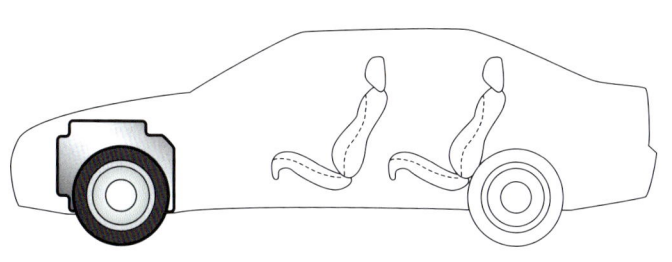
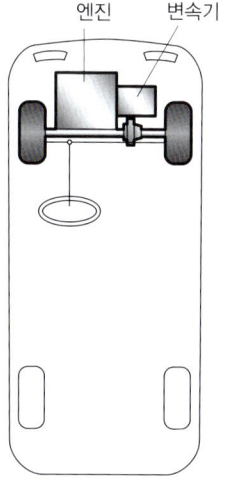

엔진과 변속기를 차체의 앞부분에 장착하여 실내의 공간을 넓게 하는 방식으로 앞바퀴로 구동한다. 앞바퀴는 자동차의 구동과 조향의 양쪽 모든 역할을 완수한다. 그 때문에 액셀러레이터 페달을 밟은 상태에서 핸들을 돌렸을 때와 액셀러레이터 페달을 놓은 상태에서 핸들을 돌렸을 때와의 핸들링에 차이가 있다. 그러나 최근에는 그 차이가 없도록 기술이 발전되었다.

프런트 엔진(Front engine) · 리어 드라이브(Rear drive)(FR)

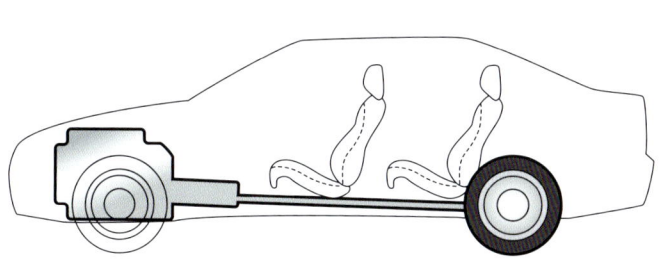
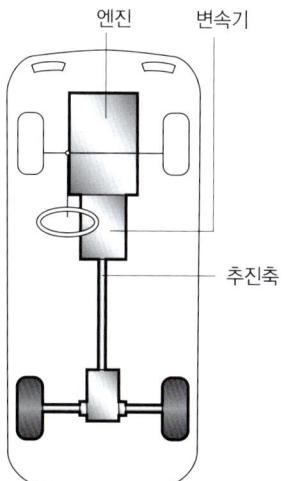

앞부분에 장착되어 있는 엔진의 동력을 추진축을 경유하여 뒷바퀴에 전달하여 구동하는 방식으로 자동차의 구동과 조향을 앞 · 뒷바퀴에 나누어 실시할 수 있기 때문에 밸런스가 좋은 핸들링을 얻을 수 있다. 또 엔진 룸을 넓게 할 수 있으므로 앞바퀴에 설치되는 현가장치(懸架裝置; suspension system)의 설계 자유도가 높아 복잡한 구조의 현가장치를 탑재할 수 있으며, 큰 엔진의 탑재도 이루어지고 있다.

- **Tip**
  - FF형식의 자동차는 운전하기 어렵다고 하는 것은 과거의 이야기. 시가지를 주행하는 정도는 FR형식의 자동차와 손색이 없는 주행을 즐길 수 있다.
  - FF형식의 자동차는 자갈의 비탈길에서 바퀴가 헛돌아 자동차가 멈추는 경우가 있다. 그러한 경우에는 후진으로 비탈길을 오르면 된다.

RR자동차와 MR자동차

RR 엔진을 뒤쪽에 설치하고 뒷바퀴를 구동한다.
MR 엔진을 앞뒤 바퀴 사이에 설치하고 뒷바퀴를 구동한다.

이미 한세기를 풍미한 RR

RR이란 **리어 엔진(Rear engine) · 리어 드라이브(Rear drive)**의 약자. FF가 일반적으로 되기 전에 자주 보이던 방식으로 포르세박사가 개발한 것으로 알려진 폭스바겐의 초대 비틀이 그 대표적인 예라고 할 수 있겠다.

중량물이 뒷차축보다 뒤쪽에 있기 때문에 구동력을 크게 하기 쉽고 실내 공간의 확보도 가능하다. FF와는 정 반대인 형태라고 볼 수 있다. 그러나 엔진의 냉각적인 면(面)을 생각하면 라디에어터는 앞에 있는 편이 더 좋고, 또 코너링중에 큰 중량물이 맨 뒤에 있으면 뒷바퀴가 미끌어지는 상황에서는 자동차의 컨트롤이 어려워 핸들을 놓치게 되면 후미가 미끄러져 자동차의 앞부분이 코너 중심부로 쏠려 안쪽으로 크게 선회하게 된다.

일반 운전자는 핸들을 더 돌리는 대응은 쉽지만 순간적으로 핸들을 **역회전**시키는 사람은 드물다. 그러나 이 성질을 잘 이용하면 코너를 재빠르게 선회할 수 있어 포르세 911 등의 스포츠모델에서 채용하고 있다.

또 중량물을 구동바퀴에 전달하기 쉽고 자동차의 공간을 유효하게 사용할 수 있는 장점을 이용하여 대형버스에는 RR방식을 이용하고 있다. 버스는 구불구불한 코너를 고속으로 달릴 필요가 없기 때문이다. 같은 이유로 일부 상용경자동차에도 이용되고 있다.

운동성을 최우선으로 한 MR

MR이란 **미드 엔진(midship engine) · 리어 드라이브(Rear drive)**의 약어. 일반적으로 **미드십**이라고도 부른다. 미드십은 F1 등의 포뮬러카에 대표되듯이 빠르게 달리는 것을 최우선으로 한 차량에 자주 보이는 방식. 엔진이란 중량물을 차체의 중앙에 배치함으로써 운동성의 향상을 꾀한 것이다. 구동하는 것은 뒷바퀴로서 구동력도 걸리기 쉽지만 실내 공간을 넓게하기는 어렵다. 마치 5인승의 뒷좌석에 엔진을 올려놓은 것과 같은 셈이다. 2인승이 많은 것은 그 이유 때문이며, 대표적인 예로서 페라리F360모데나와 혼다 NSX 등의 스포츠카이다. 승객수와 화물을 생각하기보다 운동성능, 빠른 주행을 중요시한 방식이라 할 수 있겠다.

중량물이 차체중앙에 위치하므로 4개의 타이어가 핸들을 놓쳤다하더라도 그 다음의 자세가 안정되어 있어 자동차는 핸들의 조작에 재빠르게 반응한다. 엔진은 가로로 배치된 것과 세로로 배치된 두 종류가 있다.

리어 엔진(Rear engine) · 리어 드라이브(Rear drive) (RR)

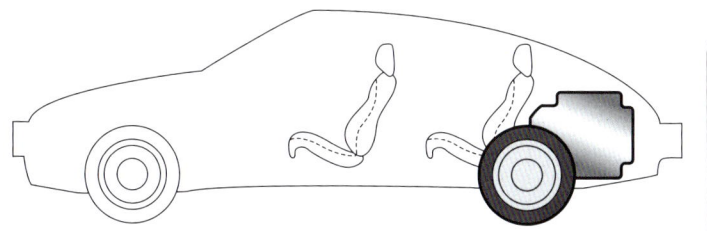
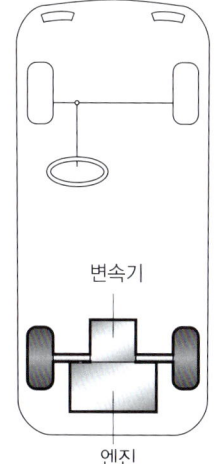

엔진을 뒷바퀴의 뒤에 탑재하는 방식. FF형식과 정반대의 엔진 탑재 방식. 또 핸들을 돌린 것 이상으로 자동차가 돌아가는 오버 스티어링이란 특성이 쉽게 나타나 운전이 어렵다. 반대로 FF형식은 언더 스티어링이란 특성을 나타내기 쉽지만 이것은 핸들을 돌린 방향으로 더 돌려주면 좋을 뿐이므로 안전한 성질이라 말 할 수 있다.

변속기

엔진

미드십 엔진(Midship engine) · 리어 드라이브(Rear drive) (MR)

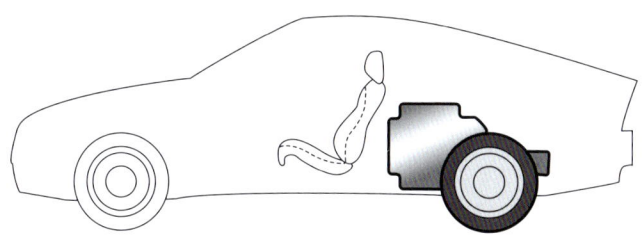
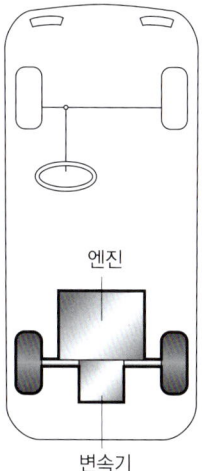

엔진을 앞바퀴와 뒷바퀴 사이에 탑재하는 방식. 중량의 밸런스가 뛰어나므로 F1을 비롯한 레이싱카에 채용된다. 엔진을 세로로 배치한 것과 가로로 배치한 것이 있으나 세로로 배치한 쪽이 보다 중량의 배분이 뛰어나다. 또 공간도 확보할 수 있고, 배기관 등을 크게 할 수 있다. 전용설계의 MR형식은 거의 세로로 배치한 방식을 채용한다. 가로로 배치한 MR형식은 거의 대부분은 FF형식의 엔진부분을 이용한 것이다.

엔진

변속기

● Tip ●
- RR차의 라디에이터는 FF차와 FR차 처럼 차체 전방에 설치되어 있는 경우가 많다. 그렇기 때문에 엔진에서 차체 앞부분까지 길게 냉각수를 보낼 필요가 있다.
- 초대「에스티마」는 미드십 레이아웃을 채용하여 화제가 되었지만 모델을 교체한 후 엔진을 앞으로 이동하였다. 정비의 편리성과 정숙성을 추구한 결과라고 할 수 있겠다.

Section 3. 4WD(Wheel Drive)

> **4WD** 4륜 구동. 4바퀴 모두를 구동하는 방식. 크게 나눠서 파트타임 4WD와 풀타임 4WD가 있다.

4WD

FF는 앞바퀴, FR, RR, MR은 뒷바퀴를 구동하는 2륜을 구동하는 것에 비해, 4WD는 4바퀴를 모두 구동한다. 4개의 바퀴를 구동하기 때문에 구동력은 분산되어 1개의 바퀴가 미끄러지는 상태에서도 다른 3개에 전달된다. 이 때문에 구동력이 확보되어 쉽게 달릴 수 있다. 또 큰 구동력을 남김없이 지면에 전달할 수 있으므로 대형파워 엔진을 탑재한 자동차에도 이용되는 형식이며, 크게 **파트타임 4WD**와 **풀타임 4WD**로 나눌 수 있다.

파트타임 4WD

필요에 따라서 2륜 구동과 4륜 구동을 구분하여 이용하는 타입으로 트랜스퍼 케이스로 선택하며, 4WD 자동차는 앞·뒤 타이어로부터 구동력을 얻을 수 있다. 그러나 코너에서의 선회할 때 앞바퀴와 뒷바퀴의 회전 반경이 다르기 때문에 앞바퀴에 브레이크가 걸리는 듯 한 상태가 된다. 이것을 **타이트 코너 브레이크 현상**(tight corner braking phenomenon)이라 부르며 이것이 있기 때문에 강한 마찰력이 있는 포장도로에서도 2WD로 부드럽게 달릴 수 있다. 이 때문에 상황에 따라 앞·뒤 바퀴 어느 쪽인가에 동력을 끊을 수 있는 기구가 개발되었다. 이것이 **파트타임 4WD**이다. 진흙길에 빠졌을 때 파트타임 4WD방식 쪽이 뒤에 서술하는 풀 타임 4WD보다도 주파성이 높다고 말할 수 있다. 한마디로 험한 길의 주파성을 중시한 타입이다.

풀타임 4WD

풀타임식은 항상 4바퀴가 구동하기 때문에 보다 큰 엔진 파워를 낼 수 있다. 그러나 포장도로를 중심으로 생각하면 앞서 말한 브레이크 현상은 피할 수 없다. 그렇기 때문에 **센터 디퍼렌셜**(center differential) 같은 것으로 회전차를 흡수함으로써 부드럽게 달릴 수 있도록 되어있다. 그러나 험한 길에서 한 바퀴가 공전하는 듯 한 상황이라면 이 디퍼렌셜에서 힘을 흡수하여 공전하는 타이어의 반대쪽에는 구동력을 잘 전달할 수 없다. 그렇기 때문에 본격적인 4WD차에서는 디퍼렌셜의 회전을 고정(록크)하는 기능이 있다. 최근에는 센터 디퍼렌셜을 사용하지 않고 **비스커스커플링**(viscous coupling) 등으로 회전차를 흡수하는 차도 늘어났다. 또한 전기의 힘을 사용한 4WD도 개발되는 등 4WD차는 앞으로도 많이 보급될 것이다.

4WD

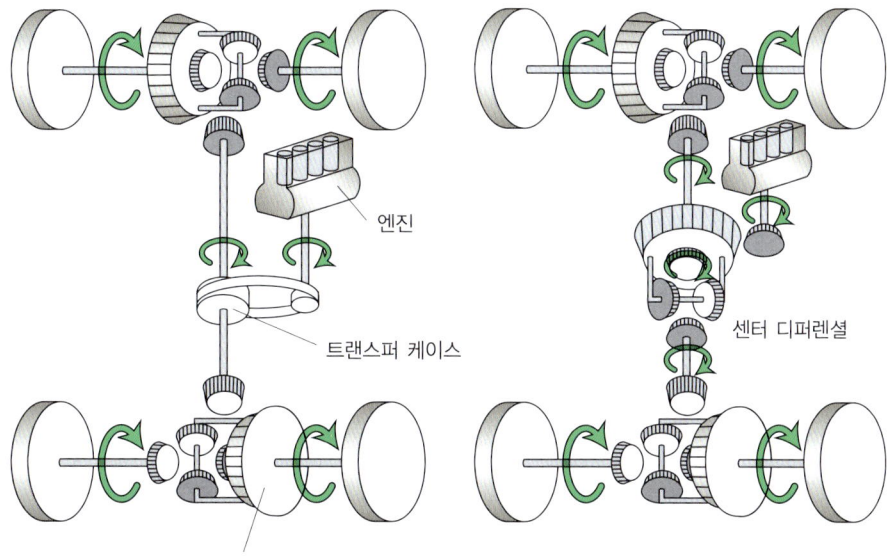

FF형식과 FR형식이 하나로 된 것과 같은 형식. 모든 타이어로 엔진의 동력을 전달한다. 지금까지는 노면의 마찰력을 기대할 수 없는 험한 길의 전용기구라는 인식이 있었으나 최근에는 보다 유효하게 엔진의 동력을 전달하기 위한 시스템으로서 승용차에까지 그 이용범위가 확대되고 있다.

● 파트타임 4WD

● 풀타임 4WD

엔진

트랜스퍼 케이스

종감속 기어

센터 디퍼렌셜

트랜스퍼 케이스에 의해 엔진의 동력을 전달하거나 차단한다. 전달 또는 차단을 수동으로 하는 자동차와 자동으로 하는 자동차가 있다.

센터 디퍼렌셜에 의해 앞·뒤 바퀴의 구동력 차이를 흡수하는 방식. 이것에 의해 상시 4바퀴를 구동한다.

● Tip ●
- 4WD는 눈길과 험한 도로만이 아니라 우천시의 주행에도 위력을 발휘한다.
- 풀타임 4WD는 조향감각을 자연스럽게 하기위해 구동력이 손실되도록 하는 장치를 연구하고 있다. 극단적으로 험한길에서는 오히려 적이 되는 경우가 있다.

Section 4 변속기와 클러치

구동계통 엔진에서 발생된 회전력은 클러치 또는 토크 컨버터에 의해서 변속기에 전달되어 디퍼렌셜에 의해 좌·우의 구동바퀴에 전달된다.

◎ 변속기와 클러치

엔진은 의외로 간단한 고장이 현상이 잦다. 엔진은 모터에 비해서 계속해서 돌리려고 하는 힘이 부족하다. 그래서 필요로 하게 된 것이 **변속기**(transmission)이다. 엔진은 변속기 없이는 성립될 수 없는 관계이다.

클러치는 엔진의 회전력을 변속기에 연결하거나 차단하는 것으로 자연스러운 변속(gear change)을 하기 위한 구조로 되어있다.

◎ 엔진과 변속기를 연결하는 것

클러치는 통상 플라이휠에 접속하는 클러치 커버 안에 있으며 변속기와 직결되어 있다. 플라이 휠에 **클러치 디스크**를 스프링의 힘으로 눌러서 그 마찰력으로 변속기에 회전을 전달하고 있다.

클러치 디스크는 드라이브 샤프트에 맞물림으로서 회전력을 전달하고 있으나 클러치 페달을 밟아 클러치 디스크를 누르는 힘을 제거하여 동력을 끊는다. 페달의 밟기 정도에 따라 누르는 힘을 조절할 수 있으므로 클러치 디스크를 미끄러지게 하면서 회전시키는 것을 **반클러치**라고 부른다. 이에 따라 발진 등을 자연스럽게 하고 있다. 참고로 자동변속기는 이 클러치 기구를 지니고 있지 않으므로 유체 토크 컨버터가 그 역할을 부담하고 있다. 이 유체 토크 컨버터에는 동력전달 손실이 있으므로 연비향상을 위하여 **자동클러치와 CVT**도 늘어나고 있다.

◎ 왜 변속기가 필요한가

자동차는 0에서 부터 시속 100km 이상의 속도까지 스피드가 변화된다. 또 중량도 탑재 인원과 화물에 따라 다르다. 이 속도 등의 변화는 엔진의 회전만으로 할 수 없다. 만약 변속기가 없다면 엔진의 회전수가 낮으면 회전력도 적으므로 발진하기 위해 아주 큰 엔진이 필요하게 된다. 반대로 속도가 증가하게 되면 그다지 큰 회전력은 필요하지 않으므로 큰 엔진은 필요 없다.

그러므로 크고 작은 여러 개의 기어를 조합하여 속도와 회전력을 잘 컨트롤하거나 **후진(리버스) 기어**로 후진이 되도록 하는 변속기가 필요하게 된다.

● Tip ● 반클러치를 자주 사용하게되면 클러치 디스크가 급속하게 마모되므로 사용은 가능한한 피해야 한다.

구동계통

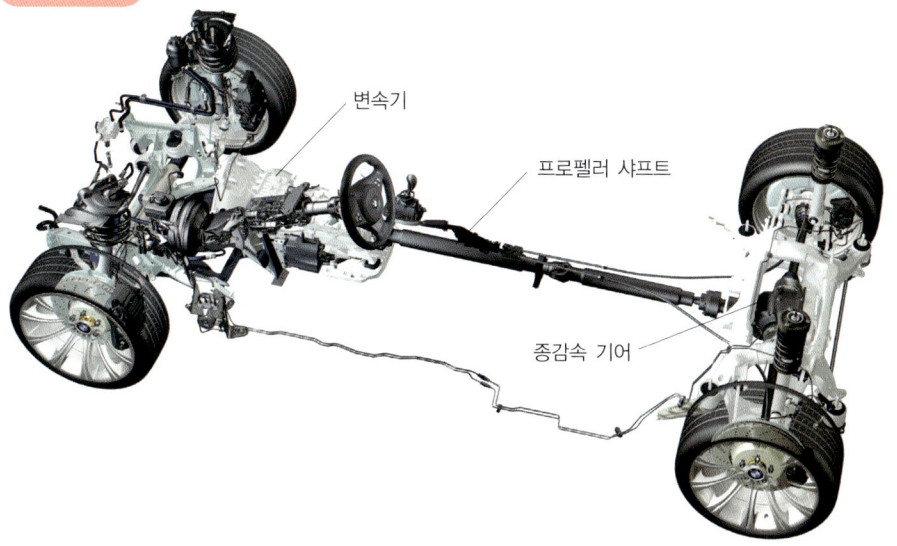

FR차의 구동계통. 엔진에서 발생된 회전력을 변속기에서 가변하여 프로펠러 샤프트에서 뒷바퀴로 전달한다. 전달된 회전력은 디퍼렌셜에 의해 좌우 구동바퀴에 전달한다.

변속기의 움직임

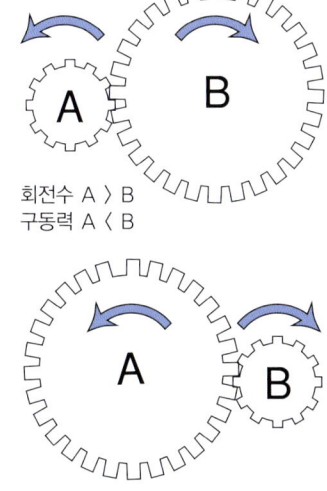

회전수 A 〉B
구동력 A 〈 B

회전수 A 〈 B
구동력 A 〉B

변속기에는 수많은 기어가 내장되어 엔진의 회전력을 가변한다. 엔진에 직결된 차바퀴로는 오를 수 없을 것 같은 언덕에서도 이 변속기어를 사용하면 쉽게 오를 수 있다. 기어의 움직임은 지렛대의 원리와 같다.

● Tip ● 변속기의 단수가 많으면 많을수록 자연스럽게 가속할 수 있다.

Section 5. 변속기(Transmission)

수동변속기 클러치를 조작하면서 운전자가 수동으로 기어비를 선택하는 변속기. 약자로 MT(Manual Transmission)

왜 변속기가 필요한가

일반적으로 엔진은 강력하게 회전을 발생시킨다고 인식하고 있지만 실제로 엔진의 회전력은 매우 약하다. 즉 **회전을 계속하려고 하는 힘**이 약하다. (모터는 반대로 계속 회전하려고 하는 힘이 강하다. 따라서 전기자동차(電車)에는 변속기가 없다) 엔진이 낮은 회전일 때 회전을 계속하려고 하는 힘이 특히 약하다. 변속기 없이 엔진과 바퀴를 직결하여 엔진에 시동을 걸면 엔진은 아주 힘없이 시동이 꺼진다.

변속기가 5단일 경우, 엔진과 구동바퀴는 거의 4속일 때에 동시 작동, 조정하도록 하게끔 되어있다. 발진에서 직결로 갈 때까지 3단의 변속이 필요하다. 5속은 오버드라이버라고 부르며 차축의 회전수가 엔진 회전수 보다 빠르다.

더욱이 엔진은 대체로 분당 2000~4500회전일 때에만 효율적인 작동을 할 수 있다. 겨우 2500회전의 간격밖에 없는 것이다. 이 회전 영역만으로는 차를 자연스럽게 달리기는 어렵다. 그래서 변속기를 사용하여 유효한 회전수만을 사용하여 바퀴를 돌리게 된다.

기어를 조합하여 필요한 속도를 낸다

수동 변속기에서는 평행하는 2개의 샤프트(축; **아웃풋 샤프트**와 **카운터 샤프트**)에 각각의 변속비가 다른 기어가 맞물려있다. 엔진의 힘은 우선 아웃풋 샤프트(**메인 샤프트**)와 마주보고 있는 인풋 샤프트 (**메인 드라이브 샤프트**)에 전달되고, 드라이브 기어를 매개로 카운터 샤프트에 전해진다. 그 뒤 아웃풋 샤프트에 전해질뿐이지만 아웃풋 샤프트의 기어는 샤프트에 고정되어 있지 않기 때문에 모두 공회전하고 있다. 그리고 각 기어와 아웃풋 샤프트 사이에는 회전속도를 합하기 위한 **도그클러치**(dog clutch)라고 하는 기구가 조합되어 있어 이 클러치가 고정된 기어의 회전만 아웃풋 샤프트에 전하도록 되어있다. 기어 선택의 조작은 와이어와 로드(rod), 전기신호에 의해 기어박스에 전해져 고정하는 기어를 선택할 수 있도록 되어 있다.

변속하려면 한번 클러치를 끊고 필요한 기어를 아웃풋 샤프트에 고정하여 다시 클러치를 연결하면 된다. 도그 클러치에는 동기기구가 갖춰져 있으므로 변속조작이 자연스럽게 되도록 되어 있다.

> **Tip** 기어가 잘 들어가지 않을 경우 오일을 교환할 것을 권한다. 오일의 교환 시기는 일반적인 주행을 하는 차라면 2년마다 하면 충분하다.

변속기

가로 배치형 변속기

세로 배치형 6단 변속기의 커버를 떼어낸 상태. 마주보고 왼쪽이 엔진에 연결되는 부분이다. 엔진의 회전축과 변속기를 통해 출력되는 회전축이 동일 선상에 있다. 엔진이 세로로 놓여진 FR, 4WD자동차 등은 세로 배치형의 변속기를, FF카 등의 가로로 놓인 엔진이 붙은 타입에서는 변속기도 가로 배치형의 것이 이용된다.

동기 맞물림식

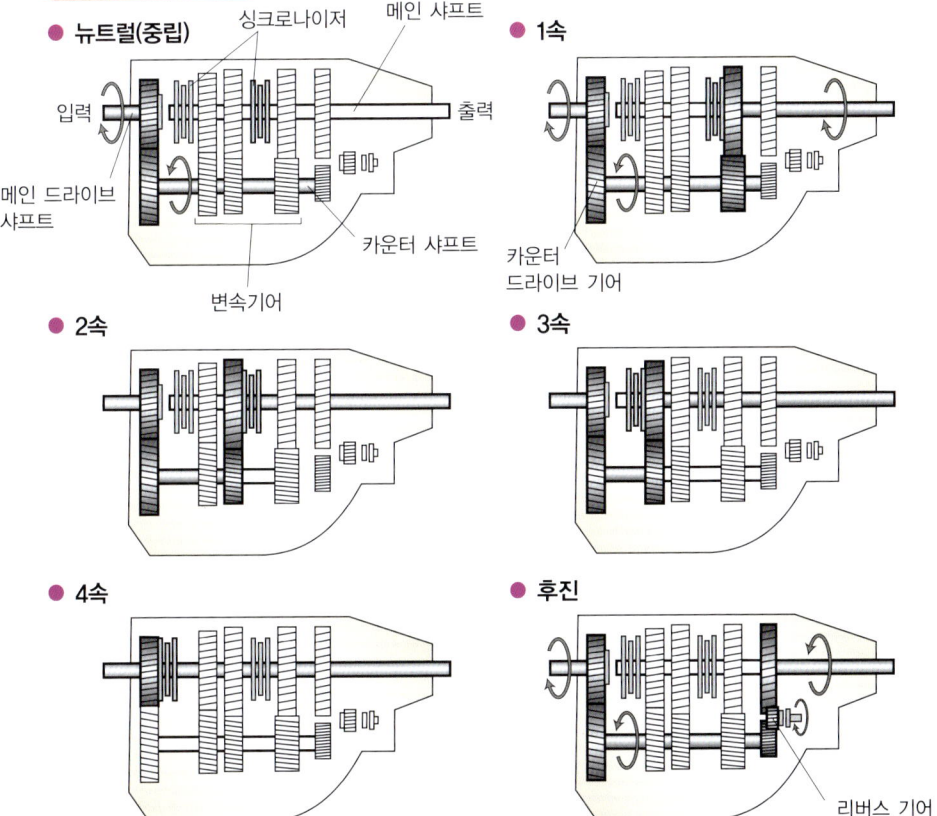

싱크로나이저라는 장치가 움직여 변속이 자연스럽게 되도록 변속되는 쪽의 기어를 움직이게 한다. 이에 따라 변속 쇼크를 경감할 수 있다.

● Tip ● 자동적으로 클러치의 온 오프를 해주는 클러치가 없는 매뉴얼 자동차도 있다. 스포티한 주행과 간편함을 겸비한 시스템이다.

클러치(Clutch)

마찰 클러치 엔진의 회전을 변속기에 전달하는 장치. 클러치 페달을 조작하여 클러치 디스크를 압력판(삼발이)에 밀어붙이거나 떨어지게 하므로써 동력을 전달한다.

수동변속기 차에는 마찰 클러치, 자동변속기 차에는 유체 클러치

엔진의 힘은 크랭크샤프트에 붙어있는 **플라이휠**에 우선 전해진다. 플라이휠이란 엔진의 회전을 계속하여 유지하기 위한 장치로서 가장자리에는 링기어가 달려있다. 플라이휠은 엔진의 회전을 받아 항상 계속해서 돈다. 그 플라이휠로부터 동력을 변속기에 전달하는 것이 클러치의 역할이다. 클러치와 플라이휠은 붙었다 떨어졌다하면서 변속기에 동력을 전달한다. 왜냐하면 엔진과 변속기를 직결시키면 변속시에 변속기에 불필요한 힘을 가해 변속기를 훼손할 수 있다. 변속기에 전달되는 동력을 일단 차단하기 위해서 클러치가 필요한 것이다. 클러치란 엔진과 변속기의 사이를 중계하는 장치이다. 클러치를 크게 나누면 **마찰 클러치, 전자 클러치, 유체 클러치**가 있다. 수동변속기 자동차에는 마찰 클러치, 자동변속기 자동차에는 유체 클러치가 주로 사용된다. 여기에서는 수동변속기 자동차에 사용되는 마찰 클러치에 대하여 설명하겠다.

반클러치란 클러치 디스크가 미끄러지고 있는 상태

마찰 클러치는 프레셔 플레이트(압력판)와 클러치 디스크를 밀착시키거나 떨어뜨림으로서 동력을 전달 또는 차단하고 있다. 압력판이란 플라이휠에 접합된 클러치 커버의 안에 있는 원반. 보통 클러치 디스크는 스프링으로 압력판에 밀착되어 있다가 운전자가 클러치 페달을 밟으면 유압의 힘으로 압력판과 클러치 디스크가 떨어진다. 클러치 디스크는 고속에서 회전하는 압력판에 밀착시키거나 떨어뜨릴 때 마찰을 일으킨다. 또한 클러치 디스크가 압력판과 서로 마찰하고 있을 때를 의식적으로 이용하는 경우도 있다. 「**반클러치**」라고 부르는 조작법이다.

반클러치란 클러치 디스크가 압력판에 대해 미끄러지고 있는 상태. 확실하게 동력을 전달할 수 없으나 엔진의 회전을 변속기에 부드럽게 전달할 수 있다.

발진은 이 반클러치를 이용하여 행한다. 변속기의 기어는 전혀 돌지 않고 있으므로 급작스럽게 동력을 전달해도 변속기는 동작하지 않는다. 그러므로 반클러치를 사용해서 부드럽게 변속기에 동력을 전달하게 되는 것이다. 그러나 반클러치를 많이 사용하면 클러치 디스크를 빠르게 마모시키는 원인이 되므로 주의해야 할 필요가 있다.

● **Tip** ● 클러치 디스크는 소모품. 10만킬로를 넘어섰을 때가 교환주기. 다만 사용하는 방법에 따라 수명의 차이가 매우 다르다.

클러치의 구성

보통 플라이휠, 클러치 디스크, 클러치 커버는 엔진과 같이 회전하고 있다가 클러치 페달을 밟으면 릴리스 포크가 움직여 클러치 디스크를 떨어지게 한다.

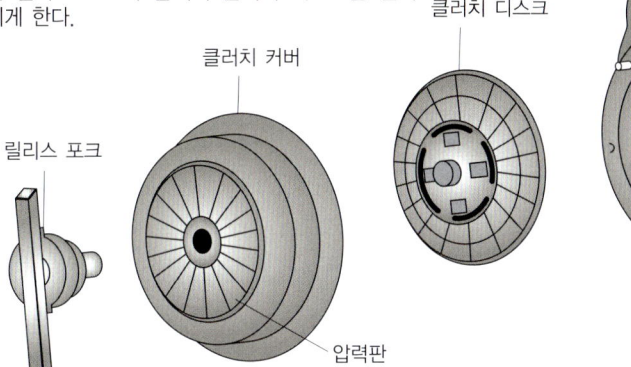
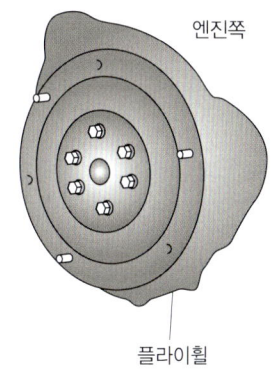

클러치 디스크의 움직임

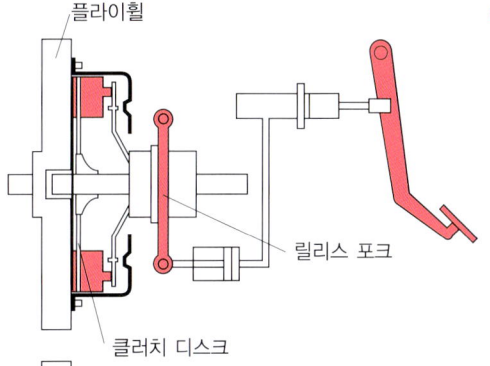

● 클러치 디스크

클러치 디스크에는 마찰계수가 높고 열에도 강한 그라파이트 등을 정제하여 굳힌 것을 붙인다. 클러치 디스크는 소모품으로서 그라파이트가 떨어져 나가면 클러치 레버를 밟지 않는 상태에서도 클러치 디스크가 미끄러져버린다.

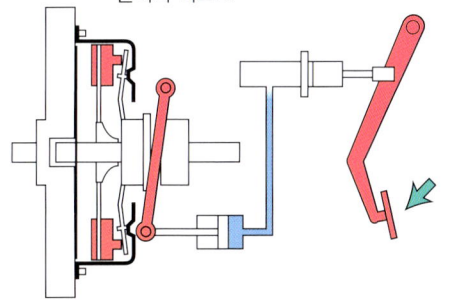

클러치 페달을 밟으면 유압의 힘으로 릴리스포크를 들어올려 클러치 디스크와 플라이휠을 떨어뜨려 놓는다.

● **Tip** ● 엔진의 회전수와 자동차 속도의 증가가 일치하지 않게 되면 클러치 디스크가 미끄러지고 있을 가능성이 있다. 또 클러치 디스크가 미끄러지기 시작하면 엔진 시동이 꺼지는 현상이 빈번하게 일어나게 된다.

싱크로나이저(Synchronizer)

싱크로나이저 수동변속기에서 기어 변속할 때 기어끼리의 회전이 같도록 도와주는 기구

◎ 변속되는 쪽의 기어에 붙어 회전을 전달하는 기구

각 변속 기어 사이에 끼어있어 기어의 회전속도를 같게 해주는 기구 즉, **싱크로나이저**라고 부른다.

작동을 보면 변속레버를 옆으로 움직여 변속하기 전에 우선 이 싱크로나이저를 거쳐서 기어가 들어간다. 이 기어와 싱크로나이저가 접속되어 있을 경우 두 기어의 회전속도가 같아진다. 기어와 기어가 갑작스럽게 맞물리는 것을 막는 것이다. 싱크로나이저에는 **싱크로나이저 링**이란 클러치의 역할을 하는 부품이 붙어있다. 이 부품이 기어와 서로 마찰하므로써 기어 사이의 회전속도를 조절하여 부드럽게 변속이 되도록 움직인다.

◎ 눈 깜짝할 사이에 일을 끝내는 싱크로나이저이지만 너무 빠른 변속은 금물

예를 들어 2속에서 3속으로 변속할 경우 클러치를 밟고 시프트레버(변속레버)를 움직인다. 이 시프트레버를 움직이고 있을 때 싱크로나이저도 움직이고 있다. 엔진의 회전에 직결한 기어를 3속 기어에 접근시킨다. 그러면 우선 아우터 싱크로나이저가 회전하여 속도를 맞춘다. 그리고 기어를 넣으면 다음 싱크로나이저 링에 다가가 회전을 전달한다. 서서히 회전을 3속 기어에 전해지고 최종적으로 각 싱크로나이저는 완전하게 3속기어와 밀착하게 된다.

변속은 한순간이지만 싱크로나이저는 그 일순간에 이만큼의 일을 수행하고 있는 것이다. 통상적으로 시프트업, 다운의 필요가 없는 백(후진)기어에는 싱크로나이저가 붙어있지 않다. 그러므로 차가 조금이라도 전진하고 있을 때에 후진 기어를 넣어서는 안 된다. 반드시 차를 세운 다음 백(back)으로 기어를 넣을 필요가 있다.

또 싱크로나이저는 시프트업, 다운을 부드럽게 행하기 위한 것이다. 시프트업, 다운을 너무 빠르게 행하면 싱크로나이저 기구가 제대로 작동하기 전에 기어가 서로 맞물리게 된다. 거의 모든 승용차에는 싱크로나이저가 붙어있다. 시프트업, 다운은 천천히 하는 편이 싱크로나이저에게도 좋고 나아가 변속기어에게도 부담이 없다.

성급한 시프트업, 다운이 필요한 레이스차량에는 이 싱크로나이저가 없다. 변속은 드라이버가 액셀러레이터 페달로 엔진의 회전수를 조정한 뒤에 행한다.

● **Tip** 백(back)기어가 잘 들어가지 않을 경우, 한번 1속으로 기어를 넣은 다음에 행하면 잘 들어간다.

더블콘 싱크로메시

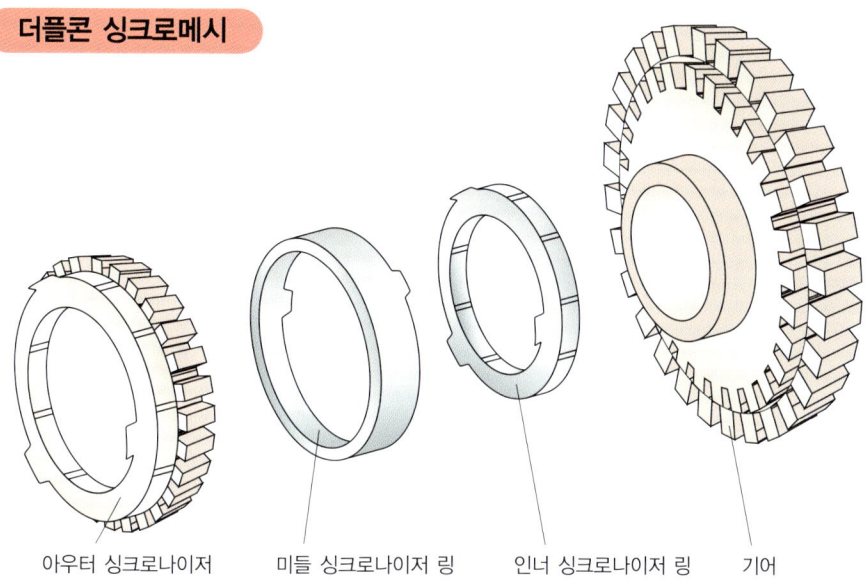

아우터 싱크로나이저 / 미들 싱크로나이저 링 / 인너 싱크로나이저 링 / 기어

아우터 싱크로나이저와 기어와의 사이에 회전을 서서히 전달하는 링이 2개 있는 것을 더블콘 싱크로메시라고 한다. 최근에는 더욱 더 회전을 부드럽게 전달하는 트리플콘 싱크로메시도 출현했다.

싱크로메시기구의 동작 이미지

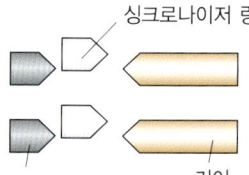

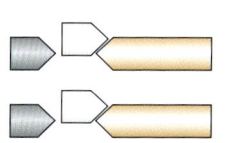

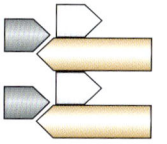

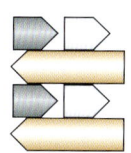

아우터 싱크러나이저는 회전. 거기에 겹쳐지듯 붙어있는 미들 인너 싱크로나이저도 회전. 기어는 회전하고 있지 않다.	아우터 싱크로나이저에 연결된 미들 인너 싱크로나이저가 기어에 접속한다. 여기에서 기어는 회전을 시작한다. 아우터 싱크로나이저와 기어 사이에는 회전차가 아직 있다.	더욱이 미들 인너 싱크로나이저가 밀려들어와 기어에 밀착하게 된다. 마찰면이 커지고 기어의 회전은 미들 인너 싱크로나이저의 회전과 거의 비슷하다.	아우터 싱크로나이저도 기어에 완전하게 접속하여 싱크로나이저와 기어의 회전은 완전하게 일치한다.

● Tip ● 변속은 일단 중립 위치로 한 다음 기어를 변환한다는 감각으로 하면 싱크로나이저가 잘 움직여 변속기에 손상을 입히지 않는다.

Section 8. AT(Automatic Transmission)

 오토매틱 트랜스미션(자동변속기) 토크 컨버터를 매개로 엔진의 동력을 구동바퀴에 전달하는 변속기. 클러치를 사용하지 않으므로 자동변속기라고 칭한다. 오토, AT라고 흔히 부른다.

▶ AT

우리가 일상적으로 「**오토**」라고 부르는 것은 오토매틱 트랜스미션을 말하는 것으로 유체 클러치인 하이드로매틱 토크컨버터를 이용한 변속기이다. 이 토크 컨버터가 클러치의 역할을 한다. 최근의 AT차는 변속 쇼크가 적어서 잊어버리는 경향이 있지만 AT차에도 엄연히 변속기어는 존재하고 있다. 다만 변속이란 동작을 자동으로 하고 있을 뿐이다.

AT는 자동변속 외에 언덕길 발진시에 편하다고 잘 알려져 있으나 이것은 토크 컨버터가 유체(**ATF** : 자동변속기 오일)를 이용하고 있기 때문이다.

오일에는 점성이 작용하는 것 이외에 토크 증폭효과를 갖게 하여 아이들링 상태에서도 차가 서서히 앞으로 가려는 **크리프**(Creep)현상이 일어난다. 이 크리프 덕분에 약한 경사 길에서도 차가 미끄러져 내려가지 않는다(급한 경사의 경우, 뒤로 밀리는 경우도 있다). 서행시에는 MT에서의 반클러치와 같은 조작도 필요없기 때문에 후진으로 주차시킬 경우 핸들 조작도 편하다.

클러치 페달이 없으므로 시프트레버를 N(뉴트럴)과 P(파킹)에 넣지 않는 한 타이어에 동력 전달을 끊을 수 없다.

▶ 변속기어의 구조는 MT와 다르다

AT의 변속기 부분은 일반적으로 **플래니터리기어(유성기어)**라고 부르는 기어를 사용하고 있으나 MT처럼 외접 기어는 아니다. **선 기어(태양)**라고 부르는 외접 기어가 중앙에 있어 그 주위에 내접의 **인터널 기어(링 기어)**가 자리하고 있다. 선 기어와 인터널 기어의 사이에는 피니언 기어가 배치되고 선 기어와 인터널 기어에 조합되어 있다. 각각 자전하면서 공전하는 것도 가능하여 태양계와 닮아있기도 하다. 이것들은 3종류의 회전축을 갖고 있어 예를 들어 인터널 기어를 고정하고 선 기어를 돌리면 피니언 기어는 같은 방향으로 돈다. 반대로 피니언 기어를 고정한 상태에서 선 기어를 돌리면 인터널 기어는 역전한다. 이처럼 회전축을 바꿔서 회전방향을 제어함으로서 증감속이 가능하도록 되어 있다. 각 변속에서의 회전축 상태는 복잡하여 플래니터리기어 2조로 전진 4속, 후진 1속의 변속이 가능하도록 되어 있으며 현재는 이러한 것들을 전자제어로 하도록 되어 있다.

● **Tip** ● AT자동차의 변속기는 매우 복잡하다. 정비는 전문가에게 맡기는 편이 좋다. 이물질 등이 들어가면 단번에 망가지는 민감한 기계이다.

오토매틱 트랜스미션

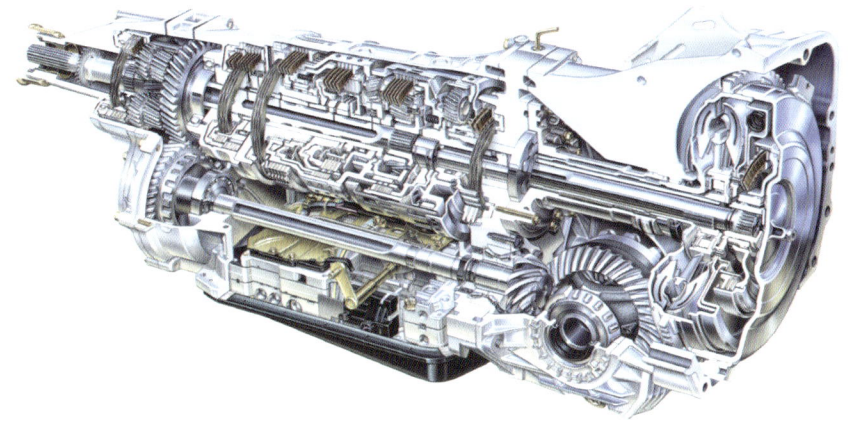

마주보고 오른쪽이 엔진에 붙는 부분. 엔진과의 접속부분에 있는 커다란 원반형 장치가 토크 컨버터이다. 여기에서 엔진의 회전을 받아 자동변속기를 거쳐 동력바퀴에 회전을 전달한다.

토크 컨버터의 원리

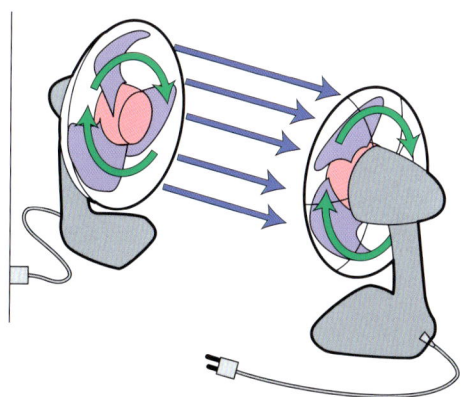

● 변속레버

토크 컨버터 안에는 날개가 서로 마주하여 2장 들어가 있고 오일로 채워져 있다. 엔진에 직결된 날개가 회전하면 오일은 뒤섞여 변속기쪽의 날개도 회전하기 시작한다. 완전하게 회전을 전달하지 못하므로 에너지의 손실이 발생한다.

최근의 AT에는 사진의 변속 레버와 같이 D레인지에서 시프트업, 다운이 가능한 것이 늘고 있다. 이 조작은 재미있지만 어디까지나 매뉴얼 풍의 조작으로 토크 컨버터를 매개로 한 에너지 전달임에는 변함이 없다.

● Tip ● 변속쇼크가 커지는 듯 한 느낌이 든다면 ATF(자동변속기 오일)의 교환시기이다. ATF는 정기적으로 교환하는 게 좋다.

토크 컨버터(Torque Converter)

토크 증폭효과   토크 컨버터에서는 엔진쪽의 펌프 임펠러와 변속기쪽의 터빈 러너 사이에 스테이터라고 하는 날개를 설치하므로써 구동력이 증대하는 효과가 생겨난다.

▶ 액체 안의 2장의 선풍기

엔진과 변속기 사이에 놓여진 토크 컨버터에는 밀폐된 액체 안에 선풍기 같은 날개가 2장 마주한 상태로 설치되어 있다. 각각 **터빈 러너**와 **펌프 임펠러**라고 부른다. 두개의 날개 사이에는 **스테이터**라고 부르는 작은 날개가 있어 힘을 증폭하는 역할을 하고 있다. 스테이터는 보통 회전하지 않는다.

엔진의 힘으로 펌프 임펠러가 회전하면 액체는 임펠러의 바깥에서 하우징을 따라 터빈 러너에 힘을 전달한다. 액체는 나아가 바깥쪽에서부터 중심으로 흘러 스테이터로 향하고 이때 흐르는 방향을 바꾸는 액체가 러너를 돌리는 힘이 된다. 스테이터를 따라 흘러간 액체는 임펠러의 뒷면으로 돌아들어 임펠러를 돌린다. 임펠러는 엔진의 힘으로 돌려짐과 동시에 자신이 만들어 낸 회전력으로 더 돈다. 이것을 반복하므로써 토크가 증폭되는 것이다.

이 상태가 계속되어 임펠러와 러너의 회전이 같게 되면 토크의 증가를 바랄 수 없게 되어 오히려 스테이터가 저항이 되어버린다. 그래서 스테이터의 로크가 풀려 공전을 시작한다.

▶ 토크 증폭효과

토크 컨버터에는 토크를 증폭시키는 특성이 갖추어져있다.

펌프를 돌려서 액체를 밀어내고 터빈 러너를 회전시킨 액체는 토크 컨버터의 케이스에 부딪쳐 되돌아온다. 여기에 순환하고 되돌아 온 액체를 펌프 임펠러는 뒷면으로 받으므로 출력 토크는 커진다.

토크의 증가는 펌프 임펠러보다 터빈 러너의 회전수가 적어질수록 커지게 되어 나아가 스테이터에 의해 에너지가 순환된다.

출발과 언덕길을 오를 때에는 엔진과 펌프 임펠러가 고속 회전하여도 터빈 러너쪽은 저속이므로 토크가 증폭되기 쉽다. 가속하여 관성이 붙으면 터빈 러너의 회전속도도 올라가므로 펌프 임펠러와 비슷한 회전이 된다. 이와 같은 상태가 되면 토크의 증폭효과는 바랄 수 없다. 터빈 러너는 펌프 임펠러보다도 빨리 회전할 수 없기 때문이다.

● Tip ●   토크 컨버터는 「컨버터」라고도 부른다.

토크 컨버터의 구조

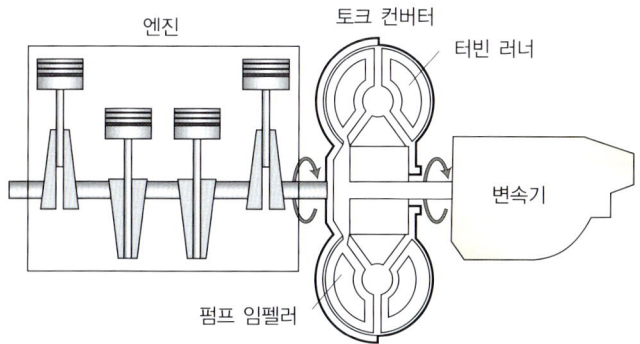

엔진의 동력은 펌프 임펠러에 전해져 토크 컨버터 안에 충진되어 있는 액체를 교반한다. 그리고 그 액체에 의해 터빈 러너를 회전시켜 엔진으로부터의 힘을 변속기에 전달한다.

스테이터의 역할

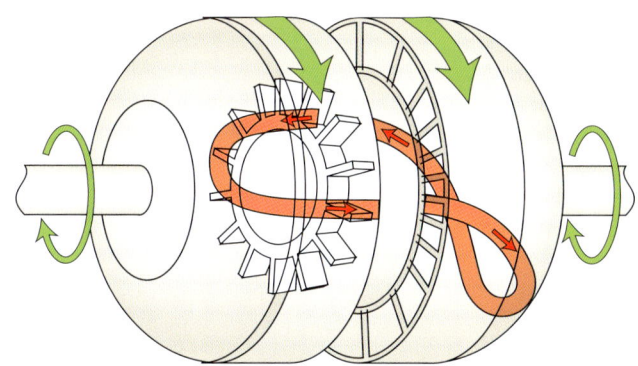

도너츠형의 케이스 안에 액체를 충진하여 마주보게끔 날개 달린 기어를 설치한다. 그리고 그 사이에 스테이터라고 부르는 회전하지 않는 날개 달린 기어를 설치한다. 심하게 유동하는 오일 안에서 움직이지 않는 날개가 있음으로 해서 더욱 액체의 흐름은 증폭된다. 이 스테이터의 발명에 의해 AT차의 연비는 눈에 띄게 향상되었다.

토크 컨버터의 구성

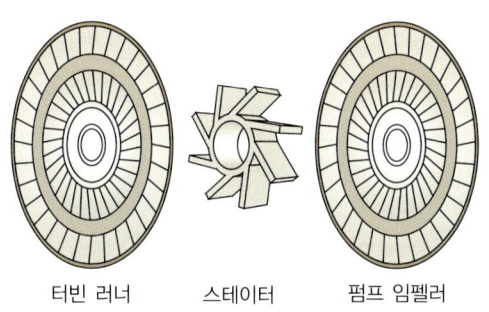

토크 컨버터 안에는 터빈 러너, 스테이터, 펌프 임펠러가 들어있다. 그리고 그것들을 연결시키는 것이 ATF(자동변속기 오일)라고 부르는 액체. ATF는 시간이 경과하면 열화되므로 메이커의 지시대로 교환하는 것이 바람직하다.

● Tip ● 아이들링 시에도 오일의 흐름은 멈추지 않기 때문에 액셀러레이터페달을 밟고 있지 않아도 저속으로 전진하는 크리프 현상이 생긴다.

Section 10 로크 업(lock-up)기구

로크 업 토크 컨버터의 기구로서 엔진 쪽의 회전수와 변속기 쪽의 회전수가 근접해지면 액체를 매개로 하지 않고 엔진과 변속기를 직결시키는 것. 에너지 전달 손실을 적게 할 수 있다.

▶ 로크 업

토크 컨버터는 유체의 흐름으로 동력을 전달하기 때문에 부드러운 주행이 가능하지만 액체를 매개로 하므로 에너지 손실이 생긴다. AT차가 MT차에 비해 연비가 나쁜 것은 토크 컨버터 내에서 에너지 손실이 있기 때문이다. 이 에너지 손실을 적게 하기 위해 터빈 러너와 토크 컨버터 사이에 **마찰 클러치**를 설치하여 일정 이상의 속도가 되면 압력과 원심력으로 토크 컨버터에 로크 업 클러치를 밀어 붙여 액체를 이용하지 않고 직접 동력을 전달하도록 하고 있다. 엔진과 변속기가 직접 연결되어 있는 상태를 로크 업이라고 한다.

로크 업하고 있는 시간이 길면 길수록 전달효율이 좋고 연비가 좋게 된다. 이미 D레인지와 톱기어 만으로 로크 업이 작동하는 AT가 많았었지만 현재로는 각 단에서 로크 업이 작동되도록 하고 있다. 또한 예전에는 로크 업이 되는 것을 느낄 수 있었지만 최근에는 전자제어가 발달하여 넓은 범위에서 자연스럽게 작동하도록 되어 운전자는 로크 업 상태에 있다는 사실을 의식하지 못하게끔 되었다.

▶ 전자 기술로 진보한다

AT차의 변속기는 MT차보다도 복잡한 구조를 하고 있다. 왜냐하면 MT차처럼 동력이 끊어질 수가 없기 때문이다. 토크 컨버터를 매개로 끊임없이 동력을 변속기에 전달한다. 그래서 변속기의 각 기어는 구동력이 전달된 채 기어를 바꾸지 않으면 안된다. AT차의 변속기에는 **유성기어기구**라는 장치를 이용하고 있다. 이 기어의 안에 또 기어가 있는 기구를 복잡하게 설치하여 AT변속기는 변속을 반복한다.

최근에는 이 토크 컨버터를 포함한 AT변속기를 컴퓨터로 제어하고 있다. 그것을 일반적으로 전자제어 AT라고 부른다. **전자제어 AT**에서는 스로틀 밸브의 개도(開度)와 속도를 각종 센서류가 감지하여 AT내의 압력을 컨트롤한다. 최근 주류를 이루고 있는 **MT모드식 AT**는 이 압력의 힘을 빌려서 변속위치를 고정하고 있는 것이다.

현재의 차량은 P레인지에서 브레이크를 밟지 않으면 엔진이 시동할 수 없도록 되어있거나, 브레이크를 밟고 있지 않으면 변속레버가 P레인지에서 움직이지 않도록 되어있기도 하다. 급발진 등 오작동을 막는 것도 전자제어의 역할이다.

● **Tip** ● 고속도로와 차가 없는 도로에서 정속 주행을 계속하면 AT는 로크 업되기 때문에 연비를 향상시킬 수 있다.

로크 업의 기구

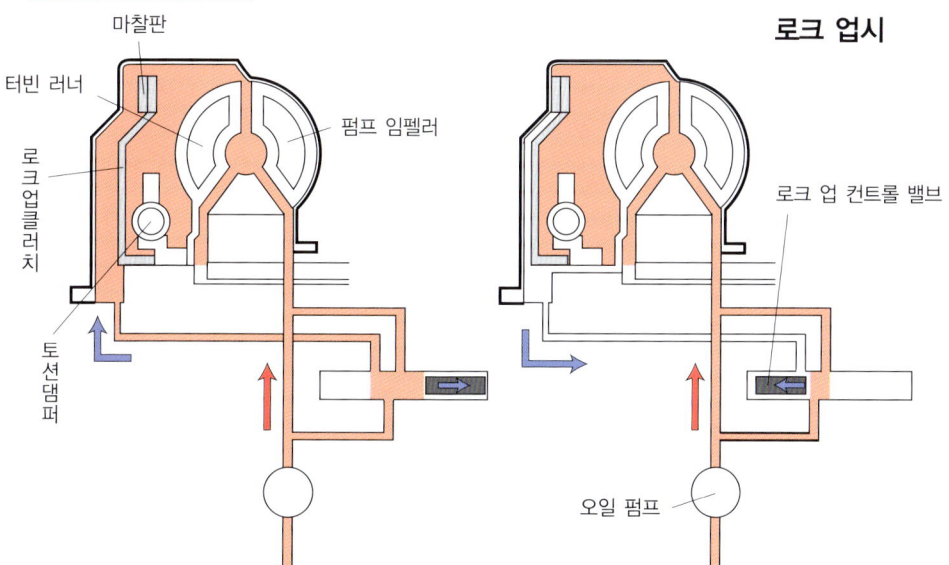

컴퓨터가 당분간 시프트업, 다운 할 필요가 없다고 판단했을 때 로크 업이 이뤄진다. 평소에는 오일 펌프의 힘에 의해 마찰판과 변속기를 떨어뜨려 놓는다. 거기에 컴퓨터로부터 로크 업의 지시가 오면 로크 업 컨트롤밸브가 움직여 마찰판과 변속기를 떨어뜨려 놓은 오일의 압력을 뺀다. 그러면 오일의 힘에 눌려 마찰판은 변속기와 연결되고 토크 컨버터의 슬립없이 직접 엔진의 동력을 변속기에 전달할 수 있다.

AT변속기의 기어

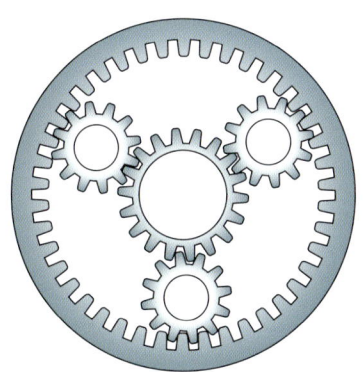

AT자동차의 변속기는 유성기어기구라고 부르는 기어 안에 여러개의 기어를 갖는 구조를 써서 변속을 한다. 이런 기어는 각자 개별적으로 멈추게 하거나 움직이게 할 수 있어 이 복잡한 움직임에 의해 변속을 행한다. 이 유성기어를 사용하여 전진 3단~5단, 후진 1단을 행한다. 최근에는 전진 6단까지 되는 AT자동차도 있다. AT자동차의 변속기는 매우 복잡한 기구이므로 수리와 점검은 메이커에서 행하는 것이 무난하다.

● Tip ● 최근 모델에서는 로크 업하는 시기를 운전상황에 맞춰 변화하는 것이 있다.

Section 1 CVT(Continuously Variable Transmission)

 무단변속기 기어를 쓰지 않고 변속비를 무단계 연속적으로 변화시키는 변속기. CVT는 연속 가변 트랜스미션의 약자. 벨트와 금속 롤러를 사용한 것이 있다.

▶ CVT

AT는 다수의 변속기어를 자동으로 바꾸어 변속을 행한다. 그러나 많은 기어를 내포하지 않으면 안되기 때문에 변속기의 소형화가 어렵다. 게다가 아무리 우수한 변속기라도 변속 쇼크를 느낀다. 여기에서 최근에는 **무단변속기(CVT)**의 채용이 늘어났다. 엔진을 항상 효율좋게 사용하므로써 연비의 향상도 기대할 수 있다.

CVT는 스쿠터의 변속기와 같은 것으로 입력쪽과 출력쪽의 2개의 장구와 같은 부품을 조합한 풀리의 직경을 연속적으로 변화시킴으로써 증감속(토크의 증감도)을 하는 변속기다. 2개의 풀리 사이에는 금속 벨트가 지나고 있어 풀리의 직경을 바꿔줌으로써 변속비를 만들어 내고 있다.

홈의 폭을 좁게 하면 풀리의 회전중심에서 벨트가 닿는 위치까지의 거리가 길어져서 지름이 큰 풀리를 사용하는 것과 같게 된다. 이 입력쪽과 출력쪽의 풀리의 폭을 연속적으로 변화시킴으로써 제일 적합한 기어비를 만들어 내는 것이다. 변속은 무단계로 이뤄지기 때문에 마치 전동차처럼 부드러운 가속감을 느낄 수 있다.

▶ 롤러를 사용한 CVT도 있다

벨트식 CVT는 자연스런 변속을 실현했지만 금속 벨트를 써도 큰 토크에 견디지 못하는 경우가 있다. 벨트가 미끄러지기 때문이다. 현재는 3000cc 이상의 엔진과 조합된 벨트식 CVT는 존재하지 않는다. 그래서 개발된 것이 벨트 대신에 금속 롤러를 사용한 CVT「**토로이들 CVT**」이다.

원리는 CVT와 같고 입력쪽과 출력쪽의 접촉 원을 컨트롤함으로서 비율을 만들어 낸다. 토로이들(toroidal) CVT는 **파워 디스크**와 **파워 롤러**의 접촉마찰에 의해 토크 전달을 행한다. 여기에는 고압을 가하면 분자가 고형화하여 디스크와 롤러 사이의 토크를 전달하여 마모를 막는 특수한 기름(**트랙션 오일**)이 사용되고 있다. 물론 압력이 약해지면 원래의 액체 상태로 되돌아가 윤활과 냉각을 행한다. 이 롤러와 디스크 사이의 유막은 아주 얇아서 각각을 완전하게 매끈한 면으로 가공하는 등 매우 높은 정밀도가 요구되고 있다.

현재는 일부 고급차에만 탑재되어 있으나 가격 등이 내려가면 앞으로 주류가 될 가능성도 갖고 있다.

● **Tip** ● 예전의 CVT는 엔진의 회전수가 올라간 뒤에 차의 속도가 올라가는 뒤죽박죽된 움직임을 보였으나 지금은 자연스런 가속감을 얻게 되었다.

CVT

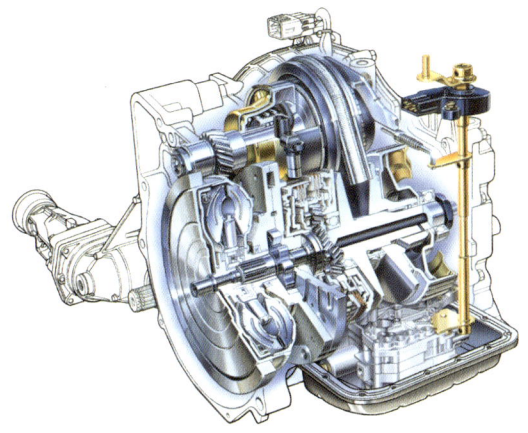

초기의 CVT에서는 엔진의 회전수가 높아지고 나서 차가 조금씩 늦게 가속되는 듯한 둔감한 느낌이 있었으나 최근에는 많이 개선되고 있다. 풀리의 이동은 컴퓨터에 의해 제어되어 더욱 더 효율 좋은 기어비를 자동적으로 선택하여 준다.

● **V벨트식 매커니즘**

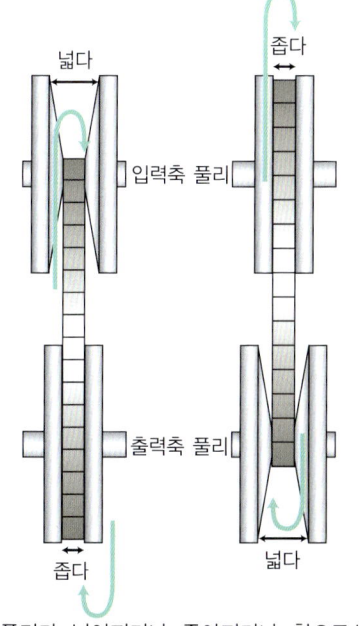

풀리가 넓어지거나 좁아지거나 함으로서 기어비의 가변을 무단계로 행한다.

● **토로이들 CVT**

벨트방식보다도 큰 출력의 엔진에 대응할 수 있다. 금속 롤러의 접촉면적을 가변시킴으로써 기어비를 무단계로 바꾼다.

● Tip ● 토로이들 CVT의 원리는 100년 이전에 완성되었었지만 공업제품화는 어렵다고 여겨졌었다. 그러나 기술자는 그 난제에 도전하여 결국 자동차에 탑재하여 시판하기까지 되었다.

Section 12 프로펠러 샤프트(Propeller shaft)

유니버설 조인트 자재이음. 회전하는 2개의 축 사이에 각도가 있는 경우에 연결할 수 있다. 엔진과 리어 서스펜션을 연결하는 프로펠러샤프트는 상하로 움직이기 위해 그 양끝에 사용된다.

◆ 회전을 후륜에 전달하는 프로펠러 샤프트

FR(프런트 엔진, 리어 드라이브)의 차량 등에서 엔진의 회전을 뒷바퀴에 전달하는 것이 프로펠러 샤프트의 역할이다. 정확하게 운전석과 동승석 사이를 걸치고 있어 바닥의 튀어나온 부분은 이 프로펠러 샤프트가 지나가기 때문인 것이다(바닥의 강도를 높이기 위한 목적도 있다).

샤프트 자체가 회전하기 때문에 높은 강도가 필요함과 동시에 큰 부품이지만 가벼워야 한다는 것이 중요하다. 그렇기 때문에 통상적으로 가운데가 비어있는 파이프가 이용된다.

변속기와 엔진은 차체에 붙어있지만 프로펠러 샤프트의 동력을 2개의 차바퀴에 분배하는 **리어 디퍼렌셜**은 서스펜션과 함께 상하로 움직인다. 즉, 변속기와 디퍼렌셜 사이에 각도와 거리의 변화가 발생하는 것이다. 그래서 양끝에 **유니버설 조인트**를 설치하여 각도 변화를 흡수한다. 변속기쪽에는 접동부를 설치하여 대처하고 있다.

◆ 프로펠러 샤프트

프로펠러 샤프트는 차량 레이아웃과 제조 강도의 정도에 따라 2분할 또는 3분할하여 베어링으로 연결한 것이 일반적이다. 이것은 휨강성이 높아지는 것 외에 고속시의 소음을 저감하고 프로펠러 샤프트의 상하방향의 움직임을 어느 정도 억제할 수 있기 때문이다. 베어링은 고무 등으로 차체에 설치하여 진동을 전달하지 않도록 되어 있다.

프로펠러 샤프트는 주행중에 파손되어 떨어지면 매우 위험한 상태가 된다. 그래서 사고방지의 탈락방지기구가 붙어있어 크로스 멤버와 U자형의 부품을 보디에 장착하여 만일의 사태에 대비하고 있다. 조인트는 **훅 조인트**라고 부르는 십자축, **플렉시블 커플링**이라고 부르는 휨 방식, **리프로페셔널 조인트**라고 부르는 복수의 볼을 이용한 것 등, 목적과 장소에 따라서 복수의 방식이 조합되는 것이 일반적이다. 최근에는 강화수지 등을 채용하거나 센터의 베어링을 없앤 일체구조의 것도 늘어나고 있다. 이것의 장점으로는 차체로의 진동전달 저감과 소음을 줄이는 것 이외에 경량화, 액셀러레이터 페달의 조작에 대한 빠른 응답 등이 있다. 그러나 변속기에서 리어 디퍼렌셜까지 직선으로 구성하지 않으면 안되기 때문에 차체와의 종합적인 개발을 행하지 않으면 안된다.

● Tip ● 작은 돌과 도로상의 장애물 등으로 자동차의 밑부분이 손상된 뒤 차체 밑에서 소리가 나는 듯 하면 프로펠러 샤프트가 손상됐을 가능성이 있다.

동력 전달 방식

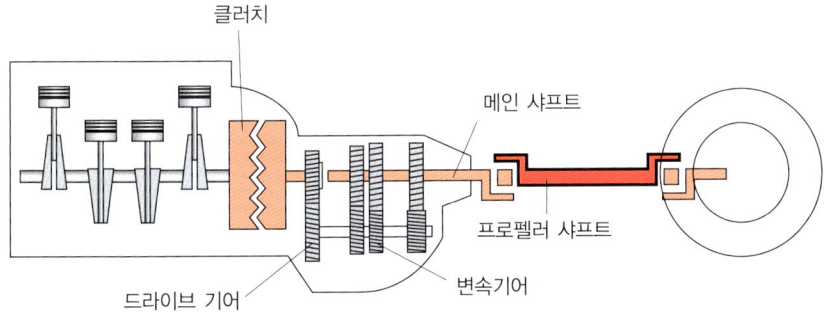

엔진에서 발생한 힘은 클러치, 변속기를 거쳐서 프로펠러 샤프트에 전해진다. 상하 움직임을 반복하는 뒷바퀴에 직접적으로 동력을 연결하면 프로펠러 샤프트는 그 움직임에 견디지 못하고 부러질 가능성이 있다. 그 때문에 변속기 쪽과 뒷바퀴쪽에 조인트를 설치하여 진동을 흡수하고 있다.

● 프로펠러 샤프트의 움직임

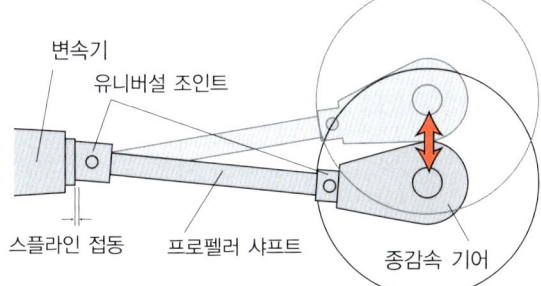

두개의 유니버설조인트로 뒷바퀴의 상하 움직임을 흡수한다. 프로펠러 샤프트의 중간에 또 하나의 조인트를 추가한 차도 있다. 샤프트가 길면 길수록 진동이 커지기 때문이다. 현재로는 이 3개의 조인트를 갖는 3조인트식이 주류이다.

● 유니버설 조인트

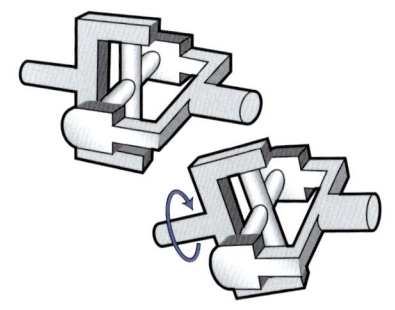

구조가 간단하여 고장도 적으므로 이 방식이 사용된다.

카본제 프로펠러 샤프트

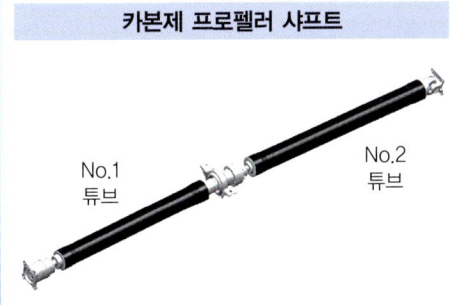

금속 봉인 프로펠러 샤프트는 가운데가 비어있게 하는 등 경량화를 꾀하고 있으나 그것도 한계가 있다. 그래서 휨강성에 뛰어난 경량의 카본 파이버를 쓰는 자동차도 나타나기 시작했다.

● **Tip** ● 프로펠러 샤프트는 충돌시에 승객에게 부상을 안겨줄 가능성이 있다. 카본제의 프로펠러 샤프트라면 가벼울 뿐 아니라 충격에너지를 흡수하면서 파손되기 때문에 승객에게 주는 충격을 크게 완화시킬 수 있다.

Section 1.3 드라이브 샤프트(Drive shaft)

 Key Word **등속 조인트** 입력축과 출력축 사이에서 속도의 차이를 나지 않게 하는 조인트. 양축 사이의 각도가 40도 정도까지 회전을 전달할 수 있다.

❯ 타이어에 구동력을 전달하는 드라이브 샤프트

실제로 타이어에 구동력을 전달하는 것이 드라이브 샤프트의 역할. 엔진의 동력을 프런트와 리어(또는 양쪽)의 양바퀴에 움직임을 주면서 디퍼렌셜부터 좌우의 허브까지 연결되어 있다.

허브(휠)는 서스펜션에 연결되어 주행 시에는 상하로 움직인다. 그 움직임은 프로펠러 샤프트의 상하 움직임을 훨씬 넘는 것이기 때문에 유니버설 조인트로는 별 도움이 되지 않는다. 유니버설 조인트란 샤프트가 똑바른 상태와 꺾인 상태에서는 타이어에 전해지는 회전수에 차이가 생기기 때문이다. 꺾인 각도가 15도를 넘으면 마치 브레이크를 건 것과 같은 상태가 되어버린다. 그래서 양 끝에서 입력하는 회전속도와 출력하는 회전속도가 같은 등속조인트를 설치하고 있다. 조인트는 버필드형 유니버설과 접동식 트리포드형이 일반적으로 사용되며 조인트에 따라서 각도가 변해도 샤프트가 축 방향으로 신축되도록 유니버설식으로 되어 있다.

드라이브 샤프트는 엔진의 동력을 전하는 것도 물론이지만 타이어를 통해서 전해지는 노면의 반발력을 받기 위해 매우 가볍고 또한 열처리 등을 가하여 강도가 높은 금속으로 만들어진다.

❯ FF와 FR에서는 요구 능력이 다르다

전륜 구동 차의 앞바퀴는 조향만이 아니라 구동에도 사용되므로 크게 움직여도 회전수의 변화가 없는 등속 조인트가 사용된다. FF에서는 양쪽 바퀴 사이에 엔진 이외에 변속기도 가로 방향으로 끼워져 있어 타이어가 움직이는 공간이 적다. 따라서 드라이브 샤프트가 돌리는데 지장이 없도록 작게 할 필요가 있다. 반대로 FR차의 경우, 앞바퀴에 동력을 전달할 필요가 없고 더욱이 변속기는 세로 방향으로 놓여있으므로 드라이브 샤프트의 움직이는 영역에 여유를 갖고 설계된다. 조인트도 구조가 간단한 것이 많이 사용된다.

드라이브 샤프트의 타이어 쪽에는 **드라이브 샤프트 부츠(고무 부츠)**라고 부르는 조인트를 보호하는 커버가 있다. 이것은 조인트부에 윤활유를 묻히고 있기 때문이기도 하고 먼지와 이물질이 침투하지 않게 하기 위해 필요한 것이다. 고무커버라고 경시할 수도 있지만 큰 고장의 원인이 될 수 있는 중요한 부품이므로 정기적으로 점검해야 한다.

> ● Tip ● 드라이브 샤프트 부츠의 수명은 사용 환경에 따라 다르지만 상황에 따라서는 5~6만km 주행에서 찢어지는 경우도 있다.

가늘고 가벼운 드라이브 샤프트

드라이브 샤프트는 차체의 중량을 지탱할 필요가 없으므로 가는 샤프트가 사용되지만 프로펠러 샤프트와 마찬가지로 휘어짐에 강한 재료가 사용된다. 또 경량화는 연비 향상에 직결되므로 드라이브 샤프트에도 중공(中空)구조의 샤프트를 쓰는 차가 등장하였다. 가볍고 강한 소재의 개발이 그것을 가능하게 한 것이다.

● 등속 조인트

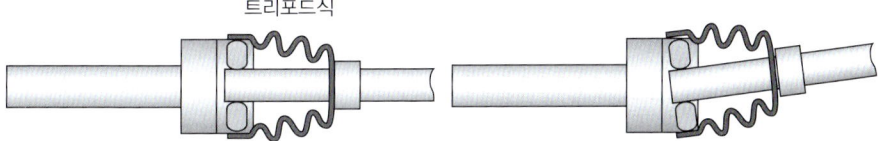

프로펠러 샤프트 등에서 사용되는 유니버설 조인트는「부등속 조인트」로 꺾여진 상태라면 조인트에 연결된 샤프트가 진동을 일으킨다. 그래서 개발된 것이 등속 조인트로 롤러와 베어링을 조인트부에 사용하므로서 최대 40도 정도까지 꺾어도 샤프트가 온전하게 회전을 계속 전달한다. 고정밀도인 버필드식과 간단한 트리포드식이 있으나 트리포드식이라도 성능을 충분히 발휘하므로 일반적으로는 트리포드식이 사용된다.

● Tip ● 드라이브 샤프트 부츠가 찢어져 있으면 자동차 검사에 통과할 수 없다. 그 정도로 중요한 부품이다.

Section 14 디퍼렌셜(Differential)

 디퍼렌셜 차동기어의 원리를 이용하여 안쪽바퀴와 바깥바퀴의 회전 차이를 보정하여 차가 자연스럽게 커브를 회전하도록 하는 기구.

차동기어(디퍼렌셜)

구동바퀴는 좌우 동시에 회전한다. 좌우 바퀴가 항상 같은 거리를 달린다면 이 장치는 필요 없지만 자동차가 똑바로만 달리는 것은 아니다. 코너에서는 바깥쪽의 차바퀴는 안쪽의 차바퀴보다도 먼 거리를 돈다. 만일 좌우 바퀴가 같은 회전밖에 하지 못한다면 드라이브 감각은 나쁘고 안쪽 바퀴는 미끄러져 타이어를 마모시켜버릴 것이다. 그래서 상황에 따라 안쪽과 바깥쪽 바퀴의 회전수를 컨트롤하는 차동기어(디퍼렌셜;대우)가 필요하게 된 것이다. 차동기어는 안쪽 차바퀴를 바깥쪽보다도 적게 회전시키는 장치다. 또 변속기에 따라서 감속된 회전은 **최종감속장치(파이널 기어)** 에서 또 감속되어 드라이브 샤프트에 전달한다.

차동기어는 노면으로부터의 저항의 차이에 따라 회전을 흡수하는 것으로 코너에서 안쪽의 구동바퀴가 마찰로 인해 늦게 돌려고 하면 저항이 크게 되는 것을 이용하고 있다. 이 저항으로 차동기어 안의 사이드 기어가 공전하고 있는 차동기어 안의 피니언 기어를 되 밀려고 한다. 그러면 피니언 기어가 자전한다. 이 자전은 반대쪽의 사이드 기어를 증속시켜 이것으로 좌우 구동바퀴의 회전속도가 이동거리에 맞춰진다. 직선부분에서는 노면으로부터 받는 저항이 좌우가 그다지 차이가 없으므로 피니언 기어는 자전하지 않고 공전만 하고 링기어의 회전을 증감속하는 일 없이 양 사이드의 기어에 동등하게 동력을 전달한다.

최후에 다시 한번 감속하여 힘을 높인다

파이널 기어는 변속기의 회전을 감속한다. 이것은 감속하면 할수록 타이어의 회전 속도는 떨어지지만 그만큼 힘은 늘어난다. 가솔린 엔진은 계속 돌려는 힘이 약하다. 그래서 기어로 엔진의 회전수를 감속시켜 타이어에 전달할 필요가 있는 것이다. 변속기에서도 감속은 이뤄지고 있지만 원래 프로펠러 샤프트의 회전을 90도 각도로 바꿔서 드라이브 샤프트에 전해줄 필요가 있기 때문에 기어 자체가 필요하게 된다. 그러므로 디퍼렌셜에서도 그 역할을 부담시키자고 하는 것이다. 변속기로부터 전해진 회전속도는 디퍼렌셜에서 1/4 정도로 떨어뜨려서 변속기에서의 감속과 합치면 최대 1/15 정도가 된다. 엔진의 15회전당 타이어 1회전이라고 하는 비율이다. 공간에 여유가 없는 앞 바퀴 구동차의 경우 파이널 기어와 차동기어는 변속기와 일체로 묶여진 것이 많다.

타이어의 마모를 막는 디퍼렌셜

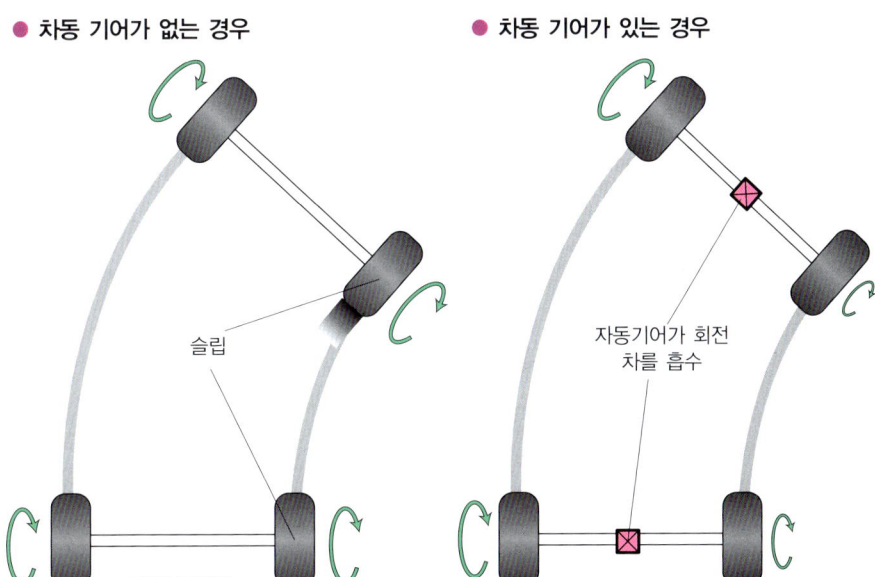

디퍼렌셜이 없으면 좌우의 타이어는 등속으로 돌아 차의 선회운동을 막는다. 그래서 안쪽과 바깥쪽 바퀴의 회전차를 조절할 필요가 생긴다. 디퍼렌셜은 그 역할을 하는 기구이다. 디퍼렌셜 안에는 오일이 봉입되어 있어 4만 km 정도에서 교환한다.

디퍼렌셜의 작동

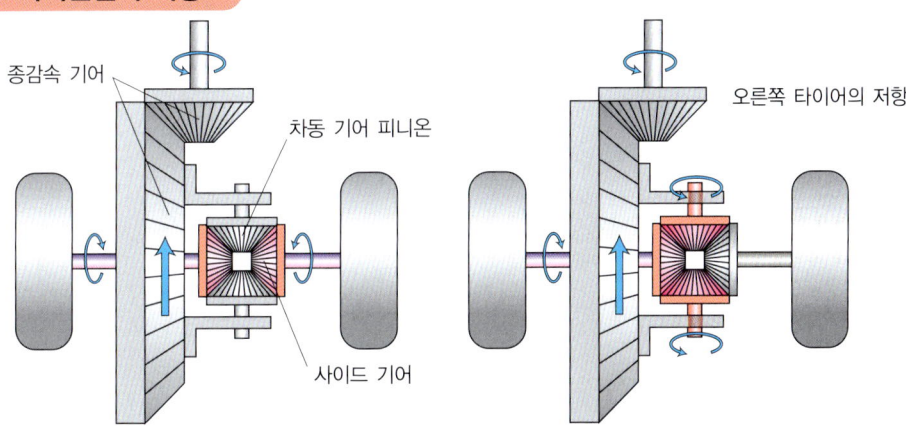

프로펠러 샤프트로부터의 동력은 파이널 기어에 전달되어 회전축을 90도 돌린다. 양쪽 타이어에 균등하게 저항이 걸리고 있는 상태라면 차동 기어 피니언은 양쪽 타이어에 균등하게 동력을 전하지만 한쪽 타이어의 저항이 많아지면 피니언은 증속하여 저항이 적은 쪽의 타이어 회전속도를 올린다.

● **Tip** ●
- 디퍼렌셜 안에도 오일로 가득 차 있다. 교환주기는 대략 2년 또는 4만 km.
- 구동바퀴가 아닌 차 바퀴에는 디퍼렌셜은 없다. 좌우의 바퀴를 연결할 필요가 없기 때문이다.

Section 1 · LSD(Limited Slip Differential)

 **리밋 슬립 디퍼렌셜** 한쪽 타이어의 공전 등에 의해 동력이 노면에 전달하지 않게 되는 현상을 막는 장치. 디퍼렌셜의 단점을 보완한 장치이다.

▶ LSD

차동기어는 좌우의 저항에 따라 구동력을 분배하여 부드러운 주행을 실현시키는 것이다. 그러나 저항이 작은 쪽에 구동력을 많이 배분하게 되기 때문에 만일 진흙길에서 한쪽이 공전하게 되면 모든 구동력이 공전하는 바퀴에 전달되는 단점이 있다.

그 단점을 보완한 것이 **LSD**(Limited Slip Differential)이다. 일정 조건이 되면 차동기어의 작동을 제한하는 것으로 고회전 쪽에서 저회전 쪽으로 구동력을 이동하여 동일한 회전이 되도록 하는 기구이다. LSD에는 회전 속도에 따라서 제한력이 증대되는 **회전수 감응형**과 부하에 따라 제한을 컨트롤하는 **토크 감응형**, 나아가 2개를 조합한 **하이브리드형**의 세종류가 있다.

회전수 감응형의 대표가 **비스커스 커플링식 LSD**. 비스커스 커플링은 양쪽 축의 회전속도에 차이가 발생하면 실리콘 오일의 점성에 의해 차동 회전수에 따라 전달 토크가 발생한다. 주행중에 한쪽이 공전하면 양 플레이트가 실리콘 오일을 전달하여 점성 저항의 마찰열로 팽창하면서 인너플레이트를 민다. 양 플레이트가 밀착되면 양 플레이트에 마찰이 없기 때문에 오일도 수축한다. 양 플레이트는 떨어져 같은 회전을 계속하게 되도록 되어있다. 일반적으로 성능은 좋으나 효과면에서는 호응도가 그다지 높지 않다.

토크 감응형의 대표적인 기계식 LSD 등에서 습식다판 클러치와 내부 기어의 치면(齒面) 저항에 따라서 차동 제한을 행하고 있다. 내부에 복수의 기어를 갖고 밀어붙이는 힘이 입력(스로틀 밸브 개도)에 비례하여 작동제한이 크게 된다.

▶ 기계식 효과의 차이

기계식에는 효력에 따라 원웨이와 투웨이 등이 있다. **원웨이**는 스로틀 밸브 닫힘에서 작동 제한을 하지 않고 가속 상태에서만 움직인다. 이른바 FF차에 맞는 LSD. **투웨이**는 스로틀 밸브 열림/닫힘 양쪽으로 움직이지만 너무 원활하면 진로에 영향을 미친다. 양쪽의 좋은 점을 취한 것이 **1.5웨이**로 스로틀 밸브 열림 상태에서는 움직이고 닫힘 상태에서는 그다지 효력이 강하지 않는 형식이다. 각각의 특징이 있으므로 차량과 목적에 맞춰서 사용되고 있다.

● Tip ● 주행 속도를 경쟁하는 레이스용 차량에 LSD는 필수품.

리밋 슬립 디퍼렌셜

● 기계식(다판 클러치)

● 톨센 LSD식

디퍼렌셜과는 다르게 차동기어 안에 클러치가 내장되어 있어 기어의 회전수를 조절하는 것이 가능하다. LSD는 타이어가 공전을 시작하면 클러치를 작동시켜 차동 기어를 로크할 수 있다. 로크함으로써 디퍼렌셜의 차동 기능은 안되고 동력은 다시 타이어에 전달할 수 있다. 기계식으로 톨센 LSD식, 토크 감응형 비스커스식과 전자제어식 등이 있다.

토크 감응 타입의 작동원리

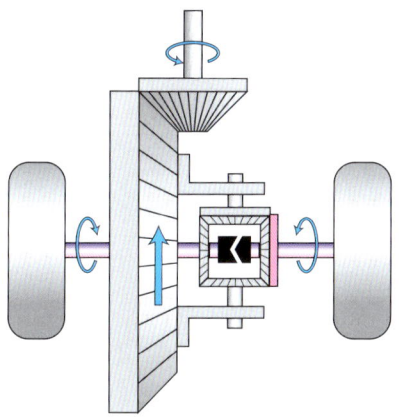

차동 기어 안에 클러치가 내장되어 있다. 클러치는 우산모양을 하고 있어 보통 때는 맞물리지 않고 각각 공전하고 있다.

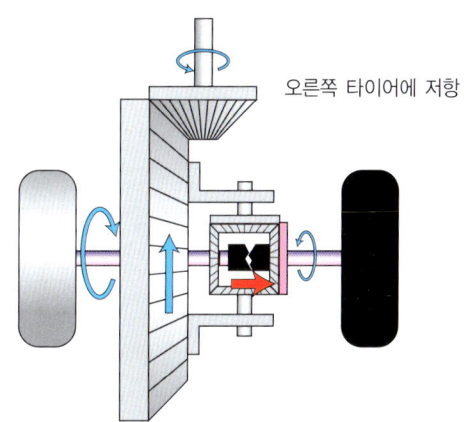

오른쪽 타이어에 저항

한쪽 타이어에 저항이 걸려 좌우 타이어의 회전 속도가 달라지면 클러치의 잇빨끼리 서로 부딪혀 저항이 발생되는 타이어쪽 기어에 클러치가 밀착된다. 클러치와 기어가 서로 부딪히는 저항에 의해 저항이 걸린 쪽 타이어의 회전속도가 떨어진다.

● Tip ● 미끄러지기 쉬운 눈길에서도 위력을 발휘하지만 완전하게 디퍼렌셜을 로크할 수는 없다.

Section 16 트랙션 컨트롤(Traction Control)

액티브 세이프티 사고가 발생되는 순간의 안전성이 아닌 사고 그 자체를 미연에 방지하고자 하는 방법. 컴퓨터 제어로 스핀을 예방하는 등 다양한 장치가 개발되고 있다.

▶ 트랙션 컨트롤

트랙션 컨트롤이란 구동력을 제어하는 것. 노면의 상황과 구동력이 너무 커서 타이어의 회전력이 노면과의 마찰력을 넘으면 타이어가 공전하여 **휠 스핀**을 일으킨다. 이것을 제어하는 것이 트랙션 컨트롤이다.

미끄러지기 쉬운 노면에서 너무 가속하면 구동바퀴가 공전한다. 좌우 동시에 공전이 일어나면 가속이 나빠질 뿐이지만 노면의 저항은 균일하지 않아 좌우 타이어는 제각각 회전하고 후미가 흔들리는 듯한 움직임을 보인다.

저속시에는 후미가 흔들리는 듯한 현상이 일어나는 정도로 끝나지만 이것이 고속 주행중에 일어나면 대단히 위험하다. 스핀할 가능성과 차선을 벗어나 가드레일에 부딪힐 수 있다. 그것을 방지하기 위해서 컴퓨터로 바퀴의 회전을 제어하는 트랙션 컨트롤이 발명된 것이다.

▶ 컴퓨터의 진보와 함께

트랙션 컨트롤은 구동바퀴의 공전 등을 센서로 감지하여 엔진에 보내 연료를 차단하는 형식이 오랫동안 사용되어 왔다. 그러나 최근 모델에서는 연료 차단 이외에 구동바퀴의 브레이크를 작동시키는 차가 늘었다. 또한 차량이 안정되도록 브레이크의 유압 제어를 좌우 별도로 행하는 모델도 있다.

컴퓨터의 성능 향상 등에 따라 트랙션 컨트롤의 능력은 향상하고 있으며 브레이크만 아니라 스로틀 밸브도 컨트롤 하도록 되었다. 우천시 등 노면이 미끄러지기 쉬운 도로에서는 슬립할 징후를 컴퓨터가 감지하면 아무리 액셀러레이터 페달을 밟아도 차가 슬립하지 않는 만큼의 가속밖에 시키지 않는다. 위험한 상황에 빠지지 않도록 차 자체가 판단하여 주는 것이다. 이처럼 위험 회피능력을 **액티브 세이프티 성능**이라 한다. 승용차에 있어서 트랙션 컨트롤은 액티브 세이프티를 위한 장치이다. 그러나 레이싱 마니아는 후륜이 미끄러지도록 운전하는 것을 즐기는 사람도 있다. 트랙션 컨트롤이 작동하면 차가 옆으로 미끄러지는 것을 방지하므로 레이싱 차에는 가능한 한 제어를 늦추는 차와 On/Off 스위치로 기능을 제한할 수 있도록 한 모델도 있다.

● Tip ● 트랙션 컨트롤은 노면이 미끄러지기 쉬운 눈이나 비가 오는 날의 주행에 도움이 된다.

트랙션 컨트롤

● 트랙션 컨트롤 있음　　　　● 트랙션 컨트롤 없음

차에 붙어있는 센서가 타이어의 공전을 감지하면 자동적으로 엔진의 회전수가 떨어지고 슬립하는 것을 막는다. 최근에는 좌우 타이어의 트랙션까지 별도로 컨트롤하는 시스템도 실용화되고 있다.

SH-AWD

혼다가 개발한 장치. 차가 회전할 때, 지금까지의 차는 디퍼렌셜로 좌우 바퀴의 회전차이를 분배하였으나 이 SH-AWD는 보다 완벽하게 좌우 바퀴의 회전을 변화시킨다. 컴퓨터 제어에 의해 자동적으로 좌우에 0%에서 100%까지 상황에 따라 구동력을 분배시킨다.

● **Tip** ● 레이스의 세계에서도 트랙션 컨트롤은 활약하고 있다. 너무 효과가 뛰어나기 때문에 드라이버의 실력으로 승부하는 레이스의 취지에 맞지 않다는 목소리도 있다.

Section 17 타이어의 점검

타이어의 공기압 적정한 공기압은 차종에 따라 다르다. 타이어는 자연적으로 공기가 빠져 나오기 때문에 주유소 등에서 정기적으로 점검해야 한다.

타이어의 공기압 측정

타이어는 자연적으로 공기가 빠져나간다. 주유소에서도 공기압의 체크를 할 수 있으므로 한달에 한번은 체크하자. 공기압이 너무 낮으면 타이어가 파열되기도 하므로 평상시에 주의가 필요하다.

공기압의 기준

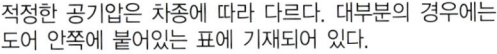
적정한 공기압은 차종에 따라 다르다. 대부분의 경우에는 도어 안쪽에 붙어있는 표에 기재되어 있다.

● **Tip** ● 공기압이 부족한 채로 고속도로를 달리면 펑크 날 가능성이 있다. 고속도로를 주행하기 전에 공기압 점검을 명심하자.

타이어에 낀 돌을 제거한다.

타이어 홈 사이에 작은 돌이 낄 경우가 있다. 위험성이 많다고 할 수는 없지만 주행중에 바퀴로부터 잡음이 발생되므로 제거하는 것이 좋다.

차에 비치되어 있는 일(-)자 드라이버로 작은 돌을 제거한다. 아울러 타이어 트레이드에 있는 마모 한계도 눈여겨 본다.

휠에 달라붙은 금속을 제거한다.

도로에서 금속파편 같은 것이 휠에 들러붙는다. 전용 클리너가 있으므로 그것을 사용한다. 구석구석까지 많은 양의 클리너 액을 휠에 뿌린다.

클리너 액이 금속파편을 뜨게 하므로 브러시로 더러운 면을 꼼꼼히 닦는다. 금속 브러시라면 휠에 상처를 줄 가능성이 있으니 수지제 브러시를 쓰는 것이 무난하다.

● Tip ● 세차하기 전에 휠을 먼저 닦아두는 것이 좋다. 세제를 닦아낼 수고를 덜 수 있다.

진보하는 액티브 세이프티 기술

▶ 차의 전자제어화에 의해 실현된 안전장비

충격흡수 보디와 에어백 같은 것은 **패시브 세이프티 장치**라고 부른다. 사고가 일어날 때에 피해를 줄이는 장치다. 이에 비해 사고를 미연에 막으려는 장치가 있다. 이것을 **액티브 세이프티 장치**라 한다.

전자기술의 발달에 의해 액티브 세이프티 장치는 현재 활발하게 연구 개발이 진행되고 있다.

액티브 세이프티 장치의 하나로서 졸음방지기능이 있다. 졸음운전에 의한 사고가 끊이지 않게 심각한 문제로 대두되고 있다. 특히 야간 장거리 운행을 하는 트럭들의 사고의 대부분은 이 졸음운전에 의한 사고다.

이것은 도로에 있는 차선 등을 카메라로 스캔하여 차의 지그재그 운행을 검색한다. 또 핸들과 시그널을 연결하여 운전자의 판단이 늦지 않도록 체크한다. 이러한 정보를 모아서 운전자가 졸음 상태에 빠졌다고 컴퓨터가 판단하면 음성에 의해 주의를 환기시킨다. 나아가 핸들의 움직임을 모니터하여 도로가 단조로운 코스라고 판단되면 졸음을 깨는 향수를 발산하거나, 운전석·조향핸들·안전 벨트의 떨림 기능을 가미한 것도 있다.

그 외의 액티브 세이프티 기술로서 고속으로 회전하는 것을 자동적으로 막는 기능도 있다. 각 메이커에서 부르는 이름은 다르지만 기본적인 구조는 같다. 차의 컴퓨터가 차체의 좌우 가속도, 스피드, 핸들의 각도, 스로틀 양 등을 복합적으로 모니터하여 차가 커브를 회전할 수 없다고 판단되면 스로틀 밸브를 되돌려 가솔린의 공급을 차단한다. 엔진의 제어뿐만 아니라 브레이크도 4바퀴에 각각 자동 제어시켜 자동차의 안전 진행 방향을 유도한다.

이처럼 차의 세세한 부분까지 전자제어가 이루어져 자동차 스스로가 운전자의 위기 상황을 사전에 예방하는 시스템까지 장착하는 세상이 되었다.

Chapter >> 05

섀시

Section 01   서스펜션의 기능
Section 02   스프링과 쇽업소버
Section 03   리지드 방식
Section 04   독립 현가방식
Section 05   스티어링
Section 06   애커먼 기구
Section 07   스티어링 기어
Section 08   파워 스티어링
Section 09   사륜 조향(4WS)
Section 10   타이어의 기본
Section 11   타이어의 종류
Section 12   타이어의 사이즈
Section 13   휠의 기초지식
Section 14   브레이크
Section 15   디스크 브레이크
Section 16   드럼 브레이크
Section 17   ABS
Section 18   브레이크의 정비와 이상
Section 19   와이퍼와 램프의 교환

Section 1 서스펜션(Suspension)의 기능

서스펜션 차의 진동을 억제하며 엔진의 힘을 확실하게 노면에 전달하기 위한 장치. 독립 현가방식과 리지드 방식이 있다.

◈ 서스펜션은 복잡하게 되어 있다

서스펜션이란 우리말로 하자면 **현가장치**로서 역할은 승차감을 좋게 하는 것과 자세를 제어하는 것이다. 유일하게 노면과 닿는 타이어는 휠에 끼워져 있고, 그 휠은 **허브**에 연결된다. 허브는 허브캐리어에 의해 서스펜션과 연결되어 있다.

일반적으로 **서스펜션**이란 노면의 요철을 넘을 때의 충격을 완화시켜 승차감을 좋게 하기 위해서 부착된 장치라고 생각하는 경향이 있다. 분명히 또 하나의 중요한 것은 엔진의 힘을 확실하게 노면에 전달한다는 것이다. 구동바퀴가 확실하게 지면에 접지하고 있지 않으면 엔진의 힘을 노면에 전달할 수 없다. 한쪽으로만 중심이 쏠리는 상태라면 차는 방향을 잃어버린 상태가 된다. 서스펜션은 확실하게 양쪽 타이어에 중심을 두고 노면에 접지시키는 역할을 한다. 일반적으로 구동바퀴에는 접지 성능이 좋은 서스펜션 형식이 선택되는 것은 바로 이 때문이다.

◈ 독립 현가방식과 리지드 방식

서스펜션에는 다양한 형식이 있지만 완벽한 것은 없다. 세팅에 따라서 크게 변화되므로 형식만으로 좋고 나쁨을 판단할 수 없다. 크게 나누면 좌우의 타이어가 독자적으로 움직이는 독립 현가방식과 양 바퀴를 봉으로 연결한 리지드 방식이 있다. **독립 현가방식**은 자연스런 승차감과 안정된 접지 성능을 얻을 수 있지만 많은 부품을 써야 하기 때문에 비용이 든다. 또한 중량물을 싣고 운반하기에도 적합하지 않다. 부품 하나하나의 강도를 높여가면 그 자체가 중량물이 되기 때문이다. **리지드 방식**은 독립 현가방식보다도 약간 승차감이 떨어지는 것이 일반적이다. 접지 성능도 독립 현가방식과 비교할 수 없다. 그러나 구조가 간단하여 비용이 들지 않는다. 또 구조가 간단한 만큼 강도를 높일 수 있어서 화물차 등에 이용된다. 서스펜션이 견뎌야 하는 차의 요동은 주로 다음 3가지가 있으며 이것을 저감시키기 위하여 메이커는 지혜를 짜고 있다.

피칭	차체의 앞뒤가 아래위로 움직이는 상태
바운싱	차체의 상하 움직임 상태
롤링	차체의 좌우가 움직이는 상태

● **Tip** ● 최근에는 멀티링크식이 많음. 성능이 좋고 소형이기 때문

서스펜션

프런트 서스펜션
스트럿식과 더블 위시본식 등이 이용된다.

리어 서스펜션
스트럿식과 더블 위시본식 등에 추가하여 토션빔식 등도 이용된다.

서스펜션은 앞뒤 동시에 같은 형식을 쓸 필요는 없다. 거의 일반적으로 앞뒤 다른 방식의 서스펜션이 사용된다. 이것은 엔진이 앞에 있는 차에서는 서스펜션에 사용되는 공간이 한정되어 있는 반면에 뒷바퀴쪽에는 여유가 있기 때문이다. 더욱이 같은 형식을 앞뒤로 사용한다고 해도 모양은 약간 다르다. 일반적으로 앞바퀴의 서스펜션은 뒷바퀴에 비해 작다.

● **프런트 서스펜션**

스트럿식을 채용하고 있다.

● **리어 서스펜션**

멀티 링크식을 채용하고 있다.

● Tip ● 리어 서스펜션은 적재함에 크게 간섭되므로 트렁크를 조금이라도 크게 하려는 해치백과 같은 차에서는 작게 정리된 서스펜션을 채용하는 경우가 많다.

Section 2 스프링과 쇽업소버

 쇽업소버 오일 댐퍼를 말함. 거칠은 노면으로부터의 쇼크는 스프링이 흡수하지만 그 상하 운동이 계속되지 않게 스프링의 움직임을 멈추는 작용을 한다.

▶ 노면으로부터의 충격을 억제시키는 스프링

서스펜션에 사용되고 있는 스프링은 **코일 스프링**, **리프 스프링**(판스프링), **토션바**, **공기 스프링** 등이 있다(상세한 것은 아래의 표를 참조).

주된 기능으로서는 차체의 상하와 좌우 등의 자세 변화를 컨트롤하는 것으로 형식은 달라도 기본적인 역할은 같다. 스프링에서 받은 진동을 감쇄시키는 것이 쇽업소버로 서스펜션의 중요한 요소이다. 오일이 작은 구멍을 통과할 때의 유동(流動)저항으로 감쇄력을 발생시키는 것으로 **오일 댐퍼를 쇽업소버**라고 한다. 차체의 상하와 좌우로의 흔들림을 감쇄시켜 승차감을 좋게 하는 역할과 타이어의 접지성을 높이는 역할을 한다.

코일 스프링 (coil spring)	스프링 강선을 코일모양으로 감은 스프링. 스프링 정수와 응력이 굵기와 지름, 감긴수 등으로 정해지므로 소형 경량인 것 때문에 현재의 승용차에서 주류를 이루는 방식이다. 코일의 간격이 같은 등피치, 간격을 다르게 한 부등피치, 코일의 지름을 다르게 한 비선형이 있다. 승차인원과 무게에 따라 차고변화의 감소와 조정 안정성, 승차감의 향상을 위해 비선형 코일 스프링도 다수 사용되고 있다.
리프 스프링 (leaf spring)	길이가 다른 강판을 여러 장 겹쳐서 중앙을 볼트로, 양끝을 클립으로 고정한 것이며 하중 섀클 등으로 보디에 부착되어 있다. 서스펜션 암의 역할도 하고 있으며 예전 승용차에 사용되었다. 강도는 높지만 중량이 무겁고 판끼리의 마찰 때문에 승차감이 좋지 않으므로 현재는 트럭과 오프로드 차 등에 주로 사용하는 방식으로 되어있다.
토션바 (torsionbar)	금속의 봉으로서 그 비틀리는 응력을 스프링으로 이용한 것. 바의 길이나 굵기로 탄성이 변화한다. 꼭 원형이나 같은 굵기로 하지 않아도 된다. 차체의 좌우 쏠림을 막는 스태빌라이저 등에도 사용되고 있다.
공기 스프링 (air spring)	압축 공기를 이용한 스프링으로서 버스나 철도에도 많이 사용되고 있다. 승용차 용으로는 코일 스프링과 병용되는 경우가 많으며 메인실(室)과 서브실로 나뉘어 차고(車高)제어가 가능한 것도 많다. 비용면에서 비싸기 때문에 고급차에서 많이 쓰이는 형식이다.
스태빌라이저 (stabilzer)	토션 바의 비틀림 작용을 이용한 보조 스프링. 좌우 높이 차이를 없도록 움직임으로서 내외바퀴의 하중 이동을 갖게 하여 스티어링 특성에 영향을 준다. 유압 실린더를 이용하여 강성을 변화시키는 기능을 지닌 것도 있다(오프로드에서는 기능을 하지 않는다). 앤티 롤 바라고도 한다.

● **Tip** 「크라운 마제스타」에 쓰이고 있는 공기 스프링은 코일 스프링을 사용하지 않고 공기 스프링과 쇽업소버 만으로 구성된다.

스프링과 쇽업소버의 기능

스프링
일반적으로 사용되는 것이 사진과 같은 코일모양의 스프링. 그 외에 판모양, 봉모양의 스프링 등도 있다. 이 부품이 상하로 움직이거나 비틀리면서 노면의 쇼크를 줄여준다. 코일 모양의 스프링에서는 스프링의 굵기, 감긴 수, 감긴 지름에 따라 스프링 효과가 변화한다.

쇽업소버
댐퍼라고도 한다. 스프링은 한번 충격을 받으면 공을 지면에 튕겼을 때처럼 잠시 동안 상하운동을 반복한다. 이 움직임을 다스리는 것이 쇽업소버의 기능이다. 쇽업소버가 스프링의 움직임을 멈추게 하는 힘을 감쇄력이라 한다. 스프링의 견고함과 쇽업소버의 상쇄력은 반드시 균형을 이루어야 한다.

스프링과 쇽업소버의 움직임

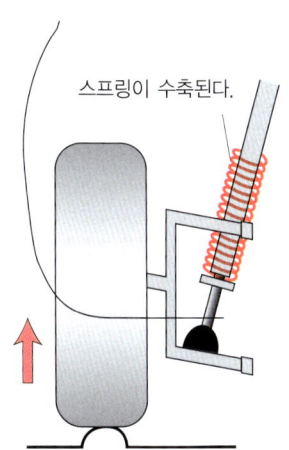

스프링이 수축된다.

타이어가 노면의 볼록한 부분에 올라타면 스프링이 충격을 흡수하여 쇽업소버와 함께 수축한다.

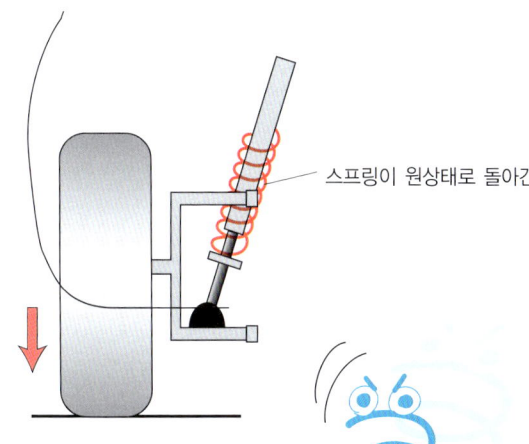

스프링이 원상태로 돌아간다.

충격의 흡수가 끝나면 스프링은 반동으로 다시 수축하려 한다. 하지만 쇽업소버가 버티고 있어서 서스펜션의 상하움직임을 억제시킨다.

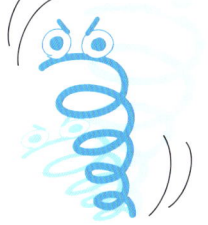

● Tip ● 쇽업소버는 소모품. 오일이 샜거나 차체의 요동이 잘 멈추지 않게 되면 교환시기이다.

Section 3 리지드 방식(Rigid Axle)

리지드 방식 좌우의 타이어를 한 개의 봉으로 연결한 서스펜션 형식. 부품수가 적으므로 강하게 만들 수 있다.

▶ 한 개의 봉 양끝에 타이어를 설치한 서스펜션

리지드 방식은 정식으로는 리지드 액슬 서스펜션(**일체차축 현가장치**)라고 불린다. 1개의 차축에 바퀴를 끼운 서스펜션이다. 스프링 하중이 무겁다는 단점은 있지만 양 바퀴의 얼라인먼트를 일정하게 유지하고 간단한 구조 때문에 현재에도 경자동차를 비롯하여 오프로드 차와 트럭 등에 자주 이용되고 있다. 파생 장치로서는 **리프 스프링식**을 비롯하여 **링크 식**과 **토션빔 식** 등이 있다.

리지드 방식은 한 개의 봉 양끝에 타이어를 부착한 것. 한쪽 바퀴가 웅덩이 같은 곳에 빠지면 **낙차**(落差)를 서스펜션에서 흡수할 수 없으므로 차체는 기울어지게 된다. 그러면 타이어의 접지면과 지면은 평행을 유지할 수 없게 되므로 이런 상태에서 조향을 하면 운전이 어렵게 된다. 따라서 앞바퀴에는 접지성에 우수한 독립 현가방식이 사용된다. 리지드 방식은 앞바퀴에는 사용되지 않고 뒷바퀴에만 사용되는 것이 이런 이유 때문이다.

▶ 리지드 방식의 장점

리지드 방식은 원래 우마차 시대에 발명된 서스펜션. 자동차가 발명된 당시에도 이 서스펜션 형식이 사용되어 현재까지 이르렀다. 보다 접지성이 우수한 독립 현가방식이 발명되었어도 리지드 방식이 지금까지 사용되고 있은 것에는 의미가 있다.

리지드 방식은 독립 현가방식과 비교하면 부품의 수가 적다. 또한 각부의 부품 강도를 올려도 그다지 중량이 늘어나지 않는다. 트럭과 덤프, 버스 등의 차체가 무거운 차량에는 이 리지드 방식이 사용된다. 또한 이 리지드 방식은 부품수가 적어서 차를 만드는 비용을 저렴하게 할 수 있다. 경자동차 등 가격 경쟁력이 중요한 판매 포인트가 되는 차종에 채용된다.

그리고 리지드 방식은 좁은 공간에 맞출 수 있다고 하는 장점이 있다. 독립 현가장치는 **속업소버**와 **스프링** 등 세로 방향으로 부피가 큰 부품을 쓴다. 독립 현가방식을 채용하는 왜건 차의 짐칸을 보면 두 개의 장애물이 짐칸으로 튀어나온 것을 볼 수 있을 것이다. 이 짐칸에서 방해가 되는 장애물을 없애기 위해서 리지드 방식이 채용되는 경우도 있다.

● **Tip** ● 잘 만들어진 리지드 방식은 독립 현가장치에 뒤지지 않게 승차감이 좋다. 최근의 리지드 방식은 상품가치가 싸게 보이기 때문에 이 방식을 채용하는 승용차가 적다.

좌우 타이어의 움직임은 연동된다

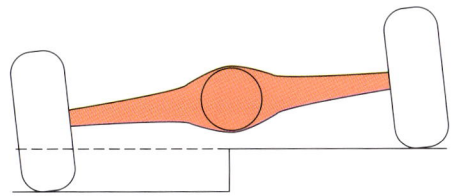

리지드 방식은 한 개의 봉으로 타이어를 연결한 것과 같은 형식. 한쪽 타이어가 기울게 되면 다른 한쪽의 타이어도 기울어진다. 타이어의 설치성이 뛰어나지도 않을 뿐만 아니라 차체도 그에 따라 기울어져 승차감도 나쁜 서스펜션 형식이다.

리프 스프링 서스펜션

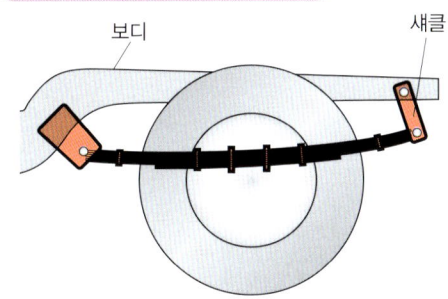

우마차 시대부터 사용되고 있는 서스펜션. 철판을 몇 장 겹쳐 그 양끝을 섀클이라고 하는 가동식 부품으로 차체에 고정한다. 차축에는 U자형을 한 볼트로 고정한다. 견고하게 만들 수 있어 트럭과 버스 등의 서스펜션에 채용된다.

링크식 서스펜션

● 4링크식

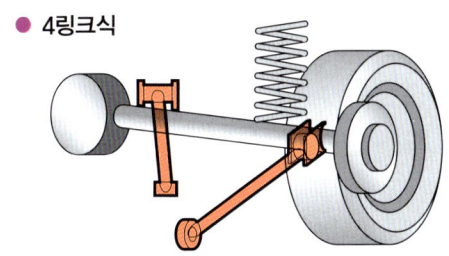

판 모양의 리프 스프링보다 완벽하게 탑재할 수 있으며 정숙성에도 뛰어난 스프링을 쓰는 경우에 채용되는 서스펜션. 스프링만으로 차체를 유지하면 차가 가로 세로 방향으로 움직여버린다. 이것을 방지하기 위해서 링크라고 부르는 봉으로 차체와 차축을 연결한다.

● 5링크식

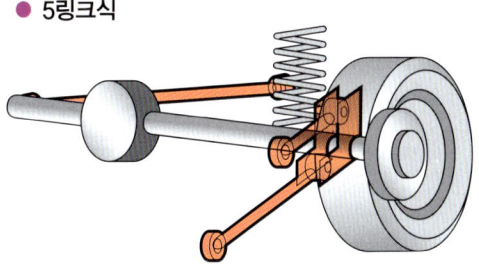

4링크식으로 링크를 또 한 개 추가한 것이 5링크식. 차축에 평행하게 부착된 5번째의 링크는 가로 방향으로 걸리는 하중에 대응한다.

● **Tip** ● 링크란 서스펜션을 구성하는 부품과 부품을 연결하는 금속 봉을 말함.

Section 4 독립 현가방식

독립 현가방식 좌우의 타이어가 독립하여 움직이는 서스펜션 형식. 접지성도 좋고 휠 얼라인먼트의 자유도도 크다.

▶ 접지성 좋은 서스펜션 형식

독립 현가방식은 현재 주류를 이루는 형식으로서 좌우 차축이 연결되어 있지 않는 방식. 좌우 타이어가 독립하여 움직이는 것 때문에 독립 현가방식이라고 부르고 있다.

휠 얼라인먼트(타이어의 부착 각도. 캠버각, 킹핀 경사각, 캐스터각 등이 있다.)의 자유각이 크다. 서스펜션의 좋고 나쁨은 형식으로 정해지는 것이 아니라 휠 얼라인먼트를 비롯한 암과 링크의 강성 등, 다양한 세팅에 따라 결정된다.

독립 현가방식은 좌우 타이어가 독립해서 움직이기 때문에 접지성이 뛰어나며 차체의 움직임을 안정시킬 수 있다. 동시에 차체의 요동이 적고 승차감도 좋다.

휠 얼라인먼트

● **캠버 각**

정면에서 타이어를 보았을 때에 타이어의 중심선과 수직선이 만드는 각도를 말함. 자동차 바퀴의 윗 쪽이 바깥으로 경사진 상태를 포지티브, 아래쪽이 바깥을 향하고 있는 상태를 네가티브라고 부른다. 거친 코너링을 하면 바깥바퀴가 포지티브로 안쪽바퀴가 네가티브 방향으로 변화하여 양 바퀴 모두 마찰력이 저하된다. 극단적으로 네가티브 캠버로 세팅한 자동차도 있다.

● **킹핀 경사각**

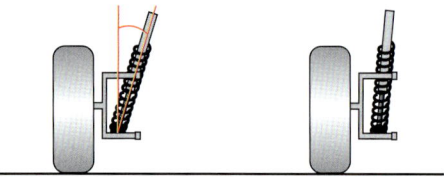

앞바퀴를 앞에서 봤을 때 킹핀 축(앞 바퀴가 선회할 때의 중심축)의 경사각도를 말함. 킹핀축의 위쪽이 안쪽으로 경사진 상태가 플러스이다. 이 플러스 상태라면 타이어의 반발력이 작용하여 스티어링을 똑바로 되돌리려는 힘이 작용한다.

● **캐스터 각**

앞바퀴를 옆에서 봤을 때의 킹핀 축 경사각도를 말함. 자전거와 오토바이의 앞 포크 각도와 같은 것으로 캐스터 각이 클수록 직진성은 좋지만 스티어링의 저항은 무겁게 된다.

● **Tip** ● 차를 위에서 보면 앞이 좁은 모양으로 타이어를 세팅한다. 「토우 각」이라는 휠 얼라인먼트도 있다.

독립 현가식

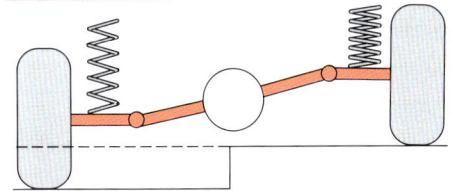

한쪽 바퀴가 웅덩이에 빠졌다고 해도 좌우의 타이어가 별도로 움직이기 때문에 차체의 자세변화는 최소한으로 유지할 수 있다. 타이어의 접지면도 지면과 평행으로 유지되도록 서스펜션이 움직인다.

스트럿식 서스펜션

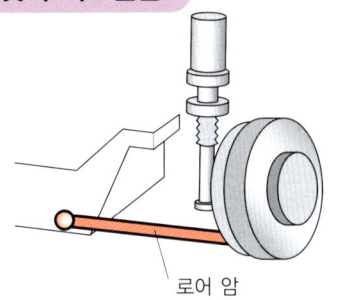

스트럿이란 쇽업소버를 내장하고 코일 스프링까지도 부착된 긴 기둥과 같은 것. 차의 무게를 견디도록 견고한 부품으로 만들어진다. 위 끝은 고무를 끼워 보디로, 아래쪽은 너클에 고정시켜 로어 암에서 지탱하고 있다. 로어 암의 끝이 보디에 연결되며 힘을 받는 지점이 되어 움직인다. 맥퍼슨씨가 개발했기 때문에 맥퍼슨 스트럿이라고도 부른다.

더블 위시본식 서스펜션

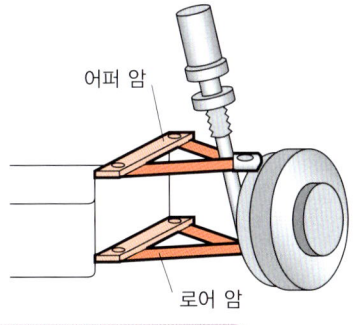

상하 2개의 V자형 암(어퍼 암, 로어 암)으로 지탱하고 있는 방식. 로어 암과 어퍼 암 사이에 코일 스프링과 쇽업소버를 배치한 것이 많다. 어퍼 암보다도 로어 암이 긴 불평행 부등 링크가 주류인 것 같다.
독립 현가방식에서도 접지성이 뛰어나기 때문에 최근에는 많은 차가 이 서스펜션을 채용하고 있다. F1머신도 이 방식을 채용하고 있다.

멀티 링크식 서스펜션

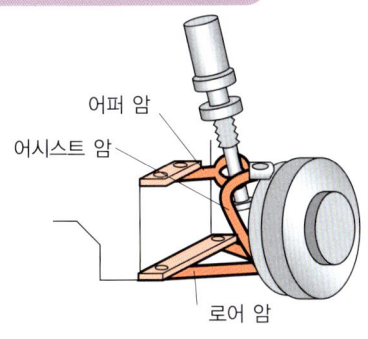

더블 위시본식의 발전형. 더블 위시본식은 고성능이지만 크다. 그래서 각 메이커는 더블 위시본식 서스펜션의 소형화에 매달리고 있다. 그래서 개발된 것이 멀티 링크식 서스펜션. 더블 위시본식 서스펜션에 뒤지지 않는 성능을 갖고 있으면서도 소형화에 성공하고 있다.

● Tip ● 위시본이란 가슴뼈를 말함. 구미에선 Y자형을 한 가슴뼈를 두 사람이 잡아당기면서 소원을 비는 습관이 있다.

스티어링(Steering)

 래크 앤드 피니언식 스티어링의 회전이 피니언 기어의 회전을 매개로 래크 기어의 좌우 운동에 변화되어 타이어의 각도를 바꾼다. 스티어링 휠, 조향 핸들, 핸들, driving wheel 등 다양하게 부른다.

◉ 사양서의 제원만으로 판단할 수 없는 스티어링 특성

스티어링이란 방향을 잡는 시스템으로 **스티어링 휠(핸들)** 조작에 의해 타이어의 각도를 변화시키는 것. 이 스티어링은 타이어와 노면의 상황을 운전자에게 전달하는 중요한 역할을 갖고 있으며 단지 방향만 잡으면 된다는 것은 아니다. 또 최소회전반경과도 밀접하므로 대체로 전륜(前輪)구동차는 타이어가 조향하는 각도가 적고 후륜 구동차 쪽이 작게 돌 수가 있다. 이것은 앞바퀴에 드라이브 샤프트가 있기 때문으로 전륜 구동차는 타이어가 꺾이는 각도가 작게 되기 때문이다.

또 스티어링의 총회전 범위를 **로크 투 로크**(lock to lock)라고 표현하는데 이것은 스티어링을 최대한 좌로 돌린 상태에서 반대인 오른쪽까지 돌려서 나타낸 각도이다. 그러므로 타이어가 꺾이는 각도를 생각하지 않고 사양서에 표기하는 것은 아무 의미가 없다. 스티어링을 1회전시켰을 때 타이어가 꺾이는 각도가 어느 정도인가를 알 수 있다. 스티어링의 세팅은 매우 내용이 깊다.

◉ 현재의 주류는 래크 앤드 피니언식

예전에는 **볼 너트식**이 주류였다. 이것은 스티어링 샤프트의 웜기어의 비틀림 회전을 다수의 금속 볼을 매개로 하여 축 방향의 움직임으로 바꿔서 섹터 기어를 움직이는 장치. 섹터 기어는 부채꼴의 이빨을 갖고 볼 너트의 이빨과 서로 맞물리는 구조로 되어 있다. **볼 스크루식**과 **리서큘레이팅 볼식**이라고도 부른다. 구조가 복잡하여 래크 앤드 피니언 보다 마모가 빠르다고도 하지만 충격 흡수성이 뛰어나고 정확한 피팅이 나오기 때문에 지금도 고급차 등에 사용되고 있다.

래크 앤드 피이언식이란 피니언 기어와 래크 기어에 의해 스티어링의 움직임을 휠에 전달하는 시스템. 스티어링 휠을 돌리면 피니언이 돌아 래크의 가로 방향 움직임으로 바뀐다. 래크의 양끝에는 타이로드가 있어 휠을 움직인다. 강성이 높고 마찰이 적다. 기어간의 유격을 적게 할 수 있다면 부드러운 스티어링 감각을 얻을 수 있다.

그러나 노면으로부터 정보가 전달되기 쉬워 요철 같은 곳을 달릴 때 심한 진동이 핸들에 전달된다. 하지만 소형 경량화에 적합하여 비용도 그다지 들지 않기 때문에 현재의 승용차는 이 타입이 주류를 이루고 있다.

● Tip ● 스티어링 특성은 실제로 타보지 않으면 모른다. 차를 살 때에는 시승을 하고 자신이 좋아하는 스티어링 특성이 있는지를 확인할 필요가 있다. / 핸들(handle)은 손잡이의 뜻.

스티어링 기구

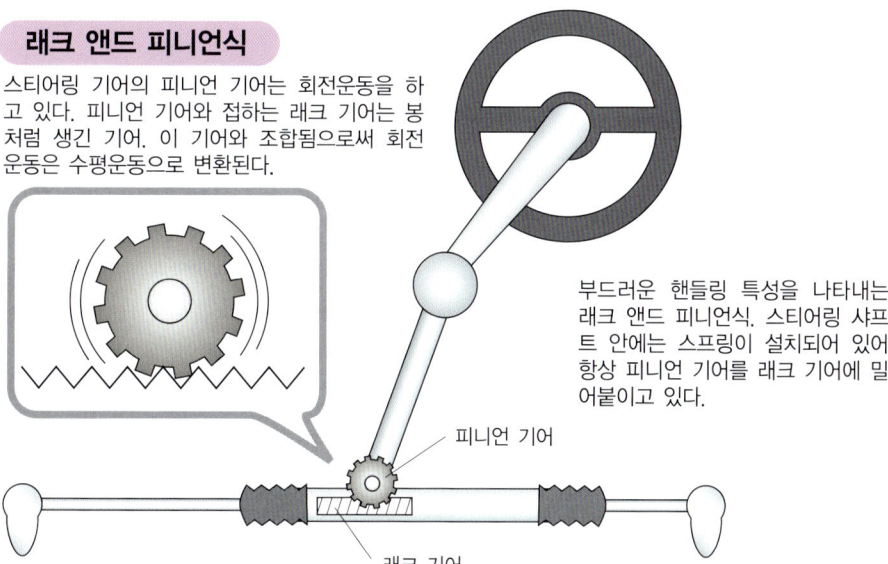

- 스티어링 휠(핸들)
- 스티어링 컬럼 샤프트
- 기어 박스
- 스티어링 기어
- 타이로드

스티어링 휠의 움직임은 스티어링 컬럼 샤프트에 전해져 기어박스에서 회전을 감속한다. 이 기어박스가 있는 덕분에 스티어링 조작을 가볍게 할 수 있다. 감속된 회전은 스티어링 기어에 전해져 타이로드라고 하는 타이어를 움직이는 샤프트에 전달된다.

래크 앤드 피니언식

스티어링 기어의 피니언 기어는 회전운동을 하고 있다. 피니언 기어와 접하는 래크 기어는 봉처럼 생긴 기어. 이 기어와 조합됨으로써 회전운동은 수평운동으로 변환된다.

부드러운 핸들링 특성을 나타내는 래크 앤드 피니언식. 스티어링 샤프트 안에는 스프링이 설치되어 있어 항상 피니언 기어를 래크 기어에 밀어붙이고 있다.

- 피니언 기어
- 래크 기어

● Tip ● 일반적으로 유럽차는 노면 상황을 스티어링을 통해서 운전자에게 전달하려고 한다. 이것을 스티어링 인포메이션이라고 부르며 유럽에서는 중요시되는 특성.

Section 6. 애커먼 기구(Ackerman Steering)

애커먼 기구 선회시에 바깥 바퀴와 안쪽 바퀴가 꺾이는 각도에 따라 차이가 생기게 하는 장치. 차가 부드럽게 커브를 돌 수 있는 것은 이것이 있기 때문이다.

● 애커먼과 장토가 발명

애커먼 기구란 아주 저속에서 원심력을 무시할 수 있는 수준의 속도로 선회할 때 안팎 바퀴에 슬립각이 생기지 않도록 한 장치. 이 기구는 **애커먼 장토**(애커먼이 발명하고 장토에 의해 개량됨)라고도 불린다. 아주 저속시의 자동차 바퀴 선회중심은 리어 액슬의 연장선상에서 일치하지 않으면 안된다. 그래서 안쪽 바퀴 조향각은 바깥 바퀴 조향각보다 크고 조향각이 커질수록 그 차이가 벌어지게한다. 휠에 각도를 주는 좌우 너클 암에 열린 각을 주며 타이로드가 좌우로 움직이면 너클 암의 움직임에 차이가 생겨서 안쪽 바퀴 조향각이 크게 된다.

애커먼 링크에서 스티어링 배치를 평면도로 볼 경우 차바퀴의 앞조향 중심축의 킹핀축과 너클 암의 타이로드쪽 볼 조인트의 중심을 연결한 선이 리어 액슬의 중심을 지나가게 된다. 차속이 빨라지고 원심력이 크게 됨에 따라 차량의 선회중심은 리어 액슬보다 전방으로 이동하므로 이 원리로부터 멀어져 간다. 그것과 대비되는 것이 **패럴렐 스티어링 링크**. 안팎 바퀴의 조향각을 거의 같게 설정한 스티어링 기구다. 스티어링 배치를 평면도로 볼 경우, 차량의 앞조향 중심축인 킹핀 축과 너클 암의 타이로드쪽 볼조인트 중심축을 연결한 선을 차량의 전후 중심선과 거의 병행으로 배치하고 있다.

최근 연구에서 코너링 중에는 어느 정도 타이어가 슬립 상태에 있는 편이 안전하다고 한다. 그래서 현재는 애커먼과 패럴렐 스티어링 링크의 중간 정도 세팅을 많이 하고 있다.

레이싱카는 고속으로 헤어핀에 진입할 때 중심으로 작용하는 원심력과 코너링 포스의 작용점을 맞추기 위해서 **역애커먼 링크**에 가까운 링크를 구성하기도 한다.

● 휠 하우스에 노출되어 있는 너클 암

너클 암은 강한 소재로 되어있지만 휠 하우스 안에 노출되어 있으므로 돌 등에 부딪히면 휘어버리기도 한다. 약간 휜 것은 핸들의 꺾는 각을 조절하면서 주행하면 가능하지만 크게 휘게 되면 차가 똑바로 달릴 수 없게 된다. 너클 암이 부러지면 조향이 안된다. 갓길과 길에 떨어져 있는 큰 돌에는 주의할 필요가 있다.

● Tip ● 애커먼 방식이라고도 부르며 거의 모든 자동차에 채용되고 있는 장치이다.

애커먼 기구란

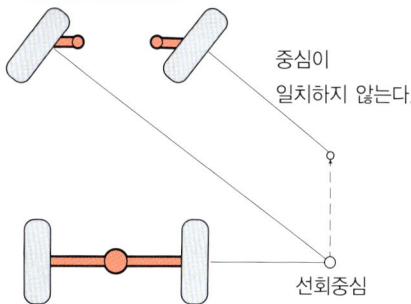

조향 바퀴인 앞바퀴를 같은 각도로 선회하려고 하면 안쪽 타이어가 슬립하게 된다. 안쪽 타이어는 바깥쪽 타이어보다 주행거리가 짧기 때문이다. 그래서 안쪽 타이어를 바깥쪽 타이어보다 각도를 크게 돌아 선회중심을 일치시킬 필요가 있다. 그것을 간단한 장치로 실현한 것이 애커먼 기구다.

애커먼 원리

● 직진시

타이로드 앞에 조인트를 두고 너클 암이라는 짧은 봉을 연결한다. 그 때 스티어링 암 각이라는 각도를 두고서 연결한다. 직진상태일 때 좌우의 너클 암을 직선으로 차체 뒤쪽에 연장했을 때의 교점을 뒷바퀴 차축 근처에 오게끔 한다.

● 코너링시

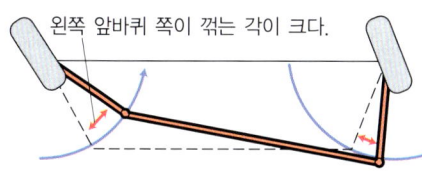

코너링 시에 타이로드와 너클 암은 자연스럽게 움직여 최적의 스티어링 암 각을 만든다. 이것이 애커먼 원리이다. 이 기구에 의해 좌우 바퀴의 코너링에 의한 슬립 현상을 피할 수 있다.

스티어링 지오메트리 종류

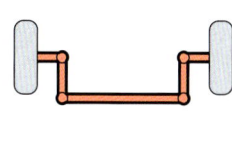

● 애커먼 링크　● 패럴렐 스티어링 링크　● 역 애커먼 링크

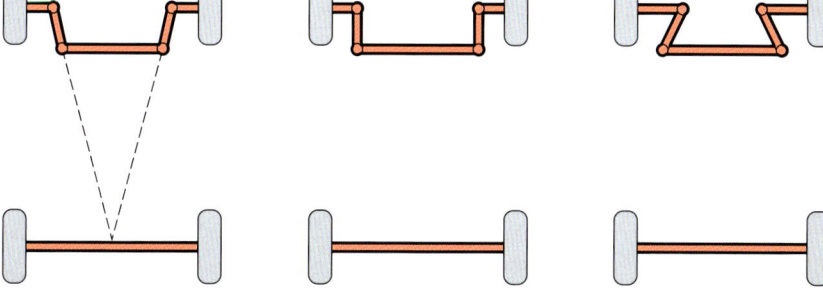

● Tip ● 애커먼 장토방식은 루돌프 애커먼(Rudolph Ackerman)이 1817년에 이 기구의 특허를 영국에서 취득하였고 1878년 프랑스의 장토(C.Jeantaud)에 의하여 개량된 조향기구의 이론.

Section 7. 스티어링 기어(Steering Gear)

 스티어링 기어비 타이어의 회전각에 대한 스티어링의 회전 각도의 비. 기어비의 설정은 차에 따라 다르며 조작성에 영향을 미친다.

● 스티어링 휠은 차의 조향감을 좌우하는 부품

스티어링 휠은 유일하게 사람의 손으로 직접 만지는 부분이지만 매우 복잡하다. 일반적으로 핸들을 조작할 때 실수하지 않도록 흡습성이 뛰어난 가죽 등이 사용된다. 핸들의 크기도 굵은 것 가는 것 등 다양하므로 구입시에 꼼꼼하게 점검할 필요가 있다.

차에 따라서 핸들을 상하로 각도를 조절할 수 있는 **틸트 스티어링**, 핸들을 밀거나 당겨서 핸들까지의 거리를 조정할 수 있는 **텔레스코픽 스티어링** 등의 기능이 있다. 사람의 체격은 천차만별이므로 이런 기능이 있는 편이 보다 나은 드라이빙 포지션을 쉽게 체득할 수 있다.

핸들링의 느낌을 좌우하는 것은 스티어링의 크기. 일반적으로 **핸들의 지름**이라 불리는 것은 스티어링 **휠의 직경**을 말한다. 스티어링 지름이 클수록 차량의 섬세한 조작이 가능하며 지름이 작을수록 재빠른 조작이 쉽다. 스티어링 기어비도 마찬가지로 조작성에 큰 영향을 미친다.

● 스티어링 기어비

조향 바퀴(타이어 : 앞바퀴)의 회전 각도에 대한 스티어링 휠의 회전 각도의 비. 스티어링 기어의 설정에 따라 정해지는 것으로 기어비의 설정은 자동차에 따라서 크게 다르다.

스티어링에는 **프리로드**라고 부르는 기어에 누르는 압력이 있다. 스프링의 힘을 이용하여 기어끼리 밀착시키는 프리로드 방식이 일반적.

직진 주행시에 스티어링의 움직임이 조향각과 주기가 너무 같으면 노면의 상황 등에 언제나 미묘한 수정이 요구되기 때문에 기어의 맞물림에는 어느 정도의 유격을 갖게 한다. 그러나 이 유격과 반동은 상반되는 것이므로 매우 높은 정밀도와 세팅이 요구된다.

● 가변 기어비

스티어링 기어의 조합에 의해서 기어비가 작으면 큰 힘으로, 기어비가 크면 작은 힘으로 돈다. 거기에 직진 상황일 경우 기어비를 작게, 후진할 상황이라면 스티어링을 크게 회전시키는 경우에는 가볍게 돌릴 수 있도록(기어비가 크다) 래크의 양끝에 진행에 따른 기어비를 변화시키는 것이 **가변 기어비**다.

● Tip ● 핸들의 교환은 손쉽게 되는 튜닝이지만 현재는 에어백이 내장되어 있어 교환하는 사람이 격감하였다.

내륜차(內輪差)

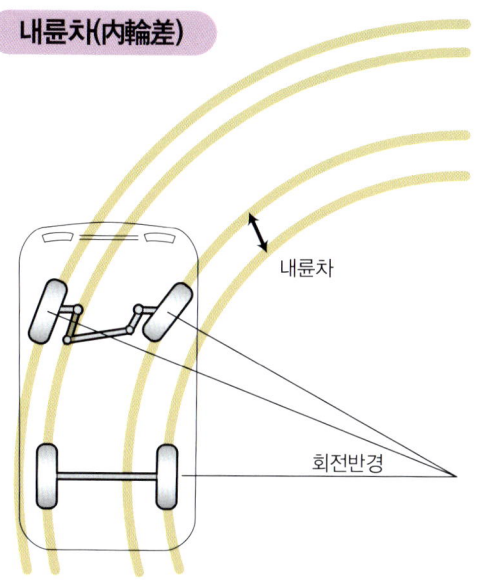

조향 바퀴인 앞바퀴는 코너링시에 거의 슬립을 일으키지 않는 반면 조향각이 변하지 않는 뒷바퀴에서는 슬립이 일어난다. 뒷바퀴는 앞바퀴가 지나간 라인을 따라가려 하지만 저항이 있으므로 따라갈 수 없다. 그래서 앞바퀴에 이끌려가는 모습으로 코너를 회전한다. 내륜차(內輪差)가 생기는 것은 이런 이유가 있기 때문이다.

핸들의 기능 차이

휠 얼라인먼트의 세팅과 자동차 중심점 등에 따라 차는 매끄럽게 돌아주지 않는다. 대부분의 차는 언더 스티어 경향이 되도록 세팅되어 있다. 따라서 고속도로의 코너 등 긴 코너에서는 스티어링의 감고 풀기를 할 필요가 있다. 액셀러레이터 페달을 밟고 코너를 돌면 자꾸 밖으로 커져가는 것이 일반적인 현상이다. 크게 인식되지 않는 것이지만 그것을 의식하여 운전할 필요가 있다.

● **뉴트럴 스티어**

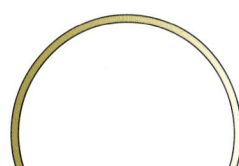

코너링의 이상형이라 할 수 있다. 그러나 모든 상황에서 이것을 추구한다는 건 어렵다. 최근에는 전자제어장치에 의한 차의 상황을 판단하여 조향바퀴를 조정하여 뉴트럴 스티어에 가깝도록 한 자동차가 있다.

● **오버 스티어**

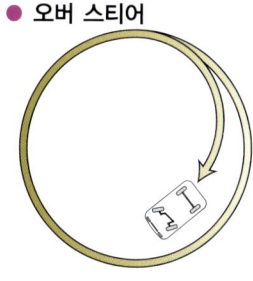

액셀러레이터 페달을 밟고 코너를 돌면 보통때보다도 안쪽으로 더 선회하려는 특성. 핸들을 코너 방향과 반대로 돌리는 역핸들이라고 하는 기술이 필요하며 일반적인 차에는 적용되지 않는 특성이다.

● **언더 스티어**

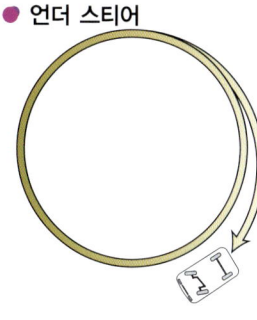

액셀러레이터 페달을 밟고 코너를 돌면 바깥쪽으로 점점 크게 선회하려는 특성. 언더 스티어는 핸들을 꺾고 있는 방향으로 감고 풀고를 하는 것만으로 수정이 가능하기 때문에 일반적으로 이 특성이 차에 적용된다.

● **Tip** ● 시내에서는 그다지 언더 스티어는 발생하지 않지만 고속으로 달리는 고속도로 등에서는 분명하게 발생한다. 핸들을 가볍게 잡고 감고 푸는 습관을 길러야 한다.

Section 8 파워 스티어링(Power Steering)

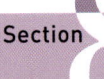 **전동 파워 스티어링** 전동 모터로 조향 핸들의 조작력을 가볍게 하는 것. 현재는 유압식이 많지만 친환경을 위해 전동식이 늘어나고 있다.

▶ 핸들 조작을 가볍게 하는 장치

스티어링을 조작하기에는 사실 대단한 힘이 필요하다. 과거 파워 스티어링이 없었던 시대에는 후진으로 겨우 차고에 집어넣은 경험을 한 사람도 있을 것이다. 파워 스티어링이 없는 자동차라면 언덕길에서는 스티어링이 가볍고, 코너에서는 하중을 앞쪽으로 주게 되므로 무겁게 되었다. 하지만 현대의 자동차는 유압, 전동, 공기압 등 모든 자동차에 핸들 조작을 도와주는 파워 스티어링이 붙어있다고 해도 과언은 아니다.

▶ 일반적인 것은 유압식이다

유압식은 유압으로 스티어링 조작을 보조하는 장치. 저속에서는 가볍고 고속에서는 무겁게 되도록 설정되어 있다. **차속 감응형**과 **회전 감응형**이 있어 차속형은 속도 센서를 토대로, 회전형은 엔진의 회전수를 토대로 제어한다. 근년에는 두가지 센서를 조합한 타입도 존재한다. 엔진의 힘을 이용한 오일펌프의 유압에 의해 조향을 하는 것으로 스티어링 기구에 토션바를 두어 그 비틀리는 양에 따라서 어시스트를 행한다. 유압식의 장점은 완벽하게 만들 수 있어 제어의 손실이 적다는 점이다. 단점으로는 엔진의 힘을 이용하고 있어 유압의 손실을 보충하기 위해 작동유를 상시 순환시키는 구조로 되어있으므로 조향을 하지 않아도 항상 엔진의 회전 에너지가 소비된다는 점이다.

▶ 전동식도 늘어났다

전동식은 비교적 새로운 시스템으로 조향시에만 전력으로 조향을 보조하는 시스템. 상시적으로 동력을 소비하지 않기 때문에 연비 향상 효과가 있다. **능동 가변 기어비**라고 부르는 조향 기어비를 무단계로 변화시키는 시스템이다. 핸들링을 전자적으로 제어하는 **횡(橫)슬립 방지장치**에 적합하기 때문에 앞으로 늘어날 것으로 생각된다. 하지만 유압식과 비교하면 스티어링 감에 위화감이 있는 것도 많다. 그래서 전동으로 유압펌프를 움직여 양쪽의 장점만을 갖춘 시스템도 존재한다.

대형 트럭과 버스 등은 브레이크 등을 움직이기 위하여 공기를 사용한다. 그 공기압을 핸들 조작 어시스트에 사용하는 것이 **공기식**이다.

 Tip 핸들 조작을 반복하여 사용하다 보면 보닛(bonnet) 쪽에서 소리가 난다. 이 소리는 유압 펌프 소리다.

유압식 파워 스티어링

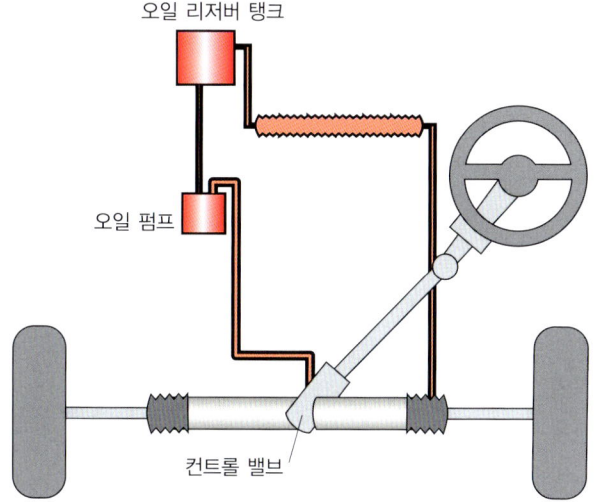

피니언 샤프트에 로터를 연결하고 그 안에 토션바를 삽입하였다. 피니언 기어 위쪽에 로터 하우징을 설치하여 로터를 넣고 토션바로 연결하여 동일하게 회전한다. 로터 하우징은 오일 펌프와 바이패스 연결로에 구멍을 지니고 있어 로터는 이런 통로의 절환(切換)과 차단하는 홈에서 밸브 작동을 한다. 그림은 로터리 밸브식.

전동식 파워 스티어링

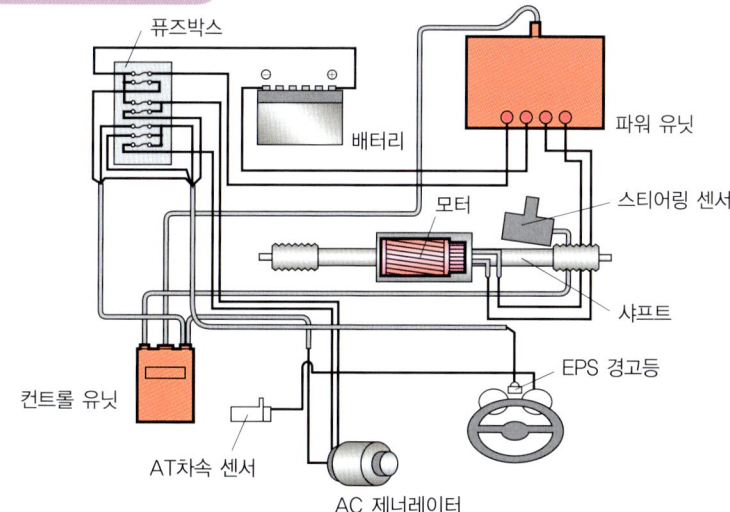

전기 모터의 힘을 이용하여 필요한 때에만 어시스트한다. 토션바의 비틀림을 토크센서가 감지하여 컴퓨터가 어시스트 양을 제어하여 모터에 전류를 통하게 한다. 컬럼 샤프트의 회전보조 컬럼 어시스트식, 피니언 기어 회전보조의 피니언 어시스트식, 래크의 왕복운동 보조의 래크 어시스트식 등이 있다. 그림은 래크어시스트 타입.

● Tip ● 초기의 전동식 파워 스티어링은 부자연스런 조향감이 있었지만 현재는 자연스런 느낌으로 발전되었다.

Section 9 사륜 조향(4WS)

 **역위상 동위상** 앞바퀴와 뒷바퀴의 조향 방향을 역방향으로 하는 것이 역위상(逆位相), 같은 방향으로 하는 것이 동위상(同位相).

▶ 코너링시에 안정성이 높다

자동차의 조향은 기본적으로는 앞바퀴이다. 그러나 보조적이면서 뒷바퀴도 조향 기능을 갖게 한 자동차도 있다. 앞바퀴의 조향에서 회전반경이 너무 클 경우와 고속 코너링에서 뒷바퀴가 바깥쪽으로 나가려는 힘을 상실하여 자연스럽게 회전하도록 하는 장치이다. 시스템은 다양하지만 작동은 **기계식**과 **유압식** 그리고 최근 주류인 푸시앤드 링크를 사용한 **패시브식** 등이 있다.

▶ 기계식과 유압식

뒷바퀴에도 **스티어링 기어박스**(기계식)에 **파워 실린더**(유압식)를 설치한 타입으로 동위상과 역위상 양쪽을 겸비한 타입이 많다. 기본적으로 저속시에는 앞뒤 방향을 역으로 하여 회전반경을 줄이고 고속주행시에는 앞뒤 방향을 같게 하여 차량을 안정시키고 있다. 이들의 절환(切換)은 컴퓨터가 담당한다. 중간 속도 영역에서의 후륜 조향은 행하지 않는다. 닛산의 슈퍼하이 캐스트를 진화시킨 **리어 액티브 스티어**는 서스펜션 멤버를 전동 액추에이터로 제어하는 것으로 저속시에는 역위상, 중속시에는 한번 역위상으로 한 뒤 동위상으로 하고 고속시에는 동위상으로 조향 안정성과 일관된 조향성을 실현시키고 있다.

▶ 최근 유행은 패시브식 토 컨트롤

서스펜션에는 **부시**라고 부르는 고무 부품이 다수 사용되고 있다. 자동차는 주행중에 노면 저항과 공기저항 등 다양한 저항을 받는다. 이때 모두 금속만으로 받는다면 진동은 모두 보디로 전달된다. 그래서 강도와 크기를 고려하여 고무로 된 부시를 금속부품 사이에 끼운다. **서스펜션 암**에 부착하는 이 부시의 견고함을 조절하여 뒷바퀴가 조금 움직이도록 세팅된 차가 있다. 또한 토 컨트롤 링을 장착하여 보다 적극적으로 뒷바퀴를 움직이게 하는 차도 있다.

토 컨트롤 링크란 코너링과 제동시에 토 각(진행방향에 대하여 얼마만큼 안쪽 또는 바깥쪽으로 향하고 있는가를 나타내는 각도)의 변화를 바람직한 특성으로 변화시키기 위해 추가된 링크. 타이어에 작용하는 가로 방향의 힘에 의해 링크라고 부르는 샤프트가 휘어져 뒷바퀴의 토 각이 변화한다. 타이어가 곡선진행 방향은 토 인, 즉 동위상 방향으로 움직인다. 이에 따라 고속 커브에서 안정된 조향성을 실현한다.

● **Tip** 패시브식 토 컨트롤은 저렴한 가격이 실현되어 일반적으로 채용하도록 되었다.

4륜의 움직임

● 역위상　　● 동위상

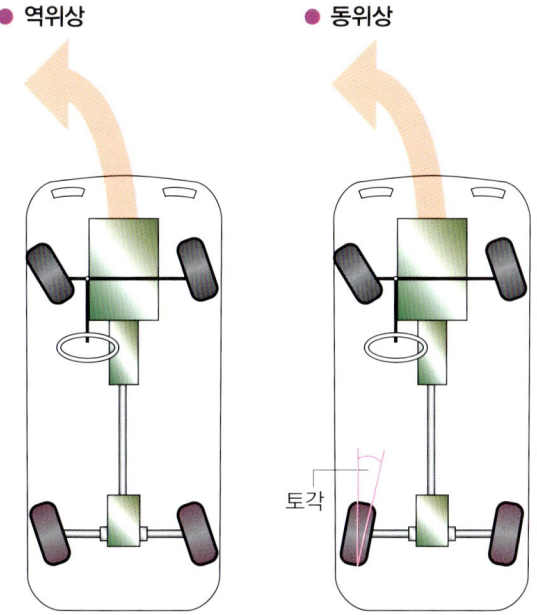

토각

역위상은 차가 저속일 때에 움직이도록 설정되었다. 저속으로 코너를 돌 때 뒷바퀴는 역위상으로 되어있는 것이 차 방향을 자연스럽게 바꿀 수 있다. 반대로 동위상은 고속으로 작동되도록 세팅된다. 고속도로의 커브 등 고속 영역에서 코너를 돌 때 뒷바퀴에는 똑바로 나아가려고 하는 힘이 적어진다. 따라서 차 뒤쪽이 코너의 바깥쪽으로 커진다. 이것을 방지하기 위해서 뒷바퀴가 앞바퀴와 같은 방향으로 돌아서 뒷바퀴가 바깥쪽으로 나가려는 힘을 경감시킨다.

스피드에 따라 변화하는 뒷바퀴의 움직임

● 저속 영역　　● 중속 영역　　● 고속 영역

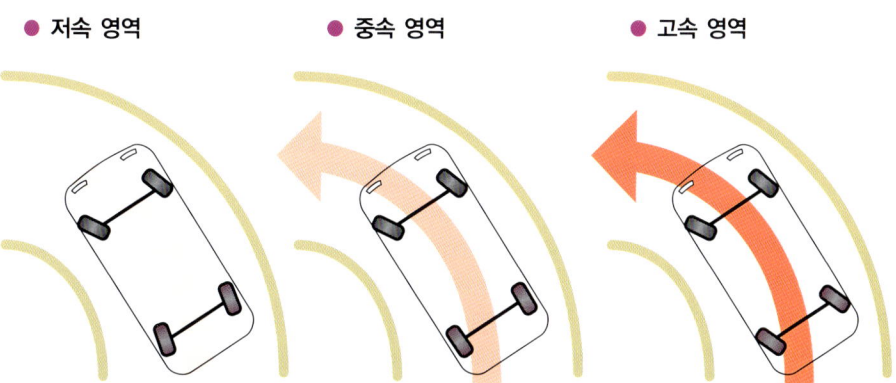

뒷바퀴가 움직인다고 해도 불과 5도 정도이므로 뒷바퀴가 눈에 보이도록 움직이는 자동차는 적다. 왜냐하면 작은 각도에서도 큰 효과를 얻을 수 있기 때문이다. 저속 영역에서는 방향 변환이 쉽게 되도록 역위상으로 움직인다. 중속 영역에서 뒷바퀴는 자동차와 평행한 각도로 돌아온다. 고속 영역에서 뒷바퀴에 강한 힘이 가해지면 동위상으로 변환되어 슬립이 발생되는 것을 방지한다. 슬립이 격렬해지면 뒷바퀴는 컨트롤을 잃어 원심력에 의해 차체를 바깥쪽으로 향하게 된다. 즉 뒷바퀴가 동위상으로 변환되는 것을 억제한다.

● **Tip** ● 전자제어기술의 발전으로 한 순간 버려졌던 리어 액티브 스티어가 다시 주목을 받고 있다. 앞으로 더욱 더 이 기구를 채용하는 차가 늘어갈 것이다.

Section 10 타이어의 기본

튜브리스 타이어 타이어의 안쪽에 튜브가 없고 대신에 이너 라이너라고 하는 얇은 고무를 붙인다. 현재 일반적으로 사용되고 있다.

▶ 타이어의 구조

차에서 노면과 직접 닿은 타이어는 매우 중요한 부분이다. 엔진의 파워도 브레이크의 제동력도 서스펜션의 성능도 타이어를 통하여 발휘되는 것이다.

현재 승용차에서는 공기주입 **튜브리스 레이디얼 타이어**(tubeless radial tire)가 주류이므로 그것을 중심으로 설명하겠다.

타이어의 기능은 하중을 견디고 노면의 충격을 완화시키고 구동력, 제동력, 코너링 포스를 발생시켜서 안전하고 쾌적하게 달리게 하는 것이다. 기본 구성은 코너링 포스를 발생시키는 벨트, 공기압을 유지하는 카커스, 외부로부터 카커스를 보호하는 사이드 월과 트레드, 공기압으로 타이어 형상을 유지한다. 그리고 휠의 림부분에 타이어를 고정하는 비드 와이어 등으로 구성되어 있다.

▶ 마찰력이 힘을 만들어 낸다

타이어는 회전하면서 노면과 연속적으로 접하고 있다. 이 접촉이 마찰력을 만들어 내고 차를 움직인다. 타이어의 마찰력이 적어지면 **공전**(wheel spin)을 일으킨다.

노면이 젖어있을 때와 눈이 올 때에는 마찰력이 적어져 차의 운행이 안정되지 못하게 된다. 노면의 상태는 차에 있어서 매우 중요한 문제이다. 트레드의 접지 면적이 크면 마찰력도 크게 되므로 파워가 큰 스포츠카 등은 효율적으로 노면에 힘을 전달하기 위하여 폭이 넓은 **광폭 타이어**를 끼우고 있다.

▶ 마찰과 선회 능력

가속을 하면서 조향을 하거나 코너링 중에 브레이크를 밟거나 하는 경우에는 **전후력**(구동력과 제동력)과 **횡력**(코너링에 필요한 힘)이 동시에 발생한다. 어느 것이던 타이어와 노면 사이에서 필요한 마찰력이지만 양쪽이 동시에 발생하여도 타이어 마찰력의 최대치는 바뀌지 않는다. 급브레이크를 밟으면서 급하게 핸들을 꺾어도 운전자가 생각한 방향대로 가지 않는 것은 전후력과 횡력이 이 타이어 마찰력의 최대치를 넘었기 때문이다. 타이어 마찰력이 크면 클수록 한계치는 높아져 보다 빠른 속도에서 안전하게 코너를 돌 수 있다.

● Tip ● 정차시에 핸들조작을 하면 회전하지 않으려는 타이어와 지면과의 마찰이 강해서 차의 각 부분에 손상을 주므로 금지할 행동이다.

튜브가 있는 타이어와 튜브없는 타이어

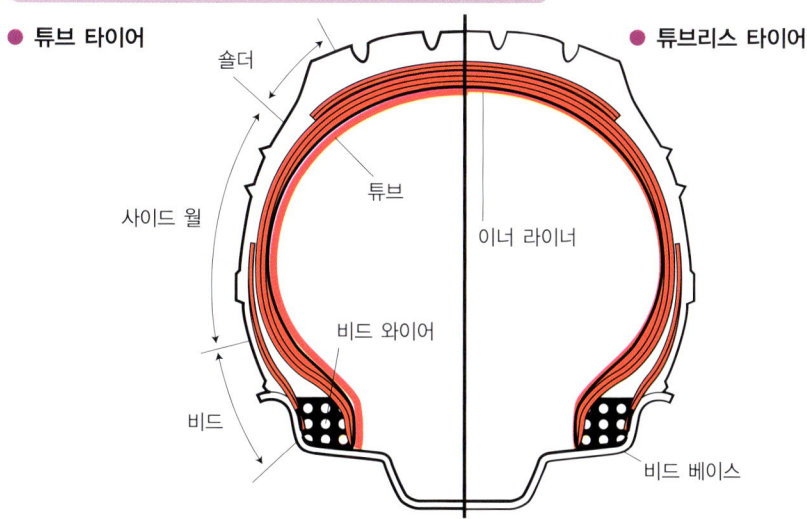

● 튜브 타이어
● 튜브리스 타이어

숄더, 튜브, 이너 라이너, 사이드 월, 비드 와이어, 비드, 비드 베이스

자동차의 타이어에는 튜브 타이어와 튜브리스 타이어가 있으며 현재에는 일반적으로 튜브리스 타이어가 사용되고 있다. 튜브 대신에 이너 라이너라고 부르는 얇은 고무의 막을 붙여 이 막에 의해서 타이어 안의 공기를 밀폐시키고 있다. 이 막은 신축성이 좋고 작은 상처 정도는 공기가 빠지지 않도록 되어있다.

타이어의 내부구조

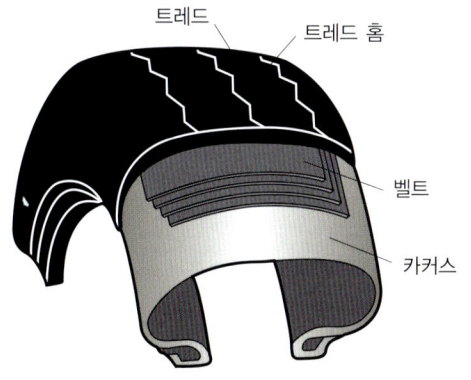

트레드, 트레드 홈, 벨트, 카커스

타이어의 구조는 매년 진화하고 있다. 전체가 고무로 되어있는 것이 아니고 초기에는 면 같은 것이 사용되었지만 현재는 합성섬유 등이 사용되고 있다. 벨트 층의 역할은 팽창 변형과 같은 것을 억제하는 것으로, 보이지 않는 부분도 확실하게 진화하고 있다.

슬립 앵글과 코너링 포스

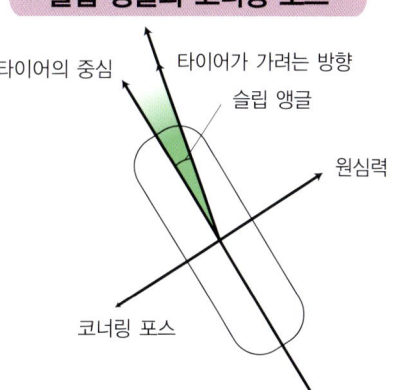

타이어의 중심, 타이어가 가려는 방향, 슬립 앵글, 원심력, 코너링 포스

코너링중 타이어에는 원심력이 걸려 약간 바깥쪽으로 미끄러지면서 선회한다. 이 타이어가 향하고 있는 방향과 슬립하면서 실제로 움직이고 있는 방향과의 차이를 슬립 앵글이라 부른다. 타이어가 버티려고 하는 힘을 코너링 포스라고 부른다.

● Tip ● 타이어에 못과 같은 것이 박혀있는 경우에는 빼서는 안된다. 상태 그대로 주유소나 정비소에 가서 타이어 수리를 받아야 한다.

Section 1.1 타이어의 종류

트레드 패턴 타이어가 노면과 접하는 부분이 트레드로서 구동, 제동, 조향 성능 등을 고려하여 다양한 트레드 패턴이 새겨져 있다.

▶ 서머 타이어는 여름 전용?

현재 일반적으로 사용되고 있는 타이어는 **여름용 타이어**로서 눈과 빙판을 고려하지 않은 타입이다. 유럽처럼 좁은 지역에서 복수의 기후가 존재하는 곳에는 **M+S(mad & snow)**라고 하는 어느 정도의 적설까지 견딜 수 있는 타이어가 표준 장비인 경우가 있다. 겨울용 **스터드리스 타이어**(studless tire)란 스터드(스파이크)가 없다는 의미로서 못이 박힌 타이어가 아닌 타이어를 말한다. 참고로 스노 타이어란 스파이크와 스터드리스, M+S를 포함한 눈과 빙판길에서 일반 타이어보다도 마찰력을 쉽게 잃지 않는 타이어를 말하고 있다.

▶ 타이어의 얼굴, 트레드 패턴이란

슬릭 타이어(slick tire)란 홈이 전혀 없는 타이어를 말하는 것으로 모터 스포츠 세계에서 사용되고 있는 것. 노면이 젖어있지 않다면 타이어에는 본래 홈이 필요없으며 마찰력도 좋아서 소음을 억제하는 면에서도 뛰어나다. 접지 면적이 그만큼 늘어나기 때문이다. 그러나 일반 도로를 달리는 타이어는 언제 비가 와서 노면이 젖을 지 알 수 없기 때문에 접지면으로부터 물을 피하기 위해 홈을 내고 있다.

타이어의 얼굴이라고도 말 할 수 있는 **트레드 패턴**은 **세로 홈**과 **가로 홈**으로 만들어져 있다. 이 트레드 패턴에는 의미가 있어 제 각각 타이어의 캐릭터에 맞는 목적으로 구성되어 있다. 일반적으로 안전성을 중시한 타이어는 노면에 접하는 부분과 부분이 세세하게 많은 패턴으로 되어있는 것이 많다. 반대로 **드라이 그립**(dry grip)을 중시한 스포티한 타이어는 홈들이 적으며 개개의 블록도 크다.

현재의 타이어는 상당히 고성능이어서 승차감과 마찰 성능도 높은 것이 많다. 그렇다고 해도 타이어에는 공기가 필요하며 이 공기는 사용하지 않고 두어도 1개월에 10kPa 이상 빠져 버린다. 공기압이 떨어지면 접지면적이 늘어 핸들에 과잉 부담이 걸린다. 또 저항이 늘어나므로 연비에도 큰 영향을 준다.

공기가 부족하면 타이어의 고무가 접혀져 작은 진동을 일으키고 결국에는 파손될 위험성이 높다. 공기압 점검은 주유소 등에서도 할 수 있으므로 정기적으로 점검하는 습관을 길러두면 좋다.

● **Tip** ● 타이어는 생물이다. 사용하지 않아도 자연적으로 소손되므로 가능한 신품 타이어를 구입하는 것이 좋다.

트레드 패턴

● 리브형 패턴

소음이 적으며 균형적인 성능을 발휘하므로 가장 일반적으로 사용되는 타이어 패턴. 포장도로 주행에 적합하므로 승용차에서 버스까지 폭 넓게 채용되고 있다.

● 러그형 패턴

마찰력이 강하며 강한 힘을 확실하게 노면에 전달 할 수 있으나 승차감이 좋지 않다. 또 소음발생이 크며, 상태가 나쁜 길에서도 강하므로 공사현장에서 사용되는 차량에 주로 채용된다.

● 블록형 패턴

세밀하고 복잡한 형태를 한 블록이 많은 패턴. 노면을 블록으로 확실하게 '잡는다'는 느낌이어서 마찰력이 뛰어나다. 스터드리스 타이어 등에 이용된다.

● 리브 러그형 패턴

리브형과 러그형을 조합한 것 같은 패턴. 리브형과 러그형의 장점을 고루 갖춘 것이다. 공사현장 등의 험한 길과 포장도로를 달릴 필요가 있는 덤프 트럭같은 것에 이용된다.

스틸 레이디얼 타이어

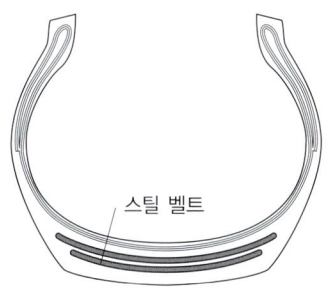

튜브 리스 타이어 중에는 타이어의 안쪽에 철을 넣어 펑크를 방지하는 스틸 레이디얼 타이어가 있다. 레이디얼이란 벨트를 감은 구조를 지닌 타이어를 말한다. 현재 사용되고 있는 타이어 대부분이 레이디얼 타이어다.

스터드리스 타이어

블록 패턴의 타이어에 사이프(sipe)라고 부르는 작은 홈을 파서 눈과 빙판길에서 마찰력이 좋은 타이어. 또 고무 안에 딱딱한 섬유나 호두껍질 같은 것을 섞어 노면과의 마찰 저항을 늘리고 있다.

● **Tip** ● 스터드리스 타이어는 옥외를 피하여 직사 광선과 비에 젖지 않게 관리하면 오래 보관할 수 있다.

Section 12 타이어의 사이즈

Key Word 편평률 타이어의 단면 폭에 대한 단면 높이의 비율. 편평하게 될수록 승차감은 나쁘지만 스포츠성은 높아지기 때문에 보다 편평한 타이어를 원하는 것이 최근의 경향.

◉ 타이어의 기호를 읽는다

타이어의 측면(숄더부 또는 사이드 월)에는 205/50R15 85H 등의 표기가 보인다. 이것은 **205가 타이어의 폭**(mm), **50이 편평률50**(%), **R이 레이디얼, 15가 림 지름**(인치), **85가 허용하중지수**(하중 515kg), **H가 속도기호**(최고 210km/h까지)를 각각 표시하고 있다. **편평률**(扁平率)이란 타이어의 단면 폭에 대한 타이어의 높이와의 비율이다. 또 타이어가 제조된 시기에 대해서도 제조번호로서 각인되어 있다.

메이커에 따라서 제조번호를 붙이는 방법이 다르지만 대개 제조번호의 **아래 4행이 제작 연도**이고 마지막의 **2문자가 연도**, 그 **앞의 2문자가 그 해의 몇 주째**에 만들어졌다는 것을 표시하고 있다. 예를 들어 2509라면 2009년 25주째에 제조된 것이 된다. 이 제조번호는 타이어의 단면에만 표기되는 것이 많으므로 실제로 자동차에 장착할 때에는 확인하기 어려울 경우가 있다. 그러나 타이어를 고를 때의 기준은 된다.

◉ 타이어의 소손

타이어는 노면과 서로 마찰하여 조금씩 마모되어 간다. 타이어에는 꼭 **슬립 사인**이라는 표시가 있다. 이것은 타이어의 트레드면의 홈에 있는 튀어나온 부분을 말하는 것으로 홈의 깊이가 1.6mm가 되면 그 튀어난 부분이 트레드와 같은 높이가 되어 타이어의 사용한도를 나타낸다. 타이어의 표면에 이 슬립 사인이 나타나면 빨리 신품 타이어와 교환할 필요가 있다. 타이어의 마찰 성능이 위험한 수준까지 떨어지고 있다는 것을 나타내는 것이기 때문이다. 또, 타이어의 주원료인 합성고무는 자외선 등의 광선에 노출되면 사용하지 않아도 열화되어 훼손된다. 사용 한도가 오기 전에 교환하는 것은 자원의 낭비이기도 하지만 가는 균열이라도 생겼다면 교환시기가 임박했다는 것이다.

타이어 로테이션(교체)은 타이어를 오래쓰는 방법이다. 앞·뒤 같은 메이커 타이어라면 타이어를 크로스 교체하므로써 마모를 균일하게 할 수 있다. 특히 앞바퀴가 쉽게 닳으므로 정기적으로 교환하는 것이 좋다. 다만 앞바퀴에 슬립 사인이 나타났다고 해서 뒷 바퀴 타이어와 교환하는 것은 위험하다. 정기적으로 교환하여 앞뒤바퀴가 일정하게 마모시키는 것이 훌륭한 사용법이라 하겠다.

● **Tip** ● 타이어 교체는 자신이 해도 가능하며 카센타 등에서도 쉽게 해준다.

타이어의 사이즈

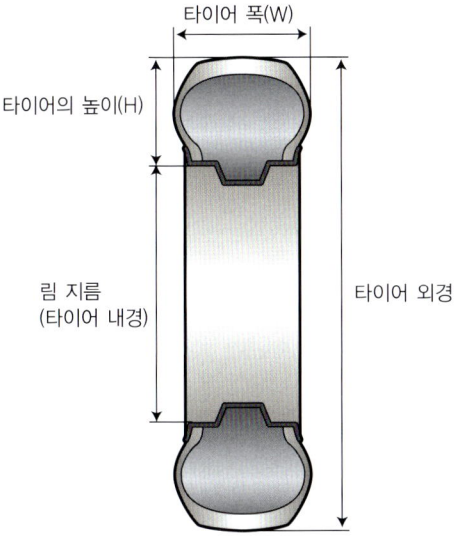

편평률이란?

편평률 = H÷W

편평률 = H÷W×100

타이어 폭(W)과 타이어의 높이 (H)의 비율을 편평률이라 한다. 편평률은 퍼센트로 표시한다. 편평률의 퍼센트 표시가 작아질수록 타이어는 편평하다 할 수 있다. 편평한 타이어는 가로방향의 하중에 견디기 쉽다. 그 특성을 살려서 스포츠 타입의 차 등에 이용된다. 그러나 타이어 안에 충진되어 있는 공기의 쿠션작용이 역할하기 어려워 승차감은 악화한다. 그래도 최근에는 타이어 구조의 진화와 고무 재질의 연구 등에 의해 승차감의 열화가 적은 타이어도 늘어났다. 그러한 이유로 보다 편평한 타이어를 원하는 것이 최근의 유행이다.

185 = 타이어의 폭(mm)
 60 = 편평률(%)
  R = 레이디얼 타이어
      (바이어스 타이어에는 없다)
 14 = 림 지름(인치)
 82 = 허용하중지수
  H = 속도한계
      (S= 180km/h, H= 210km/h
       V=240km/h까지)

슬립 사인

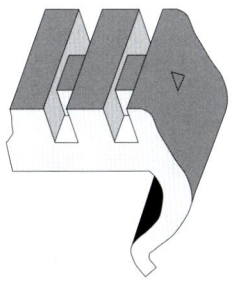

슬립 사인이 노출된 상태

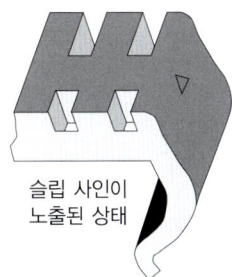

타이어의 사이드 월에 삼각 표시가 표시되어 있다. 거기에는 홈 안에 돌기가 만들어져 타이어의 사용한계를 나타내고 있다. 이 슬립 사인이라고 부르는 돌기가 타이어의 표면에 노출되어 노면에 접하게 되면 그 타이어는 교환시기이다.

● Tip ● 수입차는 국내에 사용하지 않는 사이즈의 타이어를 장착하고 있는 경우가 많다. 그래서 비교적 값이 비싸다.

Section 13 휠의 기초지식

인치업 타이어의 외경은 같은 상태로 내경 즉 림 지름을 큰 사이즈의 것으로 교환하는 것. 보다 편평한 타이어를 장착하게 되는 결과다.

❯ 자동차와 타이어를 연결하는 부품

휠은 타이어와 같이 회전하는 것이기 때문에 되도록 가벼운 편이 좋다. 가능한한 가볍게 하려는 연구가 있어 왔으므로 다양한 소재와 형상이 개발되어 있다. 휠 교환과 **인치업**은 차에 손을 대지 않고 성능을 향상시키는 방법이어서 인기가 좋다.

❯ 휠의 주류는 알루미늄

휠의 재질은 **철과 알루미늄 합금**, **마그네슘 합금** 등이 있다. 알루미늄 비중은 2.7로 철의 3분의 1밖에 안된다. 가공성이 좋아서 자유로운 디자인이 가능하고 열전도율도 높다. 그래서 브레이크가 발생시키는 열을 받아 효율적으로 밖으로 발산시킬 수 있다. 철보다도 고가이지만 그 양호한 특질 때문에 많은 자동차에 사용되고 있다. **주조**와 **단조**가 있으며 단조 쪽이 가볍고 강하다.

최근에는 마그네슘에도 이목이 집중되고 있다. **마그네슘**은 가공이 어렵지만 비중이 1.74여서 더 가볍기 때문에 레이싱카에서는 이미 주류를 이루고 있다. 양산 효과 등으로 가격도 저렴해지는 경향이 있어 앞으로 판매되는 자동차에 많이 채용될 것이다.

메이커 순정품의 휠은 **1피스**로 되어 있는 것이 많다. 이것은 이음매가 없는 일체 성형된 것. 디자인의 자유도는 떨어지지만 경량이며 강성이 높다. 그리고 무엇보다도 가격이 싸다. 그에 비해 디쉬와 림을 합친 **2피스**는 디쉬와 림을 별도로 제조하여 피아스 볼트와 용접으로 접합한 것. 나아가 림을 2개로 나눈 **3피스**는 디자인의 자유도가 높지만 중량이 조금 무겁다. 그러나 드레스업용으로서는 인기가 높다.

❯ 휠 밸런스는 매우 중요

아무리 가벼운 휠을 골랐다고 할지라도 **휠 밸런스**가 맞지 않았다면 그 성능은 발휘될 수 없다. 휠과 타이어를 조합한 상태만으로는 밸런스가 맞추어져 있지 않기 때문에 주행중에 이상한 진동이 발생하기도 한다. 휠 밸런스 시험기로 균형을 잡음으로써 원심력과 모멘트를 컨트롤 할 수 있다. 고속주행중에 부딪히는 듯한 진동이 핸들에 전달되면 휠 밸런스가 맞지 않을 가능성이 있다. 정비업체에 가서 휠 밸런스를 잡아야 한다.

● Tip ● 얼마 전까지만 해도 스틸 휠은 디자인에 신경 쓰지 않은 제품이 많아 인기가 없었지만 최근 생산된 스틸 휠은 멋진 것도 많다.

알루미늄 휠의 사이즈와 구조

휠에는 몇 개의 정해진 사이즈가 있다. 00인치라고 하는 지름도 있지만, 허브에 고정하는 허브 볼트의 수(승용차에선 4개와 5개가 주류), PCD(피치 서클 다이어미터)라고 하는 볼트를 연결하여 생기는 원의 직경이 그렇다. PCD114.3과 100.1이 많고, 수입차에는 112.0과 120.0 이 많다. 이 외의 중요 포인트로서는 옵셋이 있다. 휠의 붙이는 면이 휠의 어느 위치에 있는가를 나타내는 수치를 옵셋수치라고 한다.

휠의 폭을 가령 100mm로 하고 붙이는 면의 위치를 50으로 하였을 경우, 옵셋 0. 휠폭의 중심보다도 바깥쪽에 있다면 플러스, 옵셋 안쪽에 있다면 마이너스 옵셋이 된다. 예를 들어 +50mm와 +20mm의 옵셋휠을 장착했을 경우, +20mm의 휠 쪽이 30mm 보디의 바깥방향에 붙게 된다. 옵셋 수치가 작을수록 타이어와 휠이 바깥쪽으로 나오는 상태에서 장착되는 것이다. 휠의 안쪽에는 브레이크가, 바깥쪽에는 보디가 있으므로 타이어를 조정하여도 주위에 간섭받지 않는 타입을 신중하게 선택해야 한다.

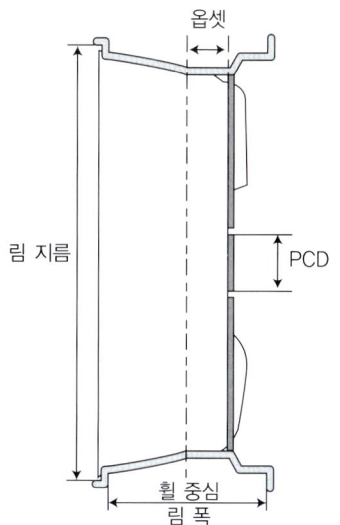

● 1피스

● 2피스
디쉬

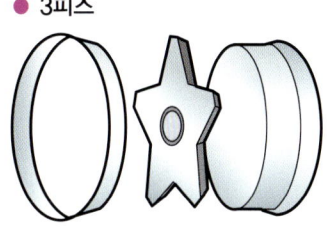
● 3피스
림

인치업의 포인트

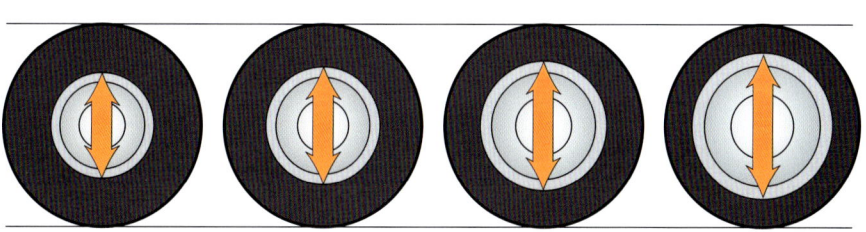

14인치   15인치   16인치   17인치

타이어의 외경은 그대로 하며 림 지름이 크고 저편평한 타이어로 바꾸는 것을 인치업이라고 하고 드레스업의 전형으로 알려져 있다. 인기가 있는 이유로서 스티어링 조작시의 반응이 좋아진다는 것을 꼽을 수 있다. 그러나 타이어와 휠의 선택을 잘못하면 승차감이나 다른 나쁜 요인을 초래할 수 있으므로 주의해야 한다. 우선 타이어 외경을 거의 같게 하지 않으면 속도계의 오차와 차체에 간섭이 발생할 수 있다. 또 타이어마다 설정되어 있는 로드 인덱스(타이어로 지탱하는 중량)를 순정 타이어만큼 하지 않으면 긴급시에 위험을 초래한다. 로드 인덱스를 너무 떨어뜨리면 통상 주행에서는 문제가 없지만 가득 적재한 상태에서 고속으로 주행할 때 급제동을 하게 되면 하중이 앞으로 쏠린다. 특히 자동차 무게가 무거운 미니밴에서는 주의해야 하므로, 타이어 전문점의 전문가와 필히 상담해야 한다.

● **Tip** ● 휠을 인치업으로 하게 되면 휠 내에 수용하는 억제력도 커질 수 있다.

Section 14 브레이크(Brake)

 **2계통식** 브레이크의 유압 배관은 전후 또는 X자형 처럼 2계통으로 나뉘어 한쪽이 고장나도 다른 한쪽으로 제동할 수 있는 구조가 되도록 의무적으로 정해져 있다.

▶ 브레이크는 열교환기

브레이크는 매우 중요한 부품이다. 속도 컨트롤과 중요한 역할을 담당하는 만큼, 정기 점검도 중요하다. 현재의 브레이크는 **디스크식**과 **드럼식**이 있고 어느 쪽이든 마찰에 의해 회전 운동을 열 에너지로 바꾸는 열교환기이다. 대형차에 장착되는 **리타더**(retarder)는 보조 브레이크로서 감속 저항을 만들어 내는 장치이지 열교환기는 아니다. 배기관을 닫아 강력한 엔진 브레이크를 발생시키는 **배기 브레이크** 등이 그것에 해당된다.

▶ 현재로선 유압식이 일반적이다

오늘날 자동차의 브레이크는 발로 조작하기 때문에 **풋 브레이크**라고 부르며 페달을 밟는 힘을 브레이크 본체에 액압(液壓)으로 전달하기 때문에 **유압 브레이크**라고 불리운다. 유압에 의한 전달에서는 눌린 피스톤의 단면적이 누르는 쪽의 2배라면 이동 거리는 절반의 힘이 2배가 된다. 같은 단면적의 피스톤을 4개 연결했을 경우에는 어느 하나를 누르면 나머지 3개에 균등하게 힘을 전달할 수 있다. 이 원리를 이용한 것이 현재의 **유압 브레이크**이다. 이 구조는 브레이크 마스터 실린더라고 부르는 브레이크 페달 바로 근처의 엔진 룸 내에 설치되어 있다.

현재의 브레이크는 페달을 밟은 압력을 **진공 배력장치**(배큠 브레이크 부스터 : 마스터 백)라는 보조장치에서 증가시켜 브레이크 호스를 통하여 브레이크 캘리퍼로 전달하고 있다. 부스터는 기계적인 페달에서의 입력을 엔진의 흡입 부압과 대기압의 차이를 이용하여 힘을 얻는다. 이 부스터는 브레이크 페달과 마스터 실린더 사이에 설치되어 있다.

이러한 기계적인 증압을 더하여 **기계식 브레이크 보조장치**라고 부르는 기능을 갖춘 차도 있다. 이것은 부적절한 드라이빙 포지션과 조작 미숙으로, 필요한 압력으로 브레이크를 밟을 수 없는 운전자를 고려하여 장착되는 장치로서 급브레이크라고 컴퓨터가 판단했을 경우에 밟는 힘보다도 강한 입력을 브레이크 계통에 보내져, 강한 브레이크를 만드는 것이다. 그러나 어느 정도 기량이 있는 사람에게는 오히려 방해가 되므로 앞으로는 학습 능력을 겸비한 **전자제어식** 등으로 바뀌어 갈 것이다.

● Tip ● 디스크 브레이크는 디스크 면이 노출되어 있어 기름 때에 주의해야 한다. 디스크 면에는 절대로 오일이 묻지 않아야 되며 그래야 사고를 방지를 할 수 있다.

2계통식 브레이크

● 앞뒤 분할 방식   ● X배관 방식

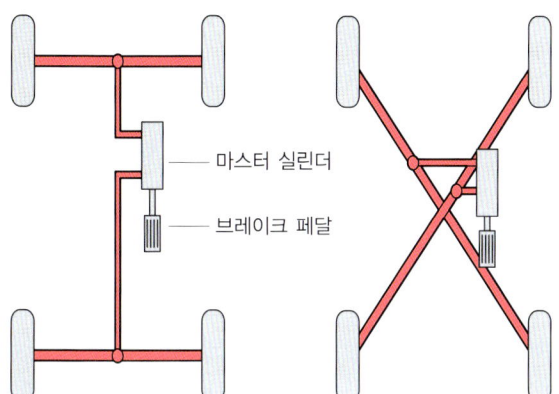

브레이크에 유압을 보내는 배관을 2계통으로 나눠 어느 한쪽의 배관이 고장나도 자동차를 멈추게 할 능력을 잃지 않도록 하고 있다. X배관 방식이 차를 안전하게 멈추는 능력이 높기 때문에 대부분의 자동차는 이 X배관방식을 사용한다. 이 배관방식은 크로스 방식 또는 다이애거널식이라고도 부른다.

마스터 실린더

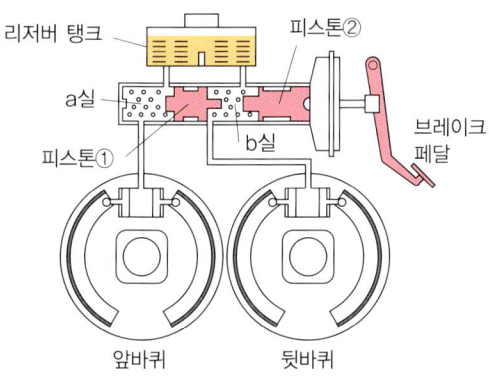

브레이크 페달을 밟지 않은 상태에서 피스톤①과 ②는 브레이크 페달쪽으로 쏠려있다. 피스톤은 스프링에 의해 이 상태로 되돌아오도록 되어있다. 브레이크 페달을 조금씩 밟아도 a실 b실에 저장된 액은 리저버 탱크로 돌아가므로 브레이크는 듣지 않는다.

브레이크 페달을 밟으면 2개의 피스톤이 유압에 의해 눌려 리저버와 a실 b실은 떨어진다. 갈 곳을 잃은 액은 브레이크로 보내져 슈와 피스톤이라 부르는 금속 부품을 눌러, 눌린 쪽의 금속부품과 마찰되어 열을 발생하여 운동 에너지를 방출한다.

● **Tip** ● 브레이크 제어에 이용되는 브레이크 액은 정기적으로 교환한다. 이상적인 교환 시기의 기준은 2년마다 교환한다.

Section 1 디스크 브레이크(Disk Brake)

 벤틸레이티드 디스크 디스크 브레이크의 디스크 로터 내부를 중공(中空)구조로 하여 공기를 통하게 함으로써 냉각 효과를 높인 것

▶ 더욱더 많이 이용되는 브레이크

현재 브레이크의 주류를 이루는 것은 디스크식이다. **디스크식**은 **브레이크 캘리퍼**에 장착된 **브레이크 패드**가 **디스크 로터**를 눌러 잡음으로서 마찰을 만들어 회전운동을 열로 변환시켜 대기 중으로 방출하는 기능을 하고 있다.

▶ 디스크 브레이크의 구성

크게 나눠서 패드를 누르는 **캘리퍼**와 패드에 눌리는 **디스크 로터**로 나뉜다. 패드를 누르는 피스톤은 유압으로 움직이며 디스크에 발생한 마찰열은 디스크의 회전으로 식혀진다. 패드와 로터가 밀폐되어 있지 않기 때문에 방열성이 높고 드럼 브레이크(나중에 설명)와 비교하면 페이드(열에 의해 마찰력이 저하되는 현상)되기 어렵게 되어 있다. 그러나 드럼 브레이크보다도 패드의 마찰 면적이 작고 서보 효과가 없으므로 **배력장치**가 필요하게 된다. 현재는 이러한 단점을 보완하기 위해 대형 캘리퍼와 디스크를 패드로 감싸는, 서로 마주보는 캘리퍼를 채용하므로써 대응하고 있다.

▶ 피스톤 실(seal)의 움직임

캘리퍼 안에는 피스톤이 들어있어 이 피스톤이 유압으로 패드를 로터에 밀어서 마찰시키고 있다. 피스톤 주위의 실린더 내벽에는 고무로 된 **피스톤 실**이라는 링이 끼워져 있다. 이것은 유압에 사용하는 브레이크액이 피스톤과 링 사이에서 새어 나오지 않게 하기 위한 것으로 브레이크 페달을 밟아 유압이 걸려 피스톤이 움직이면 피스톤에 접한 부분이 변형되면서 실도 함께 움직인다. 그리고 유압이 없어지면 고무의 복원력으로 원래 대로 돌아온다. 그 때 피스톤을 당겨서 피스톤도 원래의 위치로 되돌아 온다. 또 패드가 소모되어도 피스톤이 실을 움직이면서 밀착하기 때문에 디스크와 패드 사이는 항상 일정하게 유지된다.

일반적으로 캘리퍼 내의 피스톤은 1개이다. 피스톤은 한쪽의 패드를 로터에 밀착시킨다. 캘리퍼가 가동하므로 피스톤이 밀려 나와 반력에 의해 반대쪽으로 이동한다. 이 이동으로 반대쪽의 패드를 디스크 로터에 밀착시키는 것이다.

● Tip ● 디스크 브레이크는 원래 비행기의 브레이크로서 개발되었다. 록히드사는 세계에서 최초로 디스크 브레이크를 개발한 회사.

디스크 브레이크의 구성

디스크 캘리퍼
디스크 로터

주된 부품은 디스크 캘리퍼와 디스크 로터. 디스크 로터는 타이어와 함께 회전하며 디스크 캘리퍼는 차체에 확실하게 고정된다. 디스크 로터가 열을 띠게 됨으로써 운동 에너지를 소비하고 있다. 열을 띤 디스크 로터가 밖으로 노출되어 있으므로 효율적으로 열을 대기로 방출시킬 수 있고 물에 젖어도 마르기 쉽다.

● 디스크 캘리퍼의 내부

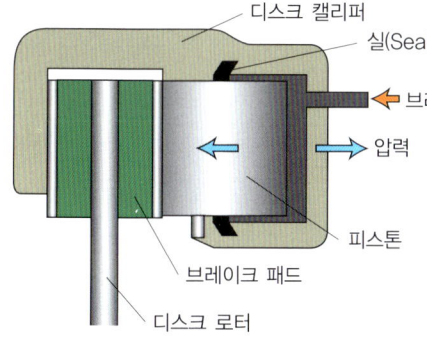

디스크 캘리퍼
실(Seal)
브레이크 액
압력
피스톤
브레이크 패드
디스크 로터

마스터 실린더에 의해 압력이 높아진 유압이 실린더의 내부로 옮겨져 피스톤을 민다. 브레이크 페달에서 발을 떼면 피스톤은 되돌아온다. 이것은 피스톤 실린더 내의 액 유출을 막는 고무제의 링(피스톤 링)이 피스톤을 되돌리는 것이다.

● 벤틸레이티드 디스크 로터

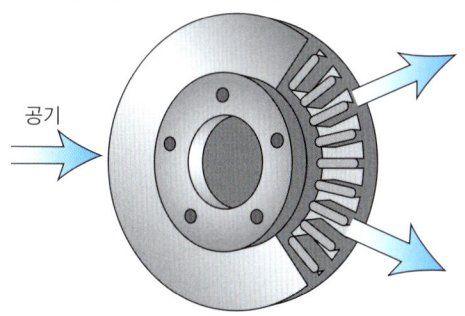

공기

2장의 디스크 로터를 맞붙이고 내부를 중공 구조로 한 디스크 로터. 디스크의 내부까지 공기에 노출되기 때문에 열을 대기로 방출시키기 쉽다. 고성능 차에 이용되는 경우가 많다.

● Tip ● 세계적으로 인기있는 디스크 브레이크 메이커「브렘보 사」. 전세계의 고성능 차에 채용되고 있다. 브렘보 사는 이탈리아의 브레이크와 클러치 시스템의 종합 메이커다.

드럼 브레이크(Drum Brake)

Section 16

자기 배력작용 드럼 브레이크에서 라이닝 부분이 드럼의 회전 방향으로 끌려가는 것으로 제동력이 증대되는 것.

❯ 확장하여 누름으로서 제동력을 발휘

디스크 브레이크와 같이 일반적인 형식으로서 **드럼 브레이크**가 있다. 마찰에 의한 원리는 디스크 브레이크와 같지만 구조는 완전히 다르다. 감싸 쥐는 것이 아닌 확장하여 누르는 것으로서 마찰을 생성하는 것이다.

❯ 심플한 구조이면서 확실한 효과를 생성한다

디스크 브레이크의 패드 역할을 하는 것이 **브레이크 슈**. 타이어와 함께 회전하고 있는 드럼 안에 있어 브레이크를 밟으면 유압이 슈를 바깥쪽으로 밀어 제동력을 만들어내고 있다. 마찰을 생성하는 부분이 드럼 안에 있으므로 마찰을 만드는 면적은 넓지만 방열성에서 떨어진다. 그러나 디스크 브레이크에 비해 결점이 많다는 것은 아니다. **자기 배력작용**이 작용하므로 디스크 브레이크보다도 간단하게 강한 제동력을 얻을 수 있다. 이것은 드럼의 마찰로 슈가 돌려고 하지만 슈 자체는 일정 지점에서 눌리고 있기 때문에 돌 수 없다. 그 결과 더욱 더 드럼쪽으로 이끌려가 마찰력이 늘어나는 것이다. 슈 자체는 드럼의 형상에 맞춰진 **반원호상**으로 패드처럼 2개가 1조로 되어있다. 통상 코일 스프링 같은 것으로 서로 끌어당기고 있어 드럼과는 떨어져 있다. 대표적인 **리딩 트레일링(앵커 핀)**식에서는 전방쪽을 **리딩 슈**, 후방쪽을 **트레일링 슈**라고 부르며 각각 앵커 핀으로 고정되어 있다. 이곳을 지점으로 하여 유압이 작동하면 양쪽이 열리는 것이다. 전진하고 있을 경우에는 리딩 슈에 배력작용이 작동하고 회전이 반대로 되면(후진 등) 이 트레일링 슈는 움직임도 반대로 된다.

드럼과 접하는 부분에는 금속분말을 열경화성 수지로 고온 고압으로 성형한 **라이닝**이라 부르는 것이 붙어 있다. 이 라이닝이 장기간 사용으로 마모되면 드럼과의 간격이 커지고 응답 시간이 늦어진다. 그러나 이것은 자동적으로 마모된 만큼 앞으로 밀어내서 순차적으로 조절이 가능하도록 되어있다. 한때 ABS(디스크 쪽이 컨트롤하기 좋았다고 해서)때문에 모습을 감추는 듯한 드럼 브레이크지만 심플하고 가격도 싸서 타입에 따라서는 충분한 효능이 있어서, 최근에는 전륜(前輪) 구동차의 뒷바퀴 등에 채용이 증가하고 있는 경향이 있다.

● Tip ● 디스크 브레이크와 달리 케이스 안에 제어부품이 있어서 물이 침투하면 브레이크가 잘 듣지 않는다.

드럼 브레이크의 구성

● 리딩 트레일링(앵커 핀)식

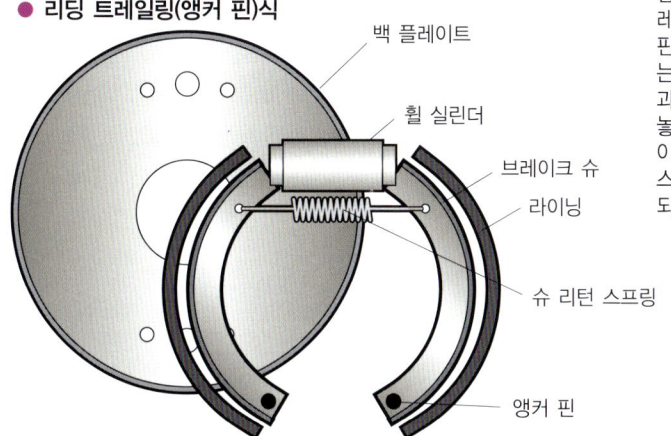

마스터실린더에서 보내진 유압은 휠 실린더로 전해져 브레이크 슈를 밀어낸다. 앵커 핀을 지점으로 브레이크 슈는 확장되어 라이닝이 드럼과 닿는다. 브레이크 페달을 놓으면 휠 실린더 안의 유압이 떨어져 브레이크 슈는 슈 스프링의 힘으로 안쪽으로 되돌아간다.

드럼 브레이크의 구조

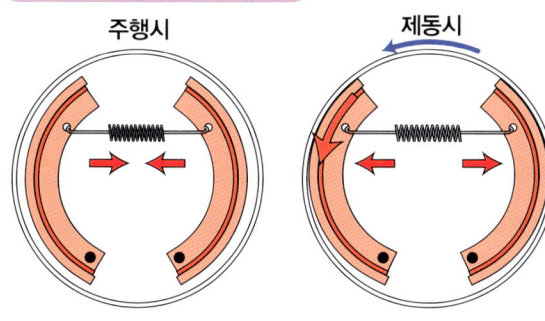

휠 실린더에 의해 눌려진 브레이크 슈는 드럼에 밀착된다. 슈는 라이닝 부분이 드럼과 접촉하므로써 회전방향으로 끌려가려 한다. 그러나 앵커 핀에 의해 고정되어 있으므로 보다 바깥쪽으로 열리려고 하며 더욱더 브레이크가 작동하게끔 된다. 이것이 드럼 브레이크의 자기 배력작용이다.

슈의 형식

슈의 형태는 여러가지이고 그 제동 특성도 다르다.

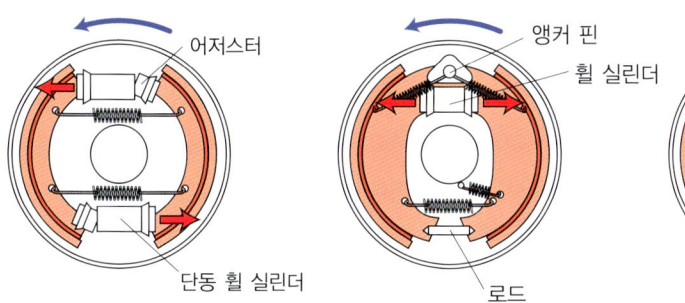

단동 2리딩식. 좌우 슈가 다른 방향으로 열린다.

듀오 서보식. 후진시의 브레이크 성능을 개선하였다.

복동 2리딩식. 실린더를 2개로 한 형식

● **Tip** ● 드럼 브레이크는 디스크 브레이크에 비해 조용하게 작동한다.

Section 17 ABS(Anti-lock Brake System)

타이어 로크   타이어와 노면의 마찰력보다 브레이크의 마찰력이 더 커지면 타이어가 고정되어 노면 위를 미끄러져서 제동거리가 길게 되거나 조향이 안되게 된다.

▶ 브레이킹에 의한 타이어 로크를 막는다

급브레이크 등으로 제동력이 너무 세면 타이어 마찰력의 한계를 넘어버려 타이어가 로크된다. 타이어가 로크 되면(포장도로에서는) 제동거리가 길게 될 뿐만 아니라 컨트롤도 불가능하게 된다. 조향은 타이어가 마찰하면 효과가 있지만, 타이어가 로크 되어버리면 차는 매우 위험한 상태가 된다.

▶ 기계의 힘으로 펌핑

ABS란 글자의 의미대로 브레이크를 로크되지 못하도록 하는 것. 예전에는 사람의 발로 세게 밟거나 약하게 밟거나를 반복했지만(**펌핑**) 현재는 이것을 기계가 하도록 되었다.

ABS는 **액추에이터**, **컴퓨터 유닛** 등으로 구성되며, 자동차 바퀴의 센서로부터 정보를 얻어서 작동한다. 센서로부터의 정보는 차바퀴가 로크되었다고 컴퓨터가 판단하면 액추에이터가 마스터 실린더와 휠 실린더 사이의 브레이크 파이프에 설치된 밸브로 압력의 증감을 행하여 제동력을 컨트롤 한다. 컴퓨터는 차속, 휠의 회전을 상시로 모니터하고 있어 제동력이 최적이 되도록 전체적으로 체크를 한다.

엔진 룸에 있는 ABS 액추에이터는 상당한 고압을 필요로 하기 때문에 견고한 금속으로 된 상자와 같은 모양을 하고 있다.

▶ 정밀한 센서로 모니터링

휠의 회전수를 체크하고 있는 센서는 휠과 같이 회전하는 **센서 로터**와 **센서 본체**로 나눌 수 있다. 센서는 차체에 고정되어 있어 로터의 이빨이 센서가 발생하는 자력(磁力)을 변화시켜서 코일에 전류를 발생시킨다. 이 전류의 주파수가 휠 회전수에 비례하여 변화함으로써 휠 회전수를 검출하여 컴퓨터가 브레이크를 어떻게 할 것인가 판단한다. 운전자가 브레이크 페달을 밟고 있는 상태에서 스피드 센서가 차의 스피드를 검출하고 있음에도 불구하고 휠 회전수가 0 또는 0에 가까운 상태에 있을 때 컴퓨터는 슬립으로 인식하여 단속적으로 제동을 한다.

● **Tip** ● ABS장착 자동차에서는 브레이크 페달을 힘껏 밟고 핸들 조작에 집중하여 장애물을 피할 수 있다. 정지거리가 짧아지는 것은 아니다.

ABS의 움직임

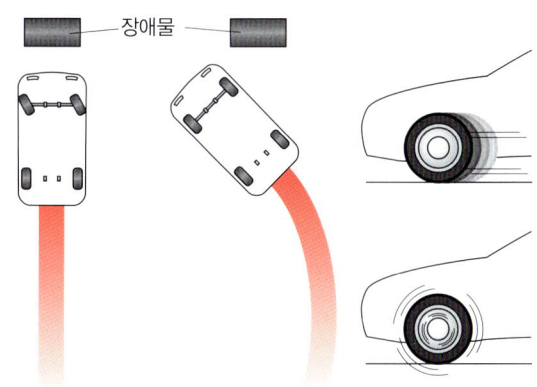

ABS 없는 자동차   ABS 장착 자동차

운전자는 타이어의 로크를 의식하지 않고 마음껏 브레이크를 밟는 것만으로 좋다. 제동거리는 경우에 따라서 타이어를 로크시키는 쪽이 빨리 멈추는 경우가 있으므로 ABS는 어디까지나 급제동을 하면서 핸들링 조작을 되도록 하는 기구라고 말 할 수 있다.

주차 브레이크의 구성

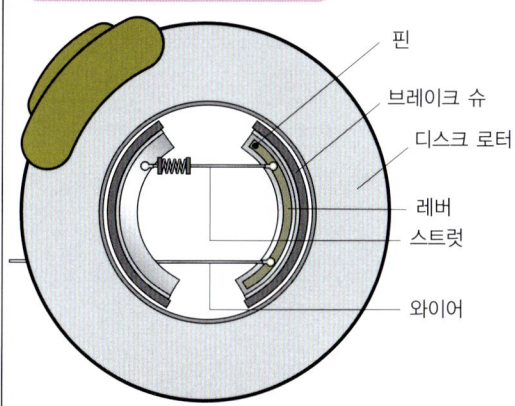

핀
브레이크 슈
디스크 로터
레버
스트럿
와이어

주차 브레이크의 구조 자체는 거의 드럼 브레이크와 차이가 없다. 브레이크 슈를 브레이크 케이스에 밀착시켜 제동력을 얻는 것. 주차 브레이크는 일반적으로 뒷바퀴 브레이크에 설치하지만 FF차의 경우에는 앞바퀴에 설치하는 경우도 있다.

주차 브레이크의 구조

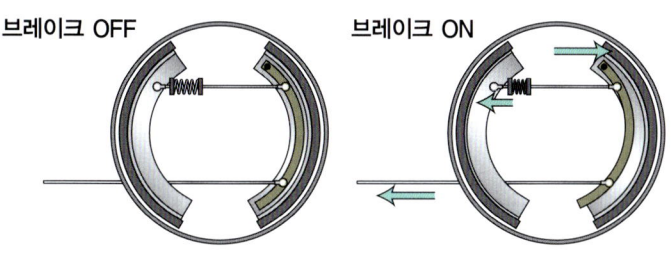

브레이크 OFF   브레이크 ON

와이어를 당기면 핀을 지점으로 하여 레버가 일어난다. 그러면 한 지점이 케이스 쪽으로 밀려 슈를 누른다. 그 힘은 금속제의 샤프트(스트럿)에도 전해져 반대쪽의 슈도 민다.

● **Tip** ● 풋 브레이크가 고장 났을 때 주차 브레이크가 그 대신의 역할을 할 수 있다. 다만 스피드를 높이는 건 금물. 어디까지나 안전한 위치에 차를 정지시키기 위해 사용할 뿐이다.

Section 18 브레이크의 정비와 이상

> **Key Word**
> **베이퍼 로크 현상** 브레이크 과용에 의해 열 때문에 브레이크 액 안에 기포가 생겨 이 기포가 압력을 흡수하여 브레이크가 듣지 않게 되는 현상

▶ 고장 = 사고뿐이므로 정비를 게을리 하지 말 것

최근의 차는 고장도 적어져서 신뢰성은 매우 향상되고 있다. 그러나 브레이크와 관련된 것은 목숨이 걸린 만큼 정기적인 점검을 게을리 해서는 안된다.

엔진이나 조향 관계의 부품이 고장났어도 브레이크만 작동된다면 위험을 피할 수 있을 가능성이 있다. 그러나 브레이크가 고장나면 생명을 위협하는 사고로 이어지기 쉽다.

▶ 브레이크 패드의 잔량을 확인하는 방법

브레이크 패드는 캘리퍼 안에 있지만 스터드리스 교환시에 타이어를 떼어냈을 때 캘리퍼의 간격을 본다면 닳은 정도를 알 수 있다. 차종에 따라서는 브레이크 패드의 두께를 계측하여 규정 두께이하이면 경고등을 켜서 알려주는 차도 있다. 브레이크 패드의 닳은 정도의 기준이 되는 것은 엔진 룸에 있는 **리저버 탱크**. 탱크 안에 저장된 브레이크 액은 자연 증발하는 것이 아니므로 만약 액체가 리저버 탱크의 하한선에 가까워져 있다면 브레이크 패드가 마모되어 있을 가능성이 있다. **브레이크 액**은 브레이크 패드를 밀고 있는 실린더 내에 충진되어 있는 액체다. 액이 줄어 있다는 것은 그만큼 실린더 내에 브레이크 액이 보내지고 있다는 것이다. 만약 패드가 마모되지 않았는데 액이 줄었다면 브레이크 액이 어딘가에서 새고 있을 가능성이 있다.

▶ 브레이크란 우는 것

브레이크 패드에는 **적정 온도**가 설정되어 있으며 일반적으로 사용되는 것은 0℃에서 350℃ 정도. 스포츠 타입이라면 500℃ 정도의 것이 장착되어 있다. 브레이크 성능이 좋지 않다면 패드를 교환해 보는 것도 좋겠다. 또 브레이크를 밟았을 때 '끼~익' 하는 소리에 신경 쓰는 사람도 있으나 이것은 브레이크가 듣고 있다는 증거이기도 하다.

그러나 브레이크 패드가 소모되어도 소리가 난다. 그렇다 하여도 보통 때의 소리와 확실하게 다르면 금방 이상하다고 느낄 수 있다. 불안하다면 정비업소 등에서 점검해야 한다.

● **Tip** ● 실리를 중시하는 유럽차의 브레이크는 잘 운다. 잘 우는 브레이크는 잘 듣기 때문이다.

베이퍼 로크(Vaper lock) 현상

브레이크를 작동시키는 브레이크액은 200℃ 이상이 되지 않으면 비등하지 않는다. 그러나 브레이크 액에는 공기 중의 수분이 혼입되어 있다. 물은 100℃에서 비등하여 기체로 바뀐다. 액체로 된 수분은 관 안에서 쿠션으로서 작용하여 브레이크를 잘 듣지 않게 한다.

페이드 현상(fade development)

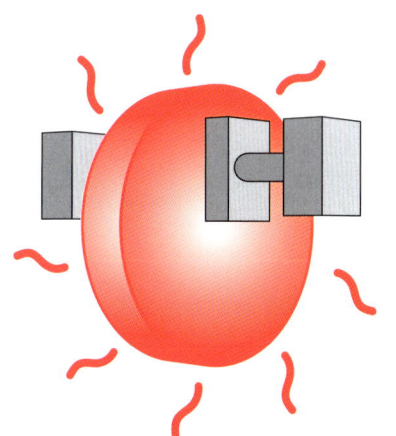

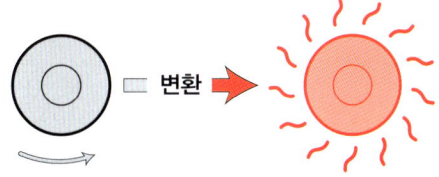

긴 내리막길에서 브레이크를 계속 사용하면 브레이크가 잘 듣지 않게 된다. 디스크 로터 등이 너무 뜨거워져 운동 에너지를 열에너지로 변환시킬 수 없어졌기 때문이다. 긴 내리막길에서는 브레이크를 너무 사용하지 말고 엔진 브레이크를 병용하는 편이 좋다.

엔진 브레이크란?

수동변속기 자동차에서 기어를 저단에 놓고 엔진시동을 걸지 않은 상태에서 차를 밀어보면 그 저항의 크기에 놀랄 것이다. 이 상태에서 계속 밀면 크랭크 샤프트를 모터로 돌리는 것과 같은 상태가 되어 엔진 시동이 걸리게 되므로 주의할 필요가 있다. 이 엔진의 저항을 이용하여 차를 감속시키는 것이 엔진 브레이크이다. 낮은 기어로 시프트 다운시키면 시킬수록 엔진 브레이크가 잘 듣는다. 대형차 등에 장착되는 배기 브레이크는 배기관에 뚜껑을 막음으로써 엔진의 회전수를 떨어뜨리고 엔진 브레이크를 보다 적극적으로 듣게 하는 장치다.

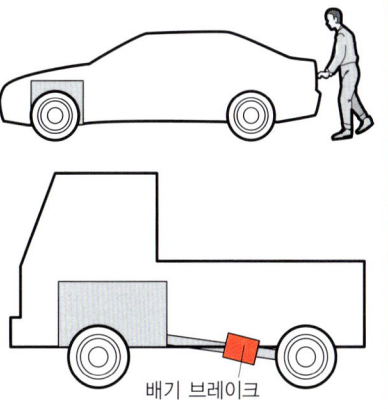

배기 브레이크

● Tip ● 브레이크가 잘 듣지 않게 되면 안전한 장소에 차를 멈춘다. 고갯길 주행 등에서 자주 쉬어주면 페이드 현상을 피할 수 있는 예방책이 된다.

Section 19 와이퍼와 램프의 교환

와이퍼 블레이드 앞 유리 등의 표면의 물방울을 닦아내고 비오는 날에 시야를 확보한다. 둔하게 움직이거나 줄이 생기고 잘 안 닦이게 되면 교환시기.

낡은 와이퍼를 빼 낸다

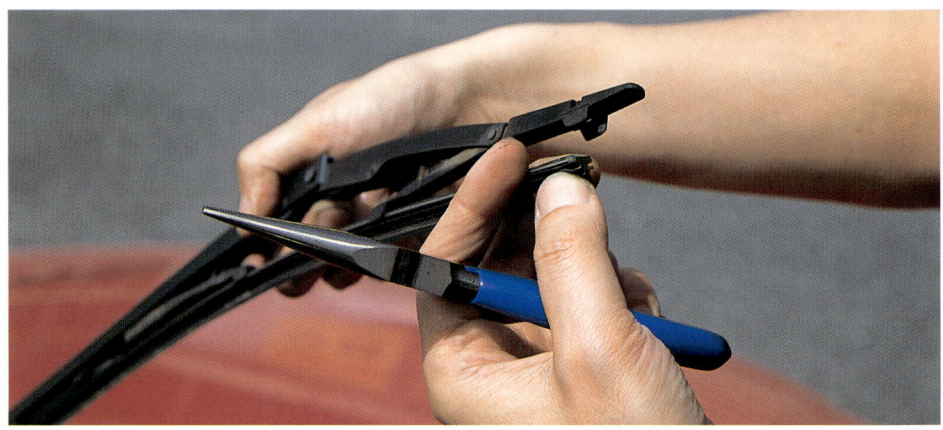

와이퍼로 안 닦이는 면이 생기면 와이퍼 블레이드의 교환시기이다. 와이퍼 블레이드는 자동차 용품점에 여러가지 사이즈가 비치되어 있으므로 자신의 자동차에 맞는 것을 찾는다. 작업방법은 우선 처음에 플라이어 등으로 낡은 와이퍼 블레이드를 빼 낸다.

가이드를 따라 새 와이퍼를 끼운다

와이퍼 블레이드의 금속부품을 와이퍼 암에 끼워간다. 새 와이퍼 블레이드를 천천히 밀어 끼운다. 마지막까지 끼워 넣으면 장착완료다.

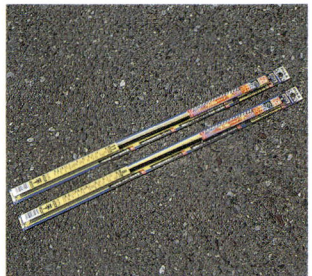

좌우 와이퍼 블레이드는 길이가 틀린 경우가 있다. 운전석 쪽 블레이드가 대개 길다. 이 좌우의 길이가 틀린 것도 용품점에 비치되어 있다.

● **Tip** ● 와이퍼에 얼룩이 지게 되면 교환한다. 블레이드는 몇 천원에 팔고 있다.

헤드 램프의 교환

헤드 램프는 엔진 룸의 안쪽에 장착되어 있는 경우가 많다. 특히 공구를 사용하지 않아도 교환하기 쉽게 된 차종도 있지만 간단히 되지 않는 차종도 있다.

소켓에 램프를 장착한다

테일라이트용 램프

제동등용 램프

차폭등에는 자동차쪽에 소켓이 붙어있는 경우가 있다. 소켓은 작은 부품이므로 엔진 룸 안에 떨어지지 않도록 주의해야 한다. 램프의 종류는 여러가지이므로 낡은 램프를 빼서 같은 종류의 램프를 고르는 게 좋다.

● Tip ● 헤드라이트를 교환하기 위해 많은 부품을 먼저 떼어내지 않으면 안되는 차종도 있다. 한번 카센터에 가서 정비사가 교환하는 것을 눈여겨보는 것도 좋다.

발전하는 플랫폼의 공유화

겉보기에는 전혀 다른 차종으로 보여도 차를 뒤집어 보면 똑 같은 차체 하부를 하고 있다는 사실을 알 수 있다. 이것은 차의 주요 부분인 플랫폼을 많은 차종이 공유하고 있기 때문이다. 플랫폼은 **차의 기본**이 되는 부분이며 여기에 엔진, 변속기, 서스펜션 등을 장착하여 마지막에 보디를 씌우면 차로서 성립되는 것. 많은 차종에서 플랫폼을 공유화시키는 목적은 **비용 절감**에 있다. 하나의 플랫폼만 만든다면 거기에서 많은 차종을 만들어 낼 수 있기 때문이며, **부품도 공유**할 수 있다.

차가 어느 정도로 같은 플랫폼을 사용하고 있는가 예를 들어 혼다차를 살펴보자. 시빅, 스트림, 인테그라, 스텝왜건, CR-V. 이런 차종은 하나의 플랫폼으로 만들고 있다. 해치백에서부터 원복스, SUV까지.

혼다는 특히 이 플랫폼의 공유화에서 성공을 거두었다. 플랫폼을 가능한 공유화한다는 CEO의 강력한 방침에 의해 닛산을 위협할 정도의 회사가 되었다고 전해진다.

더욱이 현재는 같은 그룹 회사끼리 플랫폼의 공유화도 진행되어 경우에 따라서는 국경을 넘는 경우도 있다. 최근에는 엔진까지도 국경을 초월하여 다른 메이커에서 사용하기에 이르렀다.

각 차마다 다른 플랫폼을 만들면 비용이 엄청날 뿐만 아니라 **연구 개발 시간**의 여유가 없게 된다. 플랫폼을 공유화하여 하나의 플랫폼에 많은 차종을 전개해 나갈 수 있다. 시간을 걸려서 개발하기 때문에 개발비는 엄청나지만 그것을 많은 차종에 이용함으로써 **충분한 경쟁력**이 있다. 더욱이 플랫폼의 공유화는 소량 생산차를 **싼 가격**에 **생산**할 수 있게 한다. 예를 들어 대 인기 차종인 도요타 비트의 플랫폼은 「WiLL Vi」와 「bB」를 만들어 냈다.

Chapter >> 06

보디

Section 01 보디 구조
Section 02 공기저항
Section 03 보행자 안전보디와 충돌안전 인테리어
Section 04 도장
Section 05 도어와 루프
Section 06 세차

Section 1 보디 구조

모노코크 보디 섀시와 보디를 일체로 만든 구조. 보디 자체가 프레임의 역할을 맡아 외력을 커버하며, 차체를 가볍게 할 수 있다.

▶ 모노코크 보디는 가볍게 만들 수 있다

현재의 승용차는 기본적으로 모노코크 보디를 채용하고 있다. 이것은 보디 전체로 차체의 강도를 커버하며, 무거운 골격을 필요로 하지 않기 때문에 가볍게 할 수 있다.

엔진과 하체 등을 직접 보디에 연결하거나 **크로스 멤버** 또는 **서브 프레임**을 매개로 보디와 조합하는 것이 일반적이다. 참고로 모노코크 보디에는 도어, 펜더와 보닛은 씌웠을 뿐이지 힘을 지탱하게 되어 있지는 않다. 이런 부품에는 강도를 가질 필요가 없으므로 종종 수지 등이 사용된다. 반대로 **루프** 부분은 매우 중요해서 강성의 40% 정도 점유하고 있는 것도 있다. 사실 선루프는 보디 강성에는 취약한 것이다.

▶ 보디 강성 확보와 경량화

보디 강성을 확보하면서 경량화를 모색하는 것은 매우 어려운 작업이다. 보디 강성을 높이려면 보디가 무겁게 되는 것이 당연하다. 최근에는 특히 **충돌 안전성**의 확보가 당면 문제로 되어 있으며 보디의 대형화가 진행되는 것도 이 때문이기도 하다. 만약, 충돌시에 부서져 **충격**을 **흡수**하는 부분과 부서지면 안 되는 **승객 공간의 확보**에 대한 연구도 나날이 진보하고 있다. 다양한 소재와 기술력을 이용하므로써 이 문제를 해결하려는 개발이 진행되고 있으며 충돌 안전성은 매년 향상되고 있다. 이미 고급차에서는 알루미늄 합금을 많이 쓰고 있고 경량이나 고강성 그리고 절묘하게 파손될 보디구조는 최근에는 필수 조건이 되었다.

▶ 오프로드 차는 프레임을 갖는다

튼튼한 보디가 필요한 오프로드 차에서는 차체를 지탱하는 골격 즉, **프레임**이 사용되고 있다. 현재로는 **빌트인 프레임**이라는 모노코크 보디와 프레임을 더한 구조가 주류를 이루는 경향이 있다. 이 이점은 충돌 안전성 등의 확보와 경량화, 생산성 향상에 있다.

최근에는 생산가격 저감을 위해 **플랫폼(하체)**의 공유화가 진행되고 있으며, 오프로드 차에서도 예외는 아니다. 일반적인 승용차에서도 언뜻보면 전혀 다른 자동차로 보여도 밑에서 보면 동일한 형태의 차가 많다.

● **Tip** ● 모노코크 보디에서는 엔진을 보디만으로 지지하는 것이 어렵기 때문에 엔진을 마운트하는 프레임이 설치되어 있다.

모노코크 보디

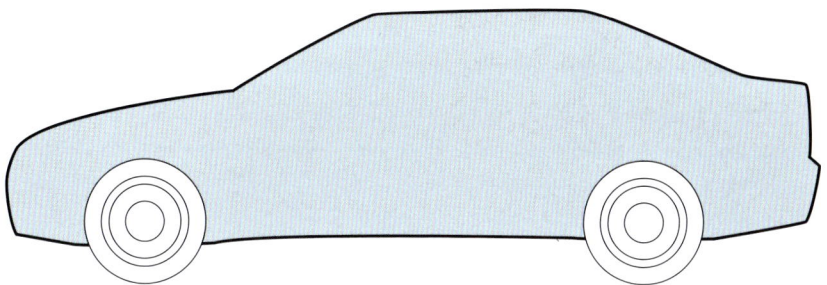

보디 전체에서 강도를 지닌 방식으로 승용차 대부분이 이 방식. 예컨대, 풍뎅이로 대표되는 투구 벌레와 같은 구조다. 가벼운 소재로 보디를 만들고 보디 전체로 차를 지지한다. 차 내에 골격은 없다. 가볍지만 충격을 보디 전체로 받기 때문에 너무 강한 충격에는 견디지 못한다. 모노코크 보디로 충격에 견딜 수 있도록 하려면 탱크처럼 무거울 수밖에 없다.

풍뎅이는 모노코크

프레임 구조

차체 하부에 프레임이라 부르는 골격을 지닌 방식. 엔진 등의 중량물은 모두 이 프레임과 접속되어 있다. 이 골격 위에 보디를 씌우고, 중량은 모노코크 보디 보다도 무겁게 되지만 차를 튼튼하게 만들 수 있다.
또 보디를 강도의 요소로서 사용하지 않기 때문에 보디를 크게 하기에 적합하다. 덤프 트럭 등의 대형차는 모두 프레임 구조를 갖는다. 마치 인간과 같이 포유류가 골격을 지니게 되어서 대형화할 수 있는 것과 같다.

인간은 프레임 구조

● Tip ● 트럭과 트레일러의 짐칸에는 가벼운 천과 얇은 알미늄 등을 사용할 수 있다. 프레임 구조를 지녔기 때문에 될 수 있는 기술이다.

Section 2 공기 저항

 **공기 저항계수** Cd. 차종마다 공기 저항의 특성을 표시한다. 다른 조건이 같다면 이 값이 작을수록 공기 저항은 적게 된다.

❯ 높은 차원에서의 밸런스가 중요

공기 저항의 저감도 세계적으로 중요한 과제이다. 공기 저항은 속도의 2승에 비례하여 증대하기 때문에 고속 영역에서는 특히 중요한 문제가 된다. **공기 저항**이 적으면 최고속도도 향상되고 **연비**도 좋아진다. 그러나 고속 영역에서의 안정성을 확보하기 위해서는 차가 노면으로 가라앉는 듯한 형상이 필요하게 되므로 매우 높은 차원에서의 밸런스가 요구된다.

❯ 보디의 공기 저항

보디의 공기 저항을 줄이려면 보디 표면과 흐르는 공기가 자연스럽게 흘러가게 하는 것이 포인트. 그러기 위해서는 보디를 매끄러운 형상으로 하여 굴곡을 줄여야 한다. 공기에는 습기 등을 함유하고 있어, 보디와 접촉시에는 흐름은 느려지고 보디에서 떨어지면 유속은 빨라진다. 그런 공기의 「**점성**(粘性)」을 충분히 고려한 설계가 최근에 주류를 이루고 있다.

냉각을 위해서 또는 엔진 룸으로 공기를 들여 보내는 에어 덕트도 공기 저항이다. 보디의 특정 위치에 구멍을 뚫어 많은 공기가 통과해야 할 엔진 설계와 가능한한 보디를 매끄럽게 만들어 공기 저항을 줄이고 싶은 보디 설계에서는 빈번한 실험이 전개되고 있을 것이다. 보디의 디자인은 다양한 요소를 고려한 **타협의 산물**이라고도 할 수 있다.

❯ 보디 아랫면도 중요한 포인트

보통은 볼 수 없지만 보디 **밑면의 공기 흐름**도 중요한 포인트다. 특히 고성능 스포츠카에서는 서스펜션과 배기 계통 등을 잘 설계하여 보디 밑면의 굴곡을 없애거나 커버를 장착하므로써 공기저항을 경감시키고 있다. 이러한 세세한 배려가 중요한 의미를 갖는다.

또 스포츠카에서 자주 보이는 **윙(spoiler)**도 효과가 있다. 크게 나누면, 차가 지면에 밀착되도록 힘을 발생시키는 타입과 자연스런 공기의 흐름을 유도하는 타입이 있으나 생각과 필요 요건의 차이이며 2가지 모두 멋내기 위해서 장착하는 것은 절대 아니다. 고속 영역에서 강한 맞바람을 맞으면 핸들이 가벼워지는 느낌이 있다. 이것은 차에 양력(揚力)이 발생하고 있다는 증거이며, 이럴 때에 공력(空力) 부분이 유효하게 작용을 하게 된다.

● Tip ● 차체 측면의 굴곡도 공기 저항을 높이는 요인이 된다.

공기 저항계수(Cd)

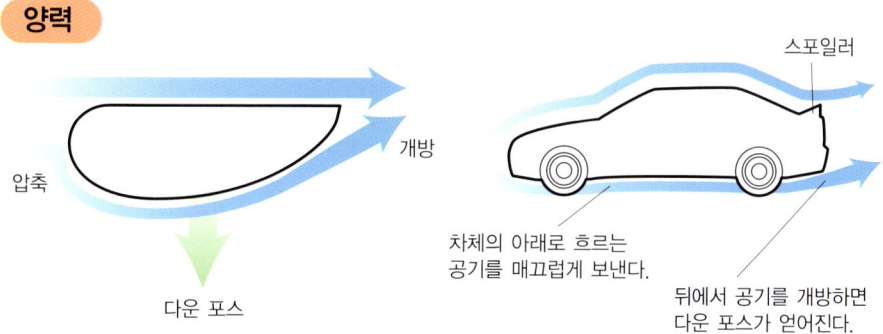

공기 저항계수 Cd값을 줄이는 것이 연비의 향상에 직결된다. 단순히 최고속도를 향상시키기 위해서 연구되는 것이 아니다. 차에 부딪히는 공기 중에서 중요한 것은 차체의 상하로 흐르는 기류이다. 이런 기류를 자연스럽게 전후방으로 흐르게 해주지 않으면 공기의 힘으로 제동력이 생긴다. 차체 후방의 기류에 회오리가 일어나면 자동차를 뒤쪽으로 잡아 당기는 힘이 발생하기 때문이다.

양력

차체의 아래·위에 각각 기류가 생긴다. 가끔 그 공기의 흐름은 차를 들어 올리는 듯한 양력을 발생시킨다. 그래서 고성능차에서는 공력 부품으로서 스포일러가 부착된다. 스포일러는 마치 비행기의 날개를 반대로 한 것 같은 형상을 하고 있어 차체를 지면에 달라붙게 한다. 마찬가지로 보디 전체에 스포일러 같은 작용을 하도록 한 차도 있다.

전면(前面) 투영면적이란

공기 저항은 「공기의 밀도×속도^2×전면 투영면적×Cd」로 구한다. 전면 투영면적이란 차를 앞에서 보았을 때의 면적. Cd값이 아무리 낮아도 이 전면 투영면적이 크면 의미가 없다는 것을 위의 수식을 보면 알 수 있다. 차체를 낮게 만들수록 공기 저항은 감소한다.

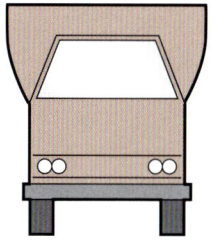

가끔 보디 뒷부분에 거대한 스포일러를 붙인 차가 있지만 전면 투영면적을 크게 하고 있으므로 오히려 공기 저항을 늘리는 결과가 되고 있다.

● Tip ● 최근의 차는 차체 전체가 양력을 억제하도록 되어 있다. 스포일러의 유무로 공력 특성을 판단하는 시대는 아니라는 것이다.

Section 3. 보행자 안전보디와 충돌안전 인테리어

보행자 안전보디 차의 강도를 유지하는 요소에서 제외된 범퍼나 보닛 등은 충돌시에 잘 들어가도록 부드럽게 만들어 부딪힌 사람의 충격을 흡수할 수 있도록 한 것.

▶ 부서지게 하는 것이 포인트

예전에 오프로드 차에서는 **캥거루 바**라고 해서 동물 등과 부딪혀도 차가 부서지지 않도록 바를 부착하는 것이 유행한 적도 있었다. 그러나 최근에는 없어지고(물론 필요한 나라에서는 장착되고 있다) 위급한 상황에 대비하여 보디 전면을 부드럽게 만드는 등 보행자의 안전을 배려하는 자동차가 늘어나고 있다.

포인트는 사람의 머리가 부딪힐 것 같은 위치를 잘 들어가도록 만들 것(변형되면서 충격을 흡수) 보닛과 보닛의 힌지, 와이퍼의 부착점 등이 잘 부서지도록 함으로써 안전성을 확보한다. 또 범퍼는 **충격흡수 구조**로서 범퍼를 장착하는 부분(밖에서는 보이지 않는다)을 부드러운 소재로 만들어서 보행자에게 최소한의 손상을 억제하고 있다.

보행자 보호기준이 승용차는 2013년 1월 1일부터 차량총중량 4.5톤 이하의 승합자동차 및 화물 자동차는 2018년 1월 1일부터 의무 적용된다.

▶ 인테리어도 충격 흡수에

만일의 사태에 대비해야 하는 것은 탑승자도 마찬가지다. 부딪혔을 때의 충격은 매우 크다. 탑승자는 실내의 모든 부분에 몸을 부딪칠 가능성이 높다. 그래서 페달과 핸들, 대시보드 등도 충격을 흡수하는 구조로 되어 있다. 페달 종류는 엔진 등에 밀려서 운전석으로 들어오지 않도록 **후퇴방지 기능**이 갖춰져 있다. 핸들은 에어백이 열린 뒤 컬럼과 축이 부러짐으로써 운전자와의 접촉을 철저하게 차단하도록 되어 있다. 인테리어도 충돌을 감안하여 각 필러(기둥)에는 **충격흡수 기능**을 부여하고 있다. 이러한 안전 장비는 탑승자 전원이 안전 벨트와 유아 시트를 올바르게 장착하여야 그 기능을 제대로 발휘하게 된다.

유아 시트도 최근에는 ISOFIX라고 하는 간단하고 확실하게 탈착할 수 있는 것들이 늘어났다. ISOFIX란 차 시트에 금속제 접속 장치를 마련하여 유아 시트 쪽의 커넥터를 끼워서 고정시킬 수 있는 시트를 말한다. ISOFIX는 국제 기준이므로 ISOFIX의 고정 틀을 장착한 차라면 외제차를 포함해서 그 어떤 차종에도 사용할 수 있다.

● **Tip** ● 앞이 돌출되지 않은 원 복스 자동차가 감소한 것은 충돌 안전성을 높이기 위함. 차의 돌출된 부분은 충격을 흡수하기에 필요한 부분이다.

보행자 안전 보디

■ **보닛 힌지부 충격흡수 구조**
보닛에 부착된 힌지부를 변형되기 쉬운 구조로 하여 충돌시에 충격을 흡수한다.

■ **충격흡수 와이퍼·피벗**
피벗 축(선회축)을 변형되기 쉬운 구조로 하므로써 충돌시에 충격을 흡수한다.

■ **충격흡수 보닛**
엔진과 보닛 사이에 공간을 확보하여 충격을 흡수하는 구조로 하고 있다.

■ **충격흡수 펜더**
펜더를 붙이는 브래킷을 변형되기 쉬운 구조로 함으로써 충돌시에 충격을 흡수한다.

■ **충격흡수 범퍼**
범퍼 빔 형상을 최적화하여 공간을 확보하고 충격을 흡수하는 구조로 하고 있다.

예전에 보디 앞쪽은 튼튼하면 튼튼할수록 안전하다고 여겨졌지만 현재는 적당하고 부드럽게 함으로써 탑승자는 물론 차에 부딪히는 사람의 안전도 고려한 차가 만들어지고 있다.

ISOFIX 유아 시트

접속장치에 커넥터를 끼우면 유아 시트를 고정시킬 수 있다. 비교적 간단히 세팅할 수 있어서 앞으로 계속 보급될 것으로 생각되는 규격이다.

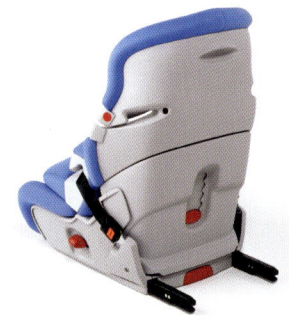

시트에서 튀어나온 접속장치가 커넥터. 이 부분이 차의 시트 가운데 숨겨져 있는 접속장치에 꼭 맞게 끼워진다.

● **Tip** ● 유아 시기를 넘긴 어린이에게는 주니어 시트를. 주니어 시트는 10살 정도까지 사용한다. 어린이에게 기존 안전 벨트를 그대로 채워도 의미가 없는 경우가 있기 때문이다.

Section 4 도장(Painting)

 보디 코팅 도장을 보호하기 위해 불소와 유리를 보디의 표면에 얇게 정착(定着)시키는 것. 작은 흠집을 없애는 효과도 있다.

▶ 본래는 녹을 방지하는 것이 목적

차의 도장은 매년 진화하고 있다. 도료의 목적은 차의 보디를 보호하는 것이다. 예전부터 차의 보디는 가공에 용이한 철을 재료로 하고 있다. 그러나 차는 실외에서 사용하는 것이므로 비나 습기에 노출되게 되므로 보디에 **안료**를 칠하여 녹이 스는 것을 방지하고 있다. 최근에는 겉보기에 좋게 하려는 2차적인 목적을 위해서 연구가 진행되고 있다.

▶ 도료에는 여러 종류가 있다

예전에는 에나멜 도료를 사용했으나 가능한한 **환경 오염**을 줄이기 위해 **수성 도료**를 사용하고 있다. 더욱이 최근에는 많은 수지가 도료 안에 섞여 있다. 연구에 의해 도장면의 경도가 높아져서 예전처럼 운전자가 왁스를 칠해서 도장면에 피막을 만들지 않아도 되도록 되었다. 도장면의 경도뿐만 아니라 도장의 종류도 연구가 진행되어 계속 증가하고 있으며 가장 흔한 흰색, 검정, 은색의 색깔만 해도 많은 종류가 있다. 전통적인 **솔리드**라 부르는 옛스러운 컬러가 있다면 **알루미페스트**를 함유한 것, 인공 운모를 **산화티탄**으로 코팅한 것 등 다양하게 늘어나고 있다.

▶ 최근에 유행하는 코팅

도장의 보호로서 주목을 끌고 있는 것이 **보디 코팅**이다. 현재 도료는 매우 진보하고 있어 평균 사용 연수로는 물 세차만 해도 충분하다.

그리고 항상 반짝거리는 보디를 원한다면 복잡하지 않고 간단한 코팅이 있다. 이 코팅에도 여러 종류가 있어서 **불소**와 **유리섬유**를 표면에 얇게 정착시키는 것이 최근의 주류를 이루고 있다. 왁스보다도 내구성이 높기 때문에 인기가 있다. 다만 운전자가 손수 칠하는 것은 어려우므로 전문가에게 부탁하는 것이 좋다. 또 코팅하기 전에 표면을 얇게 연마하면, 미세한 흠집이 제거되어 흔적을 없애는 효과도 있다. 물론 예전의 방법으로 왁스를 즐겨하는 사람도 많아 손수할 수 있는 것부터 전문가에게 부탁하는 것까지, 내구성이 짧은 것부터 오랫동안 유지할 수 있는 것까지 선택의 폭은 넓다.

● Tip ● 신차 출시 후 1년 뒤에 코팅하는 것이 일반적이다.

도장의 종류

● 솔리드

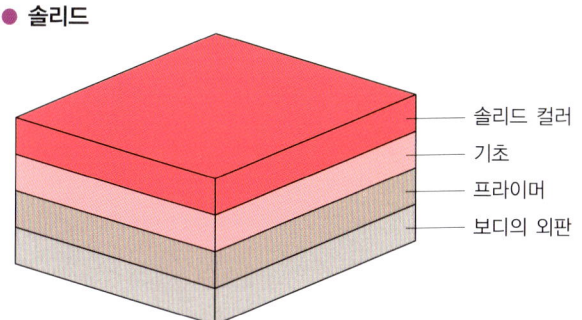

가장 기본적인 도장. 솔리드란 단색을 의미한다. 보디 외판 위에 칠해지는 프라이머란 기초 도장과 금속면을 밀착시키는 도료를 말함. 최근에는 이 솔리드 컬러 위에 투과성 있는 도료, 클리어를 뿌린 차도 등장하고 있다.

● 메탈릭

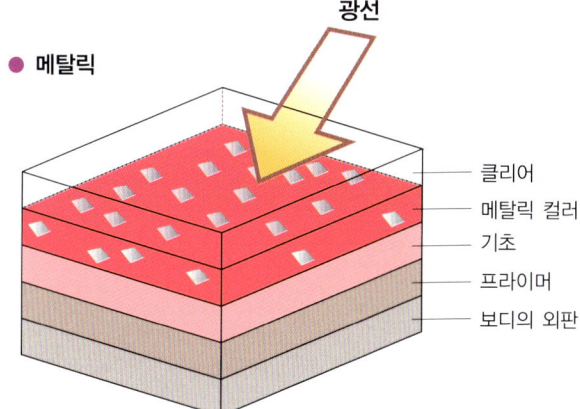

솔리드 컬러에 미세한 알루미늄 조각을 섞은 도료. 알루미늄 조각은 빛을 받으면 반짝거릴 수 있다. 알루미늄 조각을 보호하는 목적으로 메탈릭 컬러 위에 클리어가 뿌려진다.

● 마이카

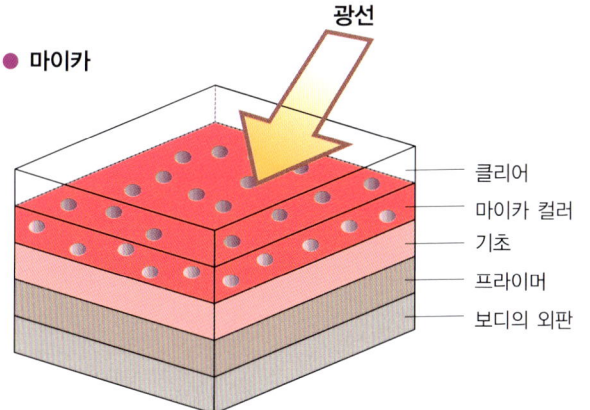

진주처럼 광택을 내는 것으로 펄 도료라고도 부른다. 솔리드 컬러 중에 마이카라고 부르는 운모를 섞는다. 그러면 복잡하고 부드러운 광택을 얻을 수 있다. 마이카는 미세한 입자이므로 도장면을 편평하게 하기 위해서 클리어가 상부에 뿌려진다.

● Tip ● 왁스를 칠할 때 절대로 유리면에는 칠하지 말 것. 시야를 방해하는 장애가 된다.

Section 5 도어와 루프

사이드 임팩트 도어 빔 도어 내부에 설치된 금속성의 봉. 도어의 강도를 높여주고 측면 충돌시에 탑승자를 충격으로부터 보호한다.

도어에 고안된 안전 대책과 소음 대책

차의 도어에는 **사이드 임팩트 도어 빔**이라고 하는 금속제의 봉(막대)이 들어있어 가로방향으로부터의 강한 압력에서 탑승자를 보호하고 있다. 이 빔을 일컬어 **사이드 도어 빔** 또는 **사이드 빔**이라고 한다.

도어의 핸들에도 고안된 장치가 있다. 최근의 도어 핸들이 그립 타입으로 되어 있는 것은 충돌로 인한 도어가 변형되어도 구조 대원이 도어를 비틀어 열기 쉽도록 하기 위해서이다.

도어 안쪽에 붙어있는 고무를 **웨더 스트립**, 차쪽에 붙어있는 고무를 **오프닝 트림**이라 한다. 둘 다 수지로 되어 있으나 그 소재나 모양도 계속 진화하고 있다. 도어의 기밀성과 바람소리를 적게 하기 위해 **이중 구조**로 하거나 **일체성형**으로 연결 부위를 없게 함으로써 소음을 줄이고 있다. 귀에 거슬리는 바람소리는 실내외의 공기가 보디의 틈새를 통과할 때 발생한다. 그것을 없애려면 보디 틈새로 새어 나오는 공기를 억제시키면 된다. 그러기 위해서 창틀과 유리의 접촉면에도 공기가 통하기 어려운 소재를 사용하고 있다.

수지 부품은 시간이 지나면서 열화하므로 적정한 때 교환하지 않으면 안된다.

실내의 형상도 다양하다

실내를 밝게 하여 개방감도 얻을 수 있는 **선루프**. 일조 시간이 비교적 짧은 유럽에서는 인기가 높다. 거의 모든 차에 옵션으로서 설정되어 있다. 선루프는 유리식이 인기가 높지만 개구부 면적이 큰 **캔버스 톱 모델**도 있다. 내구성이 높은 천을 사용한 캔버스 톱은 채광성이 뛰어나고 또 개방감이 넘쳐서 이 또한 유럽에서 폭넓은 인기를 얻고 있다. 구조는 지붕에 슬라이드 레일을 심었을 뿐 매우 심플하다. 그래서 고장도 적다. 또 넓은 지붕을 전기의 힘으로 열거나 닫을 수 있는 **전동 하드톱**이란 지붕도 있다. 주행중에 개폐가 되는 모델도 많다. 가볍게 오픈해서 달릴 수 있으므로 이것들도 인기가 많다. 이러한 모델들은 모노코크 보디를 베이스로 하고 있는 것이 많다. 그러므로 없어진 강도를 보충하기 위해서 보디의 하부 등에 보강재를 더하고 있으며 고정된 지붕 차보다도 중량이 무겁게 되는 경향이 있다.

● Tip ● 도어를 힘껏 닫으면 꽤 큰 소리가 난다. 이것은 차내의 공기가 밀폐되어 있으므로 힘껏 도어를 닫으면 갈 곳 없는 공기가 작렬(炸裂)하기 때문이다.

도어에도 고안된 안전장비

사이드 임팩트 도어 빔

현재의 승용차에는 탑승자 보호 목적 때문에 전방위로 충돌 안전성을 높이는 강재로 둘러싸여 있다. 도어도 그 예외는 아니다. 교통사고에서 탑승자의 생명을 빼앗을 가능성이 높은, 측면 충돌로부터 탑승자를 보호하는 사이드 임팩트 도어 빔이 있다. 측면 충돌은 정면 충돌과 추돌 사고보다도 발생건수는 적다. 하지만 측면에는 탑승자를 보호하는 것은 도어밖에 없으므로 사망 사고 확률이 높아지고 있다.

차내에 개방감을 주는 선루프

선루프는 실내를 넓게 보이게 하는 효과도 있다. 머리 위에 펼쳐진 자연을 즐기면서 운행하는 드라이브는 개방감이 넘치는 상쾌함을 배가시켜 준다.

● Tip ● 선루프 차는 보디 강성을 유지하기 위해서 보강재가 들어간다. 그래서 일반 자동차와 비교하면 중량이 늘어난다.

Section 6 세차

 카 샴푸 차 전용 세제이지만 물때를 분해하는 것, 왁스 효과가 있는 것, 물없이 사용하는 것 등 다양한 종류가 있다.

물로 먼지를 씻어내다

차는 위에서부터 닦아나가는 게 기본. 셀프 세차장 등을 이용하여 우선 고압의 물로 보디에 부착된 먼지를 떨어낸다. 물로 보디를 닦는 기분으로 노즐을 조작하면 먼지 등을 잘 떨어낼 수 있다. 더러워지기 쉬운 타이어 뒤쪽 등은 특히 유념하여 잘 닦아낸다.

휠 하우스안에 부착된 흙도 닦아낸다. 브레이크도 더러워져 있으므로 여기에도 물을 뿌려준다.

보디 하부에도 물을 뿌려 닦는다. 차 반대쪽에 사람이 없는가를 확인한 후 세척한다.

● Tip ● 환경보호 측면에서 세차는 줄여야 한다는 의견도 있다.

샴푸로 보디에 달라붙은 때를 닦아낸다

물로 분사하는 것만으로 깨끗해지지 않을 경우에는 카 샴푸로 때를 닦아낸다. 반드시 전체적으로 물을 뿌려 모래나 먼지 등을 제거한 후에 행한다. 이 순서를 생략하면 보디에 묻어있는 모래로 차를 닦는 결과가 되어 미세한 흔적을 남길 수 있다.

거품을 잔뜩 만들어 차를 닦아낸 후 물로 차를 헹군다. 샴푸는 구석구석까지 깨끗하게 닦아낸다. 특히 물이 흐르는 「홈통」부분은 유념하여 물을 뿌려준다.

지붕을 닦을 때는 사진과 같이 손잡이가 달린 브러시가 편리하다. 카 용품점에서 다양한 물건을 팔고 있다.

● **Tip** ● 해변과 진흙길을 달린 후에는 곧바로 세차를 해야 한다. 보디가 녹스는 원인이 되기 때문이다.

물기를 닦아내서 물때 자국이 남는 것을 막는다

세차 후 차를 그대로 두면 물때 얼룩이 보디 전체에 생긴다. 이것은 아무리 깨끗이 헹궈도 샴푸의 성분이 차에 들러붙어 생기기 때문이다. 세차 후에는 차에 남아있는 물방울을 마른 걸레로 깨끗하게 닦아낸다.

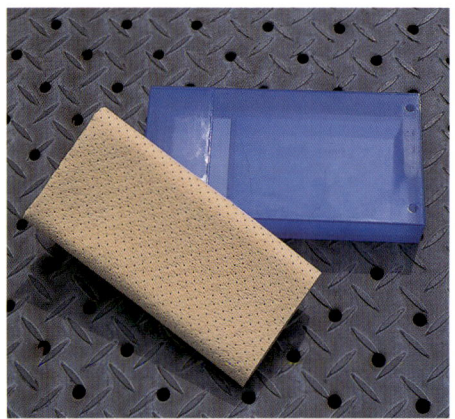

합성 섀미(chamois)가죽을 사용하면 깨끗하게 닦아낼 수 있다. 흡수성이 뛰어나기 때문이다.

합성 섀미가죽은 꼭 물에 적신 후에 사용한다. 마른 섀미가죽은 매우 딱딱하다.

● Tip ● 약간의 구름이 있는 날이 세차하기에 좋다. 이유는 보디에 붙은 미세한 오염물까지 불어서 닦기 좋기 때문이다.

보디는 금속으로 되어 있으므로 열을 흡수하기 쉽다. 보디에 묻은 수분도 증발되기 쉬우므로 재빨리 한번에 헝겊이나 섀미가죽으로 닦아낸다.

도어와 트렁크를 열어서 보디 안쪽에 이음새 부분을 마지막으로 닦는다. 이곳은 대부분 더러워지기 쉽고, 만약에 심하게 더러우면 헝겊에 물을 적셔 손으로 닦아내는 것도 좋다.

● Tip ● 직사광선 아래서 밝은색의 보디를 닦고 있으면 자외선으로부터 눈을 다치는 경우가 있다. 그럴 때는 선글라스를 끼고서 보디를 닦는 것이 좋다.

차 실내와 매트의 청소

셀프 세차장에는 청소기가 비치되어 있는 경우가 많다. 또 가정용 청소기의 코드를 연장하여 사용하면 좋다. 핸디 타입의 청소기는 흡입력이 약하기 때문이다. 운전석 주위에는 특히 더럽혀져 있으므로 유념하여 청소해야 한다.

바닥 매트는 신발에 묻은 흙 등으로 대단히 지저분하다. 플로어 매트 클리너가 세차장에 있으면 좋겠지만 없다면 차와 함께 고압 세척기로 세척한다. 세차 후에는 물을 닦아내고 잠시 건조시키면 좋다. 흙먼지 등은 닦기 전에 두드려서 어느 정도 털어내면 청소를 효율적으로 할 수 있다.

● Tip ● 시트는 꽉 짠 걸레 등으로 물걸레질을 하면 깨끗하게 된다. 더러워진 부분은 몇 번이고 물걸레질을 하면 된다.

Chapter 07

각종 보조 장치

Section 01 라이트
Section 02 나이트 비전과 와이퍼
Section 03 시트
Section 04 안전벨트
Section 05 에어백
Section 06 도어 미러
Section 07 리모컨 키와 공조시스템
Section 08 옆미끌림 방지장치
Section 09 카 내비게이션 시스템

Section 1 라이트(Light)

 디스차지 램프 벌브 안에 키세논 가스와 수은 등이 들어 있어 전극에 고전압을 가하면 푸르스름하고 밝은 빛을 발한다.

❯ 착실하게 진화하는 헤드 램프

야간에 주행을 안전하게 해주는 헤드 램프. 예전부터 변함없어 보이기도 하지만 확실하게 진화하고 있다. 그 대표적인 예가 **디스차지 헤드 램프**이다. 색 온도가 높아 태양광에 가까운 빛이기 때문에 최근에 특히 인기를 모으고 있다. 예전의 할로겐 램프의 2배 밝기로 수명이 길고 소비 전력이 적은 것이 특징이다.

디스차지 램프는 **키세논 램프**, HID(High Intensity Discharge) **램프**라고도 부르며 광원에는 필라멘트를 사용하지 않는다. 벌브 안에는 키세논 가스와 수은, 금속옥화물 등이 봉입되어 있어 2개의 전극 사이에 고전압을 가해주면 키세논 가스가 전리하여 방전을 일으켜서 푸르스름한 빛을 발광한다. 이 방전에 의해 벌브 내의 온도가 상승하여 수은이 증발하고 아크 방전을 개시한다. 그리고 벌브 내에는 더욱더 고온이 되어 금속옥화물이 증발, 아크 내에서 금속원자와 옥소원자로 해리하여 금속원자 특유의 스펙트럼으로 발광한다. 일단 점등되면 저전압(대략 80볼트)으로 발광하지만 점등시에는 고전압이 필요하게 되므로 신호정지 등에서 세심한 작동에는 조금 불리한 헤드 램프이다.

❯ 도덕적인 문제의 레벨링 기구

헤드 램프가 비추는 방향을 광축(光軸)이라 하는데 이것이 틀어져 있으면 바로 앞 차와 대향차에는 몹시 눈이 부셔 운전에 방해를 준다. 차량 뒤쪽이 무거울 경우 내려가 광축이 위로 올라가기 때문이다. 특히 최근에는 디스차지 헤드 램프와 같은 밝은 헤드 램프가 늘어나고 있어 광축이 약간만 틀어져도 주위에 피해를 주기 때문에 왜건 자동차를 중심으로 **레벨링 기구**가 채용되고 있다. 이것은 헤드 램프의 리플렉터 각도 등을 자동 또는 수동으로 변화시켜 광축을 변동시키는 것. 디스차지 헤드 램프 장착차에는 **오토 레벨라이저**가 의무적으로 장착되고 있다.

❯ AFS는 진행 방향을 비춘다

이전부터 코너링 램프라고 하는 좌우를 비춰주는 램프가 있었지만 이것은 윙커 등과 연동되어 조사범위도 좁았다. **AFS**는 스티어링의 조향각을 감지하여 전용 램프의 점등 또는 좌우 어느쪽 헤드 램프의 조사 방향을 바꿀 수 있는 시스템이다.

● Tip ● AFS = Adaptive front light system : 메이커에 따라 부르는 이름이 다르다.

할로겐 램프

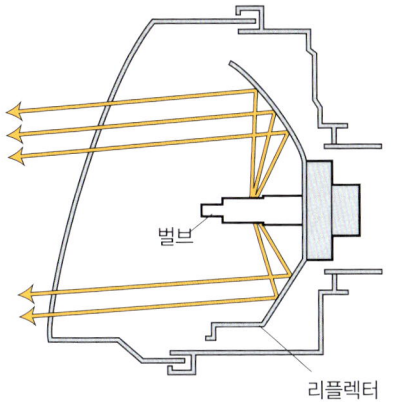

지금도 많은 차종에 채용되는 일반적인 타입. 벌브라고 부르는 전구가 방출하는 빛을 리플렉터와 헤드램프의 렌즈에 들어있는 렌즈 컷으로 발산시킨다. 전구에는 H1/H3/H4/H7 등 여러 종류가 있으며 하나의 벌브로 로우 빔과 하이 빔을 병용하는 차와 각각 별도의 벌브를 사용하는 자동차도 있다.

디스차지 램프

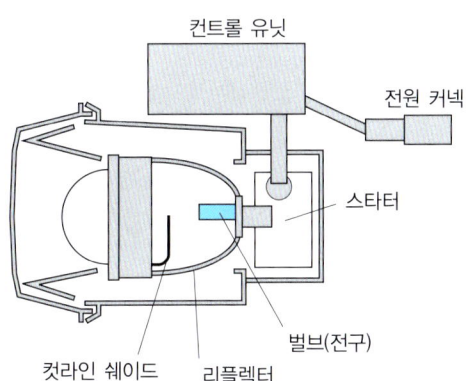

최근에 인기를 모으고 있는 헤드램프. 할로겐 램프의 노란 빛에 비해서 푸르스름한 빛을 낸다. 할로겐 램프가 55W인 것에 비해 겨우 35W로 소비 전력이 적은 것도 특징. 필라멘트를 갖지 않는 벌브와 컨트롤 유닛으로 구성된다.

빛을 발산하는 구조

벌브(전구)는 자체만으로는 옆방향으로 빛을 분산시킨다. 똑바로 앞쪽 시계(視界)를 확보하기 위해서 리플렉터 등으로 빛에게 방향성을 부여할 필요가 있다.

렌즈로 발산한다.

헤드 램프의 렌즈에 들어있는 격자 형태의 모양으로 배광(配光)을 결정한다.

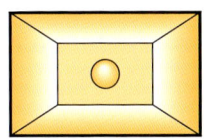

반사경으로 발산한다.

벌브 뒤쪽에 있는 거울 같은 것으로 배광한다. 렌즈와 조합하여 사용한다.

프로젝터로 발산한다.

헤드 램프용으로서 한때 유행한 원통형의 램프. 배광할 수 있는 범위가 약간 좁다.

● Tip ● 라이트에도 수명이 있다. 한쪽이 꺼졌다면 다른 쪽도 교환시기이므로 동시에 교환해야 한다.

Section 2 나이트 비전과 와이퍼

 **나이트 비전** 야간 주행시에 육안으로 보이지 않는 영상을 보이게 하여 안전을 보장한다. 원적외선 카메라 등을 이용한다.

▶ 야간 주행을 안전하게 하는 암시 시스템

야간주행에서 빛이 닿는 범위 밖에 인지할 수 없다. 디스차지 램프 등 밝은 램프가 등장하고 있지만, 앞선 차와 대향차를 생각하면 너무 밝은 것도 문제가 된다. 그래서 야간 주행시에 안전을 보장하는 아이템으로서 **암시(暗視) 시스템**(night vision : 메이커에 따라 부르는 이름이 다름)이다.

암시 시스템에는 물체의 온도에 의해 발생하는 **원적외선**을 카메라로 포착하여 그 온도를 영상화하는 타입과 **근적외선**을 조사(照射)하여 그 반사를 영상화하는 두가지 타입이 있다. 카메라와 적외선 투광기는 헤드 램프와 범퍼, 룸 미러 등 차량 앞뒤에 설치하여 수집된 정보들을 앞유리와 계기판에 표시되어 야간주행을 보다 안전하게 해준다.

▶ 주행 바람을 이용한 와이퍼

와이퍼는 우천시의 시계 확보에 없어서는 안되는 것이다. 와이퍼도 닦아내는 성능이 진화하고 있다. 고속 주행시와 강풍의 풍압에 의해 유리와의 접촉이 약하게 되면 와이퍼는 그 성능을 발휘할 수 없다. 그러나 **스포일러 기능** 등으로 유리면으로부터 떠오르는 것을 방지하는 와이퍼 블레이드라면 바람에 의해 반대로 앞 유리에 밀착되어 닦아내는 성능은 떨어지지 않는다. 최근에는 접속 엘리멘트를 갖지 않는 와이퍼 블레이드도 판매되고 있어 모든 주행 조건을 감안하여 닦아내는 성능이 계속 진화되고 있다.

▶ 확산식 워셔 노즐

예전의 워셔 노즐은 1개의 유닛에서 2줄로 분산될 뿐이었지만 최근에는 **확산식(擴散式)**이 늘어나는 추세이다. 분사된 액은 와이퍼에 의해 확산되지만 직접 닿는 부분이 아니면 세정 능력이 떨어지거나 작은 불순물 등이 붙어 있어 유리를 상처 낼 염려가 있었다. 그래서 확산식이 등장하게 되었고 구조는 간단하다. 종래처럼 확연하게 알 수 있는 구멍이 아니고 좁은 간격을 통과하므로써 넓은 범위로 퍼지도록 하고 있다. 또 운전석 앞유리에 분사량을 적게 함으로써 시계 확보도 고려하고 있다.

이처럼 시계를 확보 = 안전을 위하여 기술은 진보하고 있는 것이다.

● **Tip** ● 야간에 마주오는 자동차의 불빛으로 눈이 현혹되어 바로 앞의 물체가 잠시나마 보이지 않게 되는 경우가 있다. 나이트 비전은 그러한 현상의 돌파구가 되기도 한다.

나이트 비전

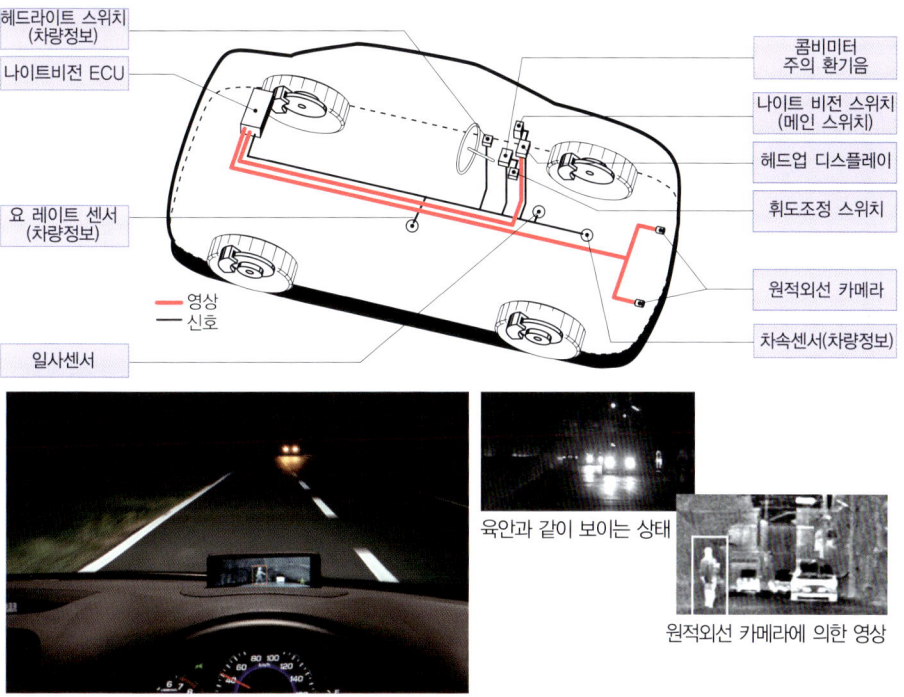

혼다 레전드에 채용된 인텔리전트 나이트 비전. 야간 주행에서 대향차의 헤드라이트로 방해를 받을 수 있다. 그래서 운전자를 보조하기 위해 육안으로 보이지 않는 영상을 원적외선 카메라로 촬영, 계기판에 있는 디스플레이에 표시하는 것으로 특히 보행자의 조기발견에 큰 역할을 하고 있다. 디스플레이상에 보행자를 강조하거나 경고음을 울리는 등 한발 앞선 타입으로 되어 있다.

와이퍼

악천후시 시계를 보호하는 부분. 주행시 풍압에 의해 닦아 내는 성능이 떨어지지 않도록 고안되어 있다. 비에 대응하는 것과 더불어 눈에 대응하는 것도 있다.

● Tip ● 뒷유리에 와이퍼가 없는 차는 물방울이 튕겨나가도록 액체 와이퍼라 부르는 액체를 발라두면 좋다.

Section 3 시트(Seat)

 경추편타증 경감 헤드 레스트 추돌 당했을 때 헤드 레스트가 안쪽으로 움직이게 되어 척수(脊髓)에 부담을 경감한다.

▶ 앉는 목적만이 아닌 시트의 역할

시트는 차내에서 거주성뿐만 아니라 실제 운전 조작에도 크게 관련되어 있다. 운전중에는 앞뒤부터 좌우와 상하로도 힘이 작용되므로 시트의 좋고 나쁨은 탑승자의 피로에도 크게 관계하고 있다. 일반적으로 운전석에는 기본 성능에 비용을 들이지만 **풀 플랫**(full flat)이 되는 등 시트가 완벽한 미니밴 등의 2열, 3열째 시트들은 착석감이 별로 좋지 않다. 최근의 시트는 **전동 조정식**과 히터, 통풍장치 등 다양한 쾌적 기능이 겸비되어 있지만 안전을 위하여 안전벨트의 착용과 바른 운전 자세를 취하지 않으면 별로 의미가 없다.

▶ 경추편타증 경감 헤드 레스트

차가 후방으로부터 추돌당했을 때 추돌에 의해 몸은 시트와 함께 앞으로 쏠린다. 그러나 중량이 무거운 머리는 그 순간까지 기존 위치를 고수하려는 성질 때문에 후방으로 크게 젖혀졌다가 다시 앞으로 심하게 수그려지기 때문에 척수에 부담이 되어 경추편타가 발생된다. 기존 것은 완전하지 못하여 경추편타를 경감시키는 헤드 레스트가 등장하고 있다. 이것은 등받이에 탑승자로부터 압력을 받는 **가압판**이 들어있다.

가압판은 압력을 받는 부분이지만 추돌되었을 때 시트가 전진하여 탑승자를 전방으로 밀어내는 압력이 작용한다. 헤드 레스트의 암은 등받이 내부까지 뻗치고 있어 가압판에 힘이 걸리면 암의 위치가 움직이고 헤드 레스트가 앞쪽으로 움직이게 되어 있다. 따라서 헤드 레스트와 머리의 간격이 좁아져 머리를 지켜준다. 물론 바른 운전자세라면 이런 안전장치도 필요 없다.

▶ 서브머린 현상 방지 시트

충돌시에 급브레이크를 밟았을 때 탑승자의 몸이 안전 벨트 밑으로 들어가는 것을 **서브머린**(submarine) **현상**. 서브머린 현상이 일어나면 하반신에 상해를 입기 쉽다. 방지 시트에는 앉는 면의 무릎 가까운 부위에 린 포스먼트(lean forcement)를 설치하여 충격을 받아도 앉는 면의 변형이 최소한으로 줄어들어 사람이 앞쪽으로 미끄러지는 것을 방지한다. 에어백과 같이 가스 인플레이터를 내장하여 대퇴부를 들어올리는 타입도 있다.

● **Tip** 가죽 바지나 스커트를 입은 사람은 가죽 시트는 피해야 한다. 가죽끼리 밀착되어 매우 불쾌한 상황이 된다.

앞좌석

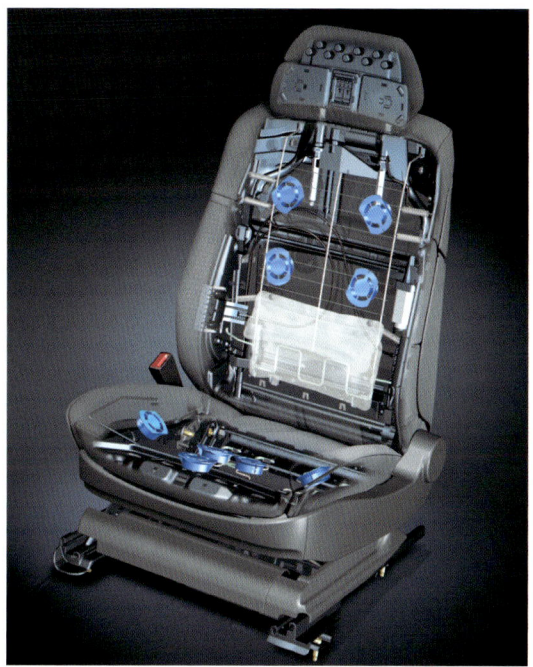

기본적인 구조는 앉는 면과 등받이로 개별 프레임이 있어 그 위에 쿠션에 재료와 외피가 입혀지고 있다. 쿠션 재료는 자동차 메이커에 따라 나름대로의 취향이 있어 프랑스 자동차처럼 부드럽게 몸을 받혀주는 것과 독일 자동차처럼 튼튼한 강도로 몸을 받혀주는 것이 대표적이다. 미니밴 등은 착석감보다 외관을 중시하고 있는 경향이 있다.

● 경추편타 경감 헤드 레스트

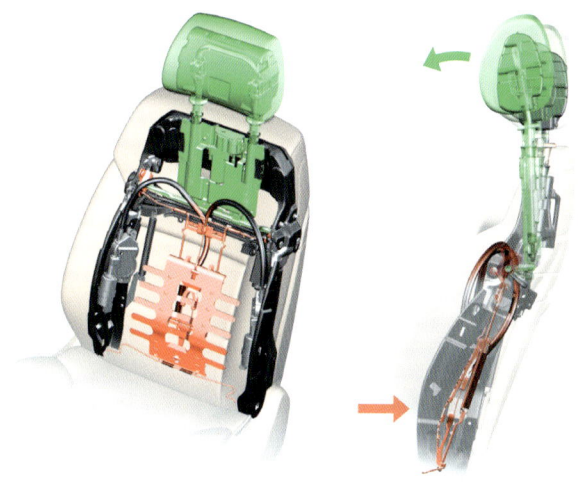

추돌당했을 때 헤드 레스트가 앞쪽으로 움직이게 되어 머리가 뒤로 젖혀지지 않도록 해주기 때문에 척수에 부담을 경감시켜 준다.

● Tip ● 시트 안에 팬을 넣은 차까지 등장하였다. 여름철에 찜통 더위를 막아준다.

Section 4 안전 벨트(Safty Belt)

 3점식 안전 벨트　허리쪽 좌우 2군데와 도어쪽 어깨 1군데로 몸을 지탱해주는 안전 벨트. 앞좌석에는 법률로 착용이 의무화되어 있다.

❯ 안전 벨트를 서포트하는 기능

안전 벨트도 진화를 거듭하고 있다. 현재 주류를 이루는 것은 3점식으로서 모든 좌석에 이 방식을 채용하고 있다. 장착시의 안전성을 더 높이는 것은 충돌시 탑승자의 이동을 억제하는 **ELR**(Emergency Looking Retractor)과 **프리텐셔너 포스 리미터**(Pretensioner force limit) 등의 기능이 있다.

❯ 시트벨트 감는장치(ELR)

보통 때에는 자유롭게 탈착할 수 있지만 긴급시에는 자동적으로 잠겨져 그 이상 빼낼 수 없도록 된다. 긴급시에 감지하는 방법에는 2종류가 있다. **웨핑 감지식**은 급작스레 빼내면 잠기는 것이 있고 **차체 감지식**은 급제동시에 충격 등 G(가속도)로 잠기게 하는 것. 현재로는 이 양쪽 감지 시스템을 이용하여 겸비한 것이 많다.

❯ 포스 리미터(force limiter)

프리텐셔너가 장착되어 있으면 탑승 구속성은 높아지지만 그대로라면 흉부를 압박할 가능성이 높다. 그래서 개발된 것이 포스 리미터다. 포스 리미터는 일단 당겨진 안전 벨트를 약간 풀어주는 것으로서 구속력에 따라 단계적으로 작동하는 **가변형 포스 리미터**도 등장하고 있다. 어떤 방법이든지 바른 운전자세로 확실하게 안전 벨트를 착용하지 않으면 효과가 없다.

● Tip ●　안전 벨트의 죔을 완화시켜주는 상품이 시판되고 있지만 안전 벨트를 잡아당기는 기능을 저해하므로 권장할 수 없다.

안전 벨트의 부가 기능

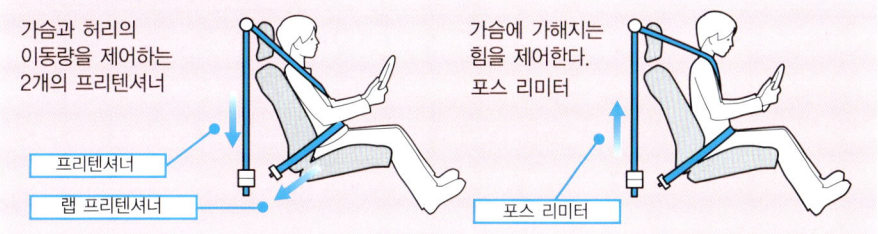

일반적으로 판매되는 자동차의 3점식 안전벨트는 보통 때는 비교적 느슨한 감이지만 막상 상황에 직면했을 때에는 왼쪽의 프리텐셔너가 안전벨트를 잡아당겨 앞쪽으로 이동하려는 힘을 억제시켜준다. 그 후에 작동하는 것은 당겨짐에 따라 탑승자에게 가한 힘을 억제시키는 포스 리미터(오른쪽)

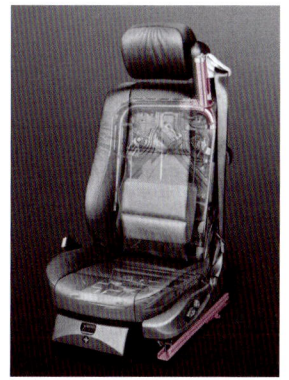

고급 세단이나 고급 왜건에는 뒷좌석 중앙에까지 3점식 안전벨트가 되어 있다. 미니밴에는 3번째 좌석에도 두 사람의 3점식 안전벨트가 장착되어 있고 컴팩트 클래스의 뒷좌석 중앙에도 3점식 안전벨트가 장착되길 기대하고 있다. 최근에는 동승석쪽에 B필러가 없는 차 등에서 오른쪽 그림과 같이 시트 프레임 자체에 안전 벨트가 포함되어 있는 타입도 등장하고 있다.

서브머린 현상 방지 시트

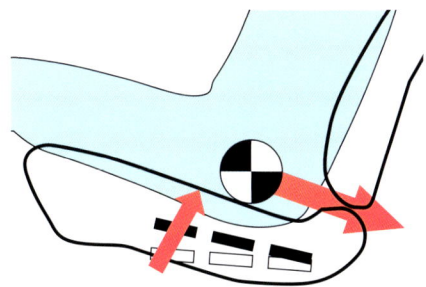

앞 페이지에서 소개한 안티 서브머린 현상방지 시트의 이미지. 급제동시나 충돌할 때처럼 강한 힘이 탑승자에게 가해지면 몸이 안전 벨트를 벗어나 앞쪽으로 쏠리지만 앉는 면의 변형을 최소한으로 줄이거나 앉는 면의 뒤쪽으로 경사를 크게 함으로써 탑승자가 앞쪽으로 미끄러져 나가는 것을 막아준다.

● Tip ● 뒷좌석에 앉았다고 하여 안전하다고 말 할 수 없다. 뒷좌석에 탑승한 사람도 역시 안전벨트를 해야 한다.

에어백(Airbag)

SRS 에어백 SRS는 보조 구속장치를 말한다. 탑승자 앞에 순간적으로 가스 풍선을 부풀려서 탑승자를 보호하는 안전 장치이지만 안전 벨트의 착용이 전제가 되고 있다.

▶ 활짝 터지는 메커니즘

에어백이란 가스로 부풀린 섬유 주머니로서 탑승자의 충격을 완화시키는 시스템. 정확하게 SRS(supplemental restraint system) 에어백으로 보조 보호장치이다.

동작은 컴퓨터로 제어되고 있으며 G센서 등으로 충격을 완화시켜 에어백의 전개가 필요하다고 판단되면 인플레이터에 지시를 내린다. **인플레이터**는 이그나이터를 발열시켜서 점화되고 이그나이터의 고열이 가스발생제를 연소시켜 대량의 가스(주로 **질소**)가 에어백을 팽창시킨다. 물론 터져버린 가스는 필터로 제거한다. 직접 가스 발생제가 연소되지 않는 것은 순간적으로 다량의 가스를 발생시키기 위해서이다.

▶ 에어백도 진화한다

전면 충돌에도 불구하고 에어백이 터지지 않는 경우가 있다. 이것은 에어백을 터지게 할 필요성이 없다고 컴퓨터가 판단했기 때문에 정면 충돌했어도 반드시 터지는 것은 아니다. 에어백에 사람이 부딪히는 충격도 제법 크므로 터질 필요가 없다면 굳이 터지지 않는 것이다. 이런 상황 때문에 에어백의 가스 압력을 컨트롤하여 충격을 줄이는 **2단계 제어식 시스템**이 점차적으로 보급되고 있다. 이것은 인플레이터가 2개로 나뉜 것으로서 약한 충격이면 1개, 강한 충격이라면 2개, 또는 단계적으로 에어백을 터지게 함으로써 탑승자에게 불필요한 영향을 최소화하는 것이 주류를 이룰 것이다.

▶ 사이드와 무릎용도 있다

차가 충돌하는 것은 정면만이 아니다. 측면 충돌에 대비하여 시트 등받이 옆에 내장된 **사이드 에어백**과 윈도로부터의 충돌을 방지하는 **커튼실드 에어백**, 무릎을 보호하는 에어백도 등장하고 있다. 에어백은 장착되어 있는 편이 안전하다는 인식을 모두가 알 수 있는 정도로 진화하고 있다. 그러나 주의도 필요해서 동승석 에어백이 튀어나오는 곳에 방향제 등을 설치하면 에어백이 터질 때에 방향제가 탑승자를 겨냥할 수 있다. 에어백 위에는 아무것도 올려놓지 않는 것이 바람직하다.

● Tip ● 에어백은 안전 벨트를 착용하고 있는 상태에서 탑승자를 보호하도록 설정되어 있다.

에어백의 전개 예

자동차 메이커에 따라 50% 오프셋 전면 충돌시험. 이것은 각각의 자동차 전체 폭의 반씩을 전면 충돌시키는 시험. 양쪽 자동차 모두 에어백이 전개되고 있는 것을 알 수 있을 것이다.

에어백이 부딪히면 반드시 터지는 것은 아니다. 속도로 치면 20~30km/h 이상으로, 좌우방향으로 약 30도까지가 센서로 검출할 수 있는 범위로 되어있다. 전복되거나 추돌되었을 경우에는 터지지 않는다.

운전석/동승석/사이드/커튼실드의 각종 에어백이 장착된 혼다 레전드. 최근에는 핸들 밑에서 전개하는 무릎용 에어백까지 채용된 자동차도 나오고 있다. 이 레전드를 시작으로 최고급차종에는 에어백이 터질 때의 가스압력을 2단계로 제어함으로써 사고시에 사람에게 가해성을 적게 할 수 있는 타입이 채용되고 있다.

● Tip ● 에어백 장착 차에는 임의 보험료가 할인되는 제도가 있다.

Section 6 도어 미러(Door Mirror)

리버스 연동 도어 미러 변속 레버를 후진에 넣으면 사이드 미러가 도로 바닥으로 향하여, 일렬 주차나 후진 주차가 쉬워진다.

❯ 다기능화하는 도어 미러

물방울같이 도어 미러에 맺히면 후방 시야가 방해될 때 열로 물방울을 제거하는 **히트 도어 미러**. 도어 미러에 열선이 내장되어 기온과 와이퍼 등이 연동하여 전기가 통해서 빗물을 제거해 준다. 그 외에 눈에 보이지 않는 미세한 진동으로 물방울을 털어내는 시스템도 있다.

친수(親水) **미러**는 표면에 실리카층이 있고 표면에 굴곡을 만듦으로써 많은 수분을 유지할 수 있도록 한 것. 광촉매에 셀프 클리닝 기능도 갖춰져 있으며 친수 능력을 회복하는 힘이 있다. **발수**(發水) **미러**는 불소나 실리콘을 표면에 도포(塗布)함으로써 물방울을 둥글게 하여 접촉 면적을 줄임으로써 경사지게 하여 바람으로 날아가도록 한 것. 어느 것이든 일정 기간이 지나면 효과가 떨어지게 되므로 정기적인 정비가 필요하다.

❯ 후진 연동 도어 미러와 자동방현 미러

후진 연동 도어 미러는 변속 레버의 조작으로 도어 미러의 각도를 주차시에 바닥쪽으로 움직이는 것. 뒷바퀴 주위가 보이므로 일렬 주차시에는 매우 편리하다. 구조는 미러면의 각도를 스위치로 바꾸는 전동조정식 미러와 마찬가지로 유리면을 설정된 각도로 움직이게 하는 것.

뒤에서 따라오는 차의 광축이 틀어지면 룸 미러나 도어 미러에 반사되어 운전에 지장을 초래하는 경우가 있다. 헤드 램프의 광축을 조정하는 **오토 레벨라이저**가 부착되어 있으면 좋지만 수동 조정의 경우에는 주행중에 불편하다. 하이빔은 멀리까지 비쳐져 편리할 때가 있지만 대향차가 있을 때는 삼가해야 한다.

뒤따라 오는 자동차의 라이트가 눈부실 때 도움이 되는 것이 **자동방현**(自動防眩) **미러**이다. 이것은 표면의 유리면과 실제로 반사되는 유리면 사이에 젤(gell) 형태의 가변 투과제를 넣고 이 투과제에 전압을 걸어 빛의 투과율을 바꾸는 것. 센서는 물론 룸 미러나 도어 미러에 내장되어 있어 주위의 밝기도 고려하고 있다. 메이커에 따라서 호칭과 투과율 변화에 차이는 있지만 매우 편리한 것임에는 틀림없다.

• **Tip** • 친수 미러로 하기 위해서 실(seal)이 필요하며 카 용품점 등에서 팔고 있다.

Chapter 07 각종 보조 장치

도어 미러의 기능과 일례

위는 도어 미러의 유리면에 친수&히터 기능이 들어있는 혼다 에어웨이브의 예. 도어 글라스에 발수가공이 되어 있다. 아래와 같이 변속레버를 R(리버스)로 하면 자동적으로 미러 면이 하강하는 것까지 있다.

후진 연동 도어 미러의 보통 때의 위치. D레인지 등의 주행시에는 이 상태

후진 등에서 R로 넣으면 미러면이 그에 연동하여 아래로 향하게 된다.

● Tip ● 자기 차에 자동방현 미러가 장착되었다고 해서 시내를 하이빔으로 한 상태로 주행하는 것은 넌센스. 하이빔은 대향차가 없는 길에서만 사용해야 한다.

Section 7 리모컨 키와 공조시스템

이모빌라이저 키에 부착된 칩의 ID와 차량쪽 ID를 조회하여 일치하지 않으면 시동이 걸리지 않는 시스템. 맞지않는 키는 사용할 수 없으므로 도난방지 효과가 높다.

▶ 안전하고 편리한 기능, 스마트 엔트리 & 이모빌라이저

키리스 엔트리라고 부르는 리모컨으로 잠금과 해제가 되는 기구는 꽤 보편화 되었다. 최근에는 더욱 진화된 키가 등장하여 **스마트 엔트리**라고 부르는 키만으로 도어 개폐와 엔진 시동이 되는 타입이 증가하는 경향이 있다.

이 스마트 엔트리에는 차체와 키(카드 타입이 많다)가 마이크로 칩으로 전파 교신을 하고 있어 센서가 키의 위치를 판단한다. 차량 주위에 있다고 판단되었을 경우에만 도어 개폐가 가능하며 키가 차안에 있을 경우에만 엔진을 시동시킬 수 있도록 되어 있다. 엔진이 걸린 상태에서 키를 차 밖으로 나오면 경고음이 울려서 위험을 알려주도록 되어 있다. 신호 종류가 몇 만 종류가 되므로 내차 카드로 다른 차의 조작을 할 수 없다.

이 교신 기술은 보통의 키로도 사용되고 있다. 키 내부에 마이크로 칩이 들어있어 키 고유의 코드와 랜덤 교환 코드를 체크하여 불법적인 키로는 잠금이 해제되지 않아 도난 방지에 공헌하고 있다. 최근에 주목을 끄는 **이모빌라이저**는 이와 같은 시스템을 이용하여 복제한 키로 엔진 시동이 걸리지 않는 시스템이다. 키의 코드와 차량의 코드가 일치하지 않으면 엔진 시동이 걸리지 않도록 되어 있다. 더욱이 부정한 키로 열면 경고음을 울리는 기능을 가진 것도 있다.

▶ 에어컨 컨트롤

보통 쉽게 사용하는 에어컨이지만 페런 필터(parenthesis filter)를 탑재한 차도 늘어났다. 이것은 꽃가루 제거용 필터를 장착한 에어컨으로서 경유 자동차의 냄새를 제거하는 타입도 있다. 필터의 교환은 사용 상태에 따라 많이 달라 정체가 심한 대도시에서의 사용이 잦은 차량은 3개월 만에 필터가 막히기도 한다. 또 보통 때에는 외기 도입으로 항상 신선한 공기를 취해야 할 필요가 있기 때문에 센서가 꽃가루나 경유 자동차의 미립자를 감지하면 자동적으로 외기 순환을 차단하는 기능을 지닌 타입도 있다. 나아가서 **GPS**로 차가 주행하는 방향과 시간을 조사하고 일사량의 정도를 상정하여 공조를 행하는 시스템까지 시판하도록 되었다.

> **Tip** 유럽차는 키 복제가 안되는 특수한 키를 사용하여 도난을 방지하고 있다.

스마트 카드

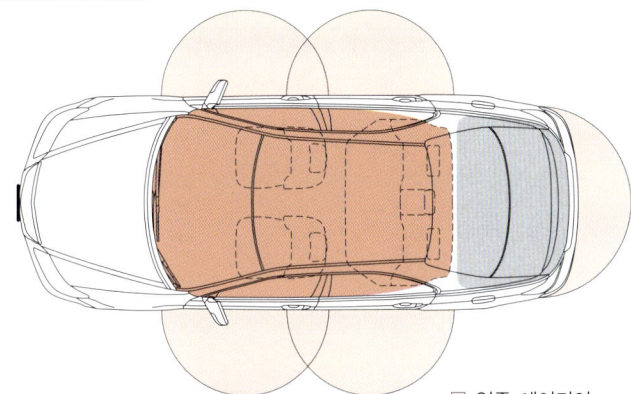

스마트 카드의 작동범위 이미지. 엷은 색 부분은 인증 구역의 카드키를 갖고 있으면 도어 개폐가 가능하다. 시동을 걸려면 카드키가 실내에 있지 않으면 안되며, 회색 트렁크 내에 카드키가 있을 때에는 잠기지 않도록 되어있다.

□ 인증 에어리어
■ 엔진시동가능 에어리어
■ 자동차 키 차내 방치 방지 에어리어
(트렁크 안에 키가 있을 경우에는 잠기지 않는다)

카드 슬릿이 장착 되었다.

만일의 사태를 위해 키가 들어있다.

전용키와 엔진의 전자제어시스템 간에 전자인증을 행하는 이모빌라이저

GPS 제어편 일사 컨트롤 기능

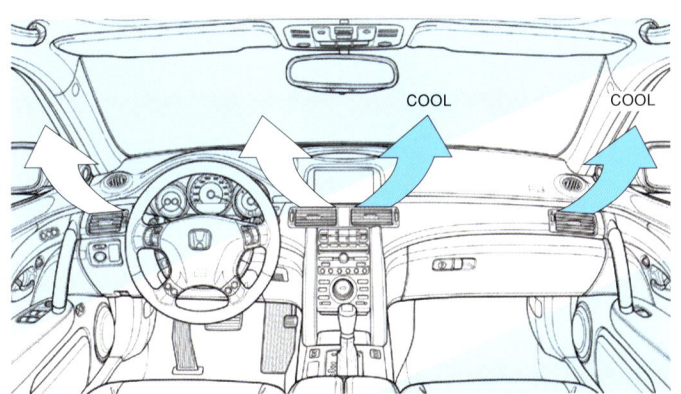

고급차에서 좌우 독립 에어컨 온도제어가 보급되어 있지만 이것은 일사 센서와 GPS 정보에 의해 차내의 일사가 강한 곳과 그렇지 않은 곳에서 풍량과 냉기의 강도를 자동적으로 제어해주는 획기적인 쾌적 장치다.

Section 8 옆미끌림 방지장치

Key Word **옆미끌림 방지장치** 차의 움직임을 각종 센서로 감지하여 4바퀴의 브레이크 등을 독립적으로 제어하고 옆미끌림과 스핀을 방지하는 시스템

▶ ABS와 트랙션 컨트롤의 발전형

옆미끌림 방지장치에는 현재 다양한 명칭이 있으며 통일되어 있지 않다. 그러나 기본적인 생각과 효과는 같으므로 일반적인 시스템을 소개하겠다.

코너링에서는 차에 관성 모멘트가 발생한다. **관성 모멘트**는 축 주위를 회전하는 물체에 걸리는 힘의 크기로서 관성은 질량에 비례한다. 일반 주행에서는 이 관성 모멘트가 차량 컨트롤 범위 내에서 **스핀**하는 일이 없다. 그러나 구동력이 너무 높으면 브레이크 조작의 오작동, 노면의 상황 등으로 앞바퀴 또는 뒷바퀴(또는 네 바퀴)가 가고자 하는 라인을 벗어날 수 있다. 이것을 막는 것이 **옆미끌림 방지장치**이다. **트랙션 컨트롤**이나 **ABS**의 발전형이라고도 할 수 있는 이 시스템은 차의 스핀을 방지하는 기능으로 전후 좌우 바퀴의 힘을 컨트롤 함으로써 뒷바퀴가 미끌리는 **오버 스티어**나 앞바퀴가 미끌리는 **언더 스티어**와는 반대쪽의 힘을 만들어 차량을 안정시키는 것. 차속 센서와 G센서에 **요 레이트 센서**를 더하여 트랙션 컨트롤이나 ABS를 4바퀴 독립 제어하여 차량을 안정시키는 것이다.

▶ 엔진의 연료분사까지도 제어하는 시스템도 등장

위의 사항에 더하여 스티어링의 조향각, 액셀러레이터와 브레이크의 정보를 토대로 스티어링의 서포트를 행하거나(파워 스티어링의 무게를 변화시킨다) 운전자의 이미지와 실제 자동차의 이동과의 차를 없애는 **예방 안전성**이 높은 시스템도 있다.

예를들어 앞바퀴가 옆미끌림을 할 경우에는 안쪽의 두 바퀴에 브레이크가 가볍게 걸리고 엔진의 연료분사를 줄임으로써 대처. 앞바퀴가 옆미끌림할 때 운전자가 핸들을 꺾지 못해서(조향각) 상황이 악화되는 경우에 꺾어야 하는 방향이 가볍게 되도록 보조한다.

이 시스템은 매우 안전성을 높여주지만 스포츠 주행에서는 환영받지 못하며 **컷 스위치** 등을 설치한 자동차도 있다. 시스템 자체가 고가이기 때문에 아직 모든 차량에 표준장비로 보급되지는 않았지만 이 시스템을 장착한 차에는 임의 보험을 할인해 주는 경우도 있어서 보급이 계속 진행되고, 앞으로 양산 효과로 가격이 내려갈 전망도 있다.

● Tip ● 옆미끌림 방지장치 장착차도 임의 보험의 할인 대상이 된다.

사고방지에 효과

예를들어 주행중에 추월 차선으로 주행 차선의 차가 튀어나왔다고 하자. 핸들을 오른쪽으로 꺾고 다시 원위치로 돌아오려고 왼쪽으로 핸들을 꺾는 순간에 뒷부분이 미끄러진다. 옆미끌림 방지장치가 없는 차라면 대부분 그대로 스핀이 걸려 가드레일이나 주위의 차에 부딪히는 사고로 이어지지만 옆 미끌림 방지장치는 미끄러지지 않도록 제어해 준다.

옆미끌림 방지장치의 작동 예

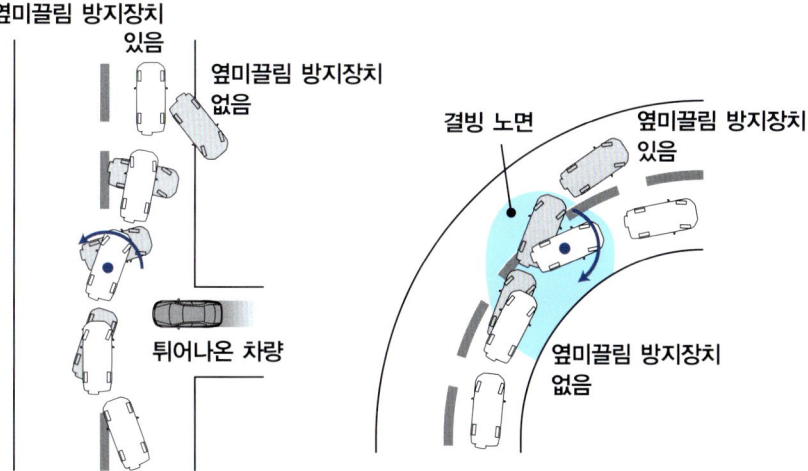

왼쪽은 골목에서 튀어나온 차량을 피하는 것으로, 오른쪽은 코너링중에 결빙 부분이 있었을 때의 예. 옆미끌림 방지장치가 없으면 그림 중의 회색 차처럼 스핀이 걸려 차선을 침범해 버린다.

● Tip ● 옆미끌림 방지장치의 명칭은 각 회사마다 다양하다. 도요타는 VSC, 닛산은 VDC, 혼다는 VSA, BMW는 DSC, 다임러 크라이슬러는 ESP라고 부르고 있다.

카 내비게이션 시스템

GPS 전 지구 측위 시스템. 인공위성으로부터 전파를 수신하여 항공기, 선박, 자동차 등이 자신의 위치를 확인하는 시스템

🔵 카 내비게이션 시스템은 군사위성이 사용 된다

카 내비게이션 시스템은 자신이 운전하는 자동차가 지금 어디에 있는가, 목적지까지 어떻게 가면 좋은가 라고 하는 정보를, 차내에 설치된 디스플레이로 표시하는 시스템이다. 미국 국방성이 쏘아 올려 관리하고 있는 24기의 인공위성(NAVSTAR)를 이용한 3각 측량(**GPS = 전 지구 측위 시스템**)으로 자신의 현재 위치를 알 수 있다.

GPS 위성은 지상 약 21,000km 상공을 원 궤도로 회전하고, 약 반나절 동안 지구를 1회전 하고 있다. 각 위성에는 상당히 정밀한 원자시계(오차 1/100만 초)가 탑재되어 있어서, 시각 신호를 지상의 GPS 보정 국으로 계속 보내고 있다. 그 전파를 송수신하기 위해 소요시간을 계측하는 한편 스스로 구상의 전파 방사로 3차원적으로 물체의 위치를 계측하는 것이다.

🔵 GPS의 위치 측정법

GPS는 상시 3~4개의 위성에 따라 3각 측량의 방식을 취할 수 있다. 시스템의 구조 그림과 같이, 우선 위성A가 차를 향해서 구상의 전파를 방사하여, 그 범위 내에 차가 있는 것을 확인한다. 그리고 전파가 차에 도착할 때까지의 시간을 계측, 그 수치에 전파의 빠르기(초속 30만km)를 곱하는 것으로, 위성과 차와의 거리를 측정하는 것이다.

이어지는 위성B, C도 A와 같은 작업을 하여 3개의 위성이 방출하는 지구의 전파가 교차하는 한 점을 한정한다. 여기서 위성D는 이동하는 차를 뒤쫓을 때 발생하는 아주 극소한 오차를 수정하고, 그 위치를 보다 정확한 것으로 하고 있다.

🔵 DVD화에 따라 대용량·고속처리가 가능하게

계산한 위치 정보는 차내 모니터상의 지도에 변환되어 표시된다. 그 때, 지상에 있는 GPS 보정 국에서 보내지는 수신 데이터와 조합하여, 차의 현재 위치를 보다 확실히 측정한다(**디퍼렌셜 GPS**).

모니터에 표시되는 지도는 이전에 CD-ROM에 기록되어 있었다. 그러나 용량에 한계가 있어 세부에 미치는 게시가 곤란하고, 전국 판을 1장으로 취합하는 것이 불가능하고, 읽어내는 시간이 걸리거나 하는 등의 문제가 있었다. 이것들을 해소하기 위해서 최근에는 DVD-ROM를 이용하는 제품이 주류가 되어 있다. 또, 보다 실시간으로 정체정보를 얻기 위해서 카 내비 등 휴대전화와의 조합으로 새로운 시스템도 개발되고 있다.

카 내비게이션 시스템의 구조

GPS위성은 전부 24기가 있고, 지상 약 21,000km의 원 궤도상을 반나절 동안 1회전 하고 있다. 각 위성에는 정밀한 원자시계(오차 1/10만 초)가 탑재되어 있다.

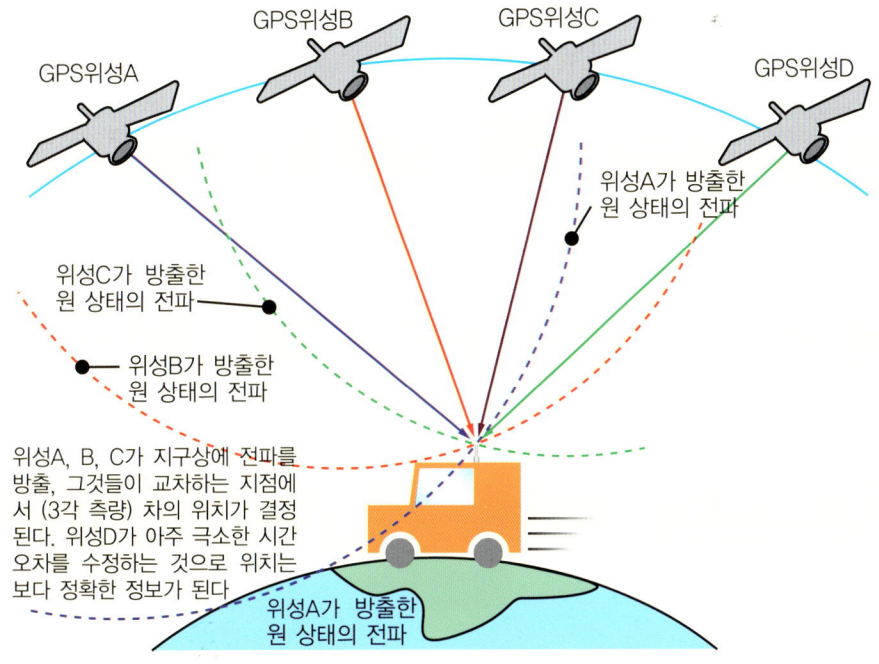

수신 데이터가 표시되는 것까지

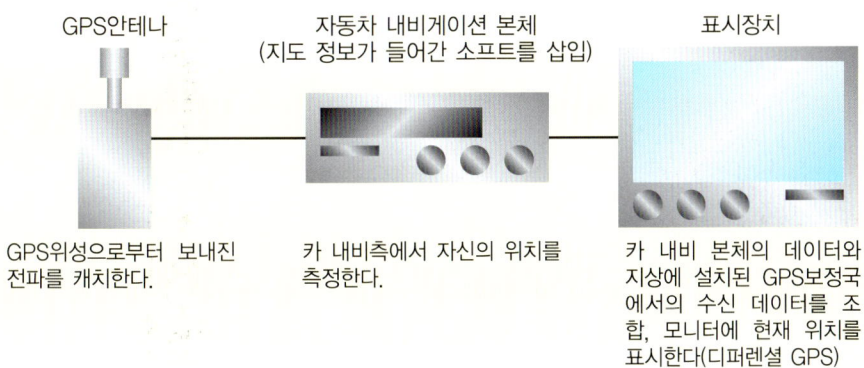

- **Tip**
  - GPS위성에 따른 측량의 오차는 매우 작고, 일설로는 단 16cm라고 한다.
  - 최근의 카 내비에서는 하드디스크를 탑재하여 보다 동작의 고속화가 도모된 제품이나, 통신기능에서 지도정보 등을 갱신할 수 있는 제품이 있다.

안전 장비는 어디까지 보조장치

▶ 안전 벨트는 가장 효과 있는 안전 장비

통계에 의하면 자동차 사고로 사망 또는 중상을 입은 사람을 비율로 비교하면 안전 벨트 비착용자는 착용자의 약 3배가 되고 있다. 안전 벨트의 착용은 승차할 때 기본 조건이다. 다시 표현하자면 각종 에어백은 탑승자가 안전 벨트를 착용하고 있다는 조건에 맞게 설정되어 있다. 만일 안전 벨트를 하지 않고 에어백이 작동한 경우 오히려 에어백에 의해 인체에 손상을 입힐 가능성이 높다.

바른 운전 자세도 중요하다. 자주 보이는 것이지만 등받이를 젖혀서 운전하는 자세는 「서브 머린 현상」을 일으킨다. 이것은 안전 벨트를 하고 있었더라도 충격에 의해 몸이 안전벨트 밑으로 벗어나 자동차 앞쪽으로 몸이 튀어나가는 현상이다. 이렇다면 안전 벨트를 하고 있는 의미가 없다.

올바른 운전 자세와 안전 벨트를 매는 법은
① 핸들의 상부를 쥐었을 때 팔을 가볍게 꺾을 수 있는 정도
② 벨트가 머리에 걸리지 않도록 높이를 조절한다.
③ 벨트는 꼬이지 않게 한다. 꼬인 부분에 힘이 실려 충격의 힘이 집중될 가능성이 있다.
④ 허리 벨트는 허리의 가능한 한 낮은 곳에 걸친다. 배에 걸치면 내장을 손상시킬 가능성이 있다.

반대로 위험한 자세도 열거해 본다.
① 핸들을 안는 듯한 자세. 에어백이 파열하면 그 충격으로 안면이 손상될 염려가 있다.
② 어린이를 안고 탄다. 시속 40km로 충돌했을 때 탑승자에게 가해지는 충격은 체중의 약 30배에 이른다고 한다. 아무리 힘이 센 엄마라도 체중 10kg의 아기가 300kg의 힘으로 앞으로 튀어나가는 것을 막을 수 없다.

아무리 각종 선진 안전장비로 보호받고 있다하더라도 기본은 안전 벨트와 올바른 운전 자세라고 말 할 수 있다.

Chapter >>

08

자동차의 역사

Section 01   연구 시대
Section 02   실용화 시대
Section 03   공업화 시대
Section 04   기술개발 시대
Section 05   일본의 자동차 산업
Section 06   한국의 자동차 산업

Section 1 연구 시대

 가솔린 엔진 1885년에 독일에서 가솔린 엔진으로 움직이는 자동차가 발명되었다. 이 후 자동차는 가솔린 엔진이 주류가 되었다.

❯ 가솔린 자동차 탄생의 아버지, 벤츠와 다임러

자동차의 역사는 내연기관의 발명으로 시작된다. 1765년 영국의 **제임스 와트**가 증기기관을 발명한 것으로 그 길이 열렸다. 18세기 후반이 되면서 그것을 자동차 기관으로 완성하려는 시험이 진행되고 그 이후 마차와 대체할 수 있는 자동차 개발이 본격적으로 시작되었다. 현재 세계 최초의 자동차라고 인정되는 것은 1769년에 프랑스 육군의 기술장교 **니콜라스 큐뇨**가 제작한 **증기자동차**라고 한다. 이것은 증기 기관을 동력원으로 한 3바퀴 차로서 시속 3.2km로 달렸지만 15분마다 물을 보충해야 하는 것이었다. 더욱이 큰 보일러가 이동을 느리게 하여 파리 시내를 시험 운전하던 중 담에 충돌하여 교통사고 제1호가 되기도 하였다.

그 뒤로도 여러 사람에 의해 증기자동차의 개발이 이뤄져 19세기에는 증기자동차의 시대가 되었다. 이처럼 증기를 원동력으로 한 것에서부터 출발한 자동차이지만 1860년에 프랑스의 **에티네 르노와르**가 가스를 연료로 한 내연기관을 실용화하므로써 큰 전환기를 맞게 된다. 르노와르는 1862년에는 이 엔진을 사용하여 자동차의 시운전에도 성공. 나아가 이것에 자극을 받은 독일인 **니콜라스 오토**는 1863년에 2사이클 엔진을, 1876년에는 현재의 자동차 엔진의 주류가 된 4사이클 엔진을 세계에 처음으로 개발하여 그것이 오늘날의 고출력 엔진의 기초가 되었다.

1885년경 독일의 **칼 벤츠**가 세계 최초로 가솔린 엔진 자동차가 되는 3륜 승용차 「**파텐트 모터바겐**」을 제작. 그리고 같은 해에 독일의 **고트리에프 다임러**도 가솔린 엔진을 탑재한 세계 최초의 오토바이를 제작하고, 다음해 1886년에는 세계 최초의 4륜 가솔린 차 「**모터 캐리지**」를 완성시킨다. 그리고 이 벤츠와 다임러가 각각 별도로 우연히 때를 같이하여 가솔린 엔진 차를 만든 것이 현재까지 이어지는 자동차 역사의 개막이었다고 볼 수 있다. 그러나 막 탄생하였을 때에는 반드시 가솔린 엔진이 자동차의 주류를 이룬다고 생각하지 않았으며 개량이 가미된 증기기관의 이용도 떨쳐버릴 수 없다고 생각하였다. 하지만 결과적으로는 이를 기점으로 증기자동차는 레일이 필요로 한 철도문화로 성장해 간다.

● Tip ● 다임러 크라이슬러 그룹의 최고급차 「마이바흐」. 이 명칭은 고트리에프 다임러의 심복으로 인정받은 빌헬름 마이바흐의 이름에서 인용한 것이다.

Section 2 실용화 시대

 자동차 레이스 가솔린 자동차의 실용화를 크게 끌어 올린 것이 프랑스에서 열린 자동차 경기 대회였다.

🔵 레이스가 개발을 부추겼다

지금부터 120여년 전에 독일에서 칼 벤츠와 고트리에프 다임러가 각각 별도의 가솔린 엔진을 만든 것이 현재로 이어져 자동차의 탄생을 이루었다고 전해지고 있다. 벤츠나 다임러가 실용화를 목표로 **가솔린 엔진**의 개발에 박차를 가한 19세기 후반은 독일에 새로운 시대가 도래하는 시점인 동시에 새로운 비즈니스를 탄생시킨 것이다. 결과적으로 기술자 사이에서는 경쟁이 심해지고 자동차의 진화는 매우 빠른 속도로 가속화되었다. 그러나 자동차로서의 형태가 꽃 피우게 된 것은 독일보다는 프랑스가 먼저였다.

가솔린 엔진을 실용화한 것은 독일의 기술자였지만 그 성과를 자동차용으로서 최초로 탄생시킨 것은 프랑스인이었다. 다임러나 벤츠가 가솔린 엔진을 만든 19세기 후반은 프랑스에서도 경제가 계속 성장하는 시기로서 근대화 공업화가 진행되고 있었다. 그런 시기에 등장한 자동차는 빠르게 이동하는 것에 몰두하고 있던 프랑스인의 기질에 딱 맞는 것이었다. 그것은 개인적으로 타는 수단에 대한 관심이 높았던 프랑스였기에 자동차를 받아들이는 토양이 다른 나라와 비해 남달랐다.

초기 단계에서 가솔린 자동차의 실용화에 가장 공헌한 것은 프랑스였다.

1891년 가솔린 엔진을 탑재한 자동차가 최초의 상품으로 발매된 것은 프랑스였다. 이후 프랑스에서는 자동차를 달리는 즐거움으로 만끽하려는 의욕이 자동차 개발을 부추겨 왔다. 그리고 그 정신이 결실을 맺은 것이 1894년에 거행된 **최초의 자동차경기대회** 「Paris roux run trial」이다. 그 다음 해에는 **최초의 모터 레이스**인 「Paris bordeaux Paris」도 거행되었다. 자동차 경기대회는 많은 사람들의 관심을 불러 일으켜 거기에서 우승하는 것은 그 메이커의 차가 우수하다는 것을 증명하는 결과가 되었다. 즉 메이커를 선전하는 장으로서 이 정도의 무대는 없었던 것이다. 그러므로 거의 모든 메이커가 레이스에 흥미를 표출하게 되었다. 그리고 그것이 자동차 실용화에 박차를 가하게 된 요인으로 발전한 것이다.

● **Tip** ● 프랑스인이 카 레이스를 좋아하는 것은 지금도 변함이 없다. F1을 주최하는 국제자동차연맹 FIA(Federation Internationale de l'Automobile)는 파리에 사무소를 두고 있다.

Section 3 공업화 시대

 T형 포드 1908년에 등장한 T형 포드는 컨베어 라인을 활용한 대량 생산으로 진입하여 가격을 낮게 실현시켜 자동차의 대중화를 열었다.

◈ 자동차 역사의 금자탑, T형 포드

자동차가 탄생한 초기에는 가솔린 엔진이 독일과 프랑스에서 실용화되어 자동차는 발전하고 있었다. 하지만 19세기 후반이 되면서 유럽에서는 기술 제휴나 교류가 각 국가간에 활발하게 전개되어 새로운 기술은 금방 전파되었다. 그 결과 가솔린 엔진의 실용화를 계기로 19세기 말부터 20세기 초까지 유럽 여러 나라에서 자동차 메이커가 탄생하였다.

영국만은 유럽에서 유일하게 보행자의 안전을 우선한 **적기조례**(Red Flag Act)란 법률이 시행함에 따라 자동차 탄생에는 거의 관여하지 않았다. 증기기관에 관해서는 유럽 각국을 리드해 온 영국이었지만 자동차 발달에서는 그 악평이 높았던 「적기조례」가 1896년에 폐지되면서부터이다.

20세기에 들어오면서도 자동차산업의 중심은 유럽이었다. 그러던 중 1908년 자동차의 역사에서 빼놓을 수 없는 1대의 차가 미국에서 등장한다. 그것이 **T형 포드**다. 그 때의 미국은 최초로 세계 공황을 벗어나서 정부 지도에 의한 공업화가 진행되면서 세계 제일의 공업국이 되었다. 그런 시대 배경 속에서 등장한 T형 포드는 대중을 위한 자동차 개발 목표는 튼튼하고 쉽게 고장나지 않고 누구든지 운전할 수 있는 자동차를 만드는 것이었다. 또한 **벨트 컨베어**에 의한 대량생산 시스템을 도입하여 저렴한 가격을 실현하였기 때문에 단번에 미국 전체로 퍼져나갔다. **헨리 포드**는 자동차를 발명한 것은 아니지만 그의 생산 수법이 최초로 자동차가 일반 사람들에게 보급되게 된 것이다. 또 이에 따라 자동차가 사회 곳곳에 파고 든 것도 사실이다. T형 포드는 사람들의 라이프스타일, 업무 환경, 나아가 산업의 생산시스템에 이르기까지 커다란 변혁을 가져왔다고 말해도 과언이 아니다. 공업화를 추진시켰다고 하는 의미에서 T형 포드는 자동차 역사상 위대한 **랜드마크** 중 하나라고 말할 수 있다.

● Tip ● 1906년에는 약 10만대였던 미국 내의 자동차를 T형 포드는 1916년에 약 330만대까지 끌어올렸다.

Section 4 기술개발 시대

제1차, 제2차 세계 대전 양대전중에 자동차의 연구 개발은 가속도로 발전된다. 나라의 존폐를 건 전쟁은 다양한 기술 혁신도 끌어 올렸다.

공업계의 레벨 업과 함께 자동차의 성능도 향상

제1차 세계 대전을 통하여 자동차는 전쟁에 많은 영향을 끼쳤지만 동시에 자동차도 전쟁에 의해 큰 영향을 받았다. 전쟁이란 가혹한 상황하에서 발견된 자동차의 결함은 수정되었고 그 후의 자동차 기술 수준은 비약적으로 향상되었다. 결과적으로 자동차의 기술 개발에 박차를 가하여 전세계적인 기술 개발 경쟁에 막을 열었다.

그 중에서도 제1차 세계대전 후에 자동차의 커다란 기술 혁신은 보다 성능이 좋은 엔진의 개발이었다. 하나는 그 때까지 쓰고 있던 재료인 주철을 대신하여 신소재인 **알루미늄 합금**이 엔진에 이용할 수 있게 된 것이다. 이것에 의해 엔진이 가벼워졌을 뿐만 아니라 피스톤 속도도 예전 것보다 훨씬 빨라졌다.

또 **캠 샤프트**를 매개로 밸브가 유연하게 개폐될 수 있어서 종래의 사이드 밸브 엔진처럼 저효율이 해소되었다. 가솔린과 공기의 혼합가스를 빠르게 실린더 안으로 보내는 것이 가능하게 된 것도 큰 기술혁신이라 말할 수 있다. 이러한 것들에 의해 회전이 빠른 엔진이 만들어져 **엔진 파워**도 향상되었다. 엔진의 능력을 높이기 위해서 **슈퍼차저**가 발명된 것도 큰 기술혁신이다. 이것은 실린더 내에 강제적으로 압축한 혼합가스를 보냄으로써 보다 강한 가속을 가능하게 했다. 나아가 **제2차 세계 대전**시에는 **터보차저**가 실용화되었다. 터보차저는 공기가 희박한 고공을 비행하는 비행기를 위해 개발된 부품이다. 일본 상공에 날아온 B29에도 장착되어 있었다. 제2차 세계 대전이 끝났을 때 터보차저를 차에 부착하는 연구가 본격적으로 시작되었다.

타이어는 이미 그 당시에 미쉐린이 개발한 **공기 주입타이어**가 일반적인 경향이었지만 쇽업쇼버와 좌우 **독립된 서스펜션**의 개발에 따라 승차감이 개선되었다. 더욱이 차바퀴가 노면에 정확하게 밀착되었기 때문에 유연한 주행도 실현되었다. 또 브레이크는 4바퀴 모두에 부착되어 안전성이 비약적으로 향상되었지만 그 브레이크는 기계적으로 작동하는 것이기 때문에 **유압**으로 작동하는 것으로 대체되었다. 이와 같이 기술 개발의 흐름은 쉼없이 개량됨에 따라 성능 향상이 꾀해지고 개발된 새로운 기술은 자동차의 일반적인 장치로 되었다. 그 개량의 진화 정도는 매우 빨라 최근에는 고연비 문제나 배기 문제 등 **친환경 자동차 개발**에 박차를 가하고 있다.

● **Tip** ● 제2차 세계 대전은 비행기의 개발 경쟁이라는 측면이 있었다. 전후 많은 기술자가 자동차 메이커에 취직하고 비행기 개발에서 배양된 최신 기술을 자동차에 아낌없이 도입하였다.

Section 5 일본의 자동차 산업

배기 규제 일본의 자동차 메이커는 1970년대에 배기가스 규제를 넘은 것으로 세계에서도 최고의 기술력을 갖고 있다고 말할 수 있다.

▶ 일본에서 승용차 생산이 본격화한 것은 1960년대 후반

오늘날 당당한 자동차 왕국이 된 미국이지만 미국의 자동차 메이커가 탄생한 것은 유럽보다 10년 정도 뒤쳐진 후였다. 그렇다면 일본은 그로부터 30년 이상 지난 뒤였다. 이것은 관동대지진이 기회가 되어 미국의 포드나 제너럴모터스가 일본에 조립 공장을 건설함으로써 비롯된다. 그 뒤에 **도요타**나 **닛산**이 자동차를 양산하게 되었지만 생산의 중심은 승용차가 아닌 **트럭**이었다. 이 흐름이 유럽, 미국과의 커다란 차이다. 이것은 민간 수요가 있었던 것이 아니고 군부의 요구 때문이었다. 더욱이 군부는 자동차보다 비행기를 중요시하였기 때문에 일본에서는 비행기 메이커가 선행되고 그 뒤에 자동차 메이커로 옮겨 갔다. 이런 상황에서 시작한 일본의 승용차가 생산의 중심이 되는 것은 1960년대 후반 이후이다.

실제 일본에 자동차가 들어온 것은 19세기 후반으로서 그로부터 30여년 동안 수입이 중심이었고 그러던 중 최초의 개발한 것이 3륜 자동차이다. 이것은 주로 화물을 운반하는 용도로 사용한 **상용차**였지만 일본에서의 자동차 주류로서 전후의 1950년대까지 계속 생산되었다. 이로 인해 대단히 융성해진 메이커가 그 뒤 자동차 메이커로서 대두되게 되었다. 또 전쟁 이후에는 비행기 산업이 축소되면서 그곳에 있던 우수한 기술자가 자동차 산업으로 흡수되었다. 그럼으로써 일본의 경제적인 성장과 잘 맞아떨어져 자동차 메이커를 발전시키게 된 것이다. 또 현재 일본의 자동차산업이 세계 최고가 된 계기로는 1970년대에 이뤄진 **배기 규제**를 들 수 있다. 배기 규제는 지금까지의 자동차 진화 형태를 바꿀 정도였다. 하지만 이것을 다른 나라보다 먼저 뛰어 넘음으로써 일본의 메이커는 최고의 기술력을 몸에 익히게 된 동기였다. 이것이야말로 일본 자동차메이커의 착실한 기술개발과 연구가 있었기에 가능했던 것이다. 아직 문제가 산적해 있는 **하이브리드 카**나 **연료 전지차**의 개발에도 일본은 확실하게 대처해 갈 것이다.

● Tip ● 세계 최초의 하이브리드 카 「프리우스」는 미국에서도 인기가 있다. 첨단 기술의 일본 차라는 브랜드 이미지는 지금도 건재하다.

Section 6 한국의 자동차 산업

> **Key Word** **친환경 자동차** 도래될 신성장 산업의 동력은 그린 산업의 첨병「전기자동차」다. 한국의 배터리 축전 기술만큼은 세계 선두 그룹에 랭크되어 있어 전망은 아주 밝다.

한국의 자동차 산업의 역사는 표에서 보듯이 매우 짧다. 그러나 그 발전 속도는 세계 어디에서도 찾아볼 수 없을 만큼 빠른 성장세를 보이고 있다.

한국의 자동차 산업 발달사

년도	산업 내용
1903	고종황제 캐딜락 4기통 1대 도입
1944	경성정공 설립(기아자동차 전신)
1955	신진공업사 설립(GM대우 전신) 국산1호차 시발 자동차 생산(자동차산업 원년) 하동환자동차제작소 설립(쌍용자동차 전신)
1962	새나라자동차, 닛산과 기술제휴로 블루버드 생산
1966	신진, 도요타 기술제휴로 코로나 생산
1967	현대자동차 설립
1968	현대, 포드 기술제휴로 코티나 생산
1975	현대 고유모델 포니 개발
1985	국내 자동차 보유 대수 1백만 대 돌파
1987	자동차 수입 자유화
1988	한국자동차공업협회(KAMA) 발족 연간자동차 생산 1백만 대 돌파
1995	연간 자동차 수출 1백만 대 돌파 제1회 서울국제모터쇼 개최
1997	국내 자동차 보유대수 1천만대 돌파/ 자동차생산 세계5위
1998	현대자동차, 기아 자동차 인수('97년 기아 부도)
2000	르노, 삼성자동차 인수(르노삼성자동차 출범)
2002	GM대우 출범, 대우버스(03년 영안모자 인수), 대우상용채(04년 인도 타타그룹 인수) 분리
2004	자동차의 날 제정(5.21) 기념식 개최
2005	상하이자동차그룹(SAIC), 쌍용자동차 인수 국내 자동차 보유대수 1,500만대 돌파
2007	상하이 자동차, 쌍용자동차에서 철수
2009	현대·기아자동차 하이브리드차 생산

2008년 10월 미국발 금융대란「서브프라임 모기지론」부실 운영은 세계 자동차산업의 재편을 초래하였다. 중·대형차 생산 왕국인 미국은 물론이고 자동차 원조 메이커 유럽산 자동차 역시 소용돌이에 표류하고 있다. 이 와중에 유럽이 오래 전에 연구되어온 하이브리드카의 실용성 여부 등을 놓고 주춤거리는 사이 일본 도요타는 이 차종의 선두입장에서 큰 성과를 올리고 있다. 이러한 연유는 소비자의 주머니가 넉넉지 않을뿐더러 연료 소비가 적은 자동차를 선호한다는 귀결이다. 이때를 편승하여 현대그룹자동차는 유명 메이커보다 미국 시장에서 값싼 이유도 있겠지만 10년 보증 수리기간과 실업시에는 환불 조건의 전략이 판매 증가에 호조를 보이고 있다. 아울러 유럽 시장과 중국시장에서까지 역시 선전을 펼치고 있다.

세계는 지금 지구 온난화에 따른 심각성을 「**친환경**」이라는 표제어를 걸고 공동 대처하고 있는 시점에서 화석연료의 고갈의 원인도 있지만 자동차 배출가스가 환경오염의 주범으로 보고 각국의 자동차메이커는 차세대 고출력의 「**전기자동차**」 개발에 혈안이 되어 있다. 여기에 필수 조건은 배터리의 성능 향상이다. 한국은 이 대열에서 세계 선봉장을 자랑한다. 매우 희망적이다.

저자약력

◆ 김 관 권   (現) 한국폴리텍1대학(서울정수캠퍼스)
◆ 류 도 정   (現) 한국폴리텍7대학(부산캠퍼스)

자동차를 알고싶다

초 판 발 행 | 2010년 4월 10일
제1판11쇄발행 | 2021년 6월 15일

지 은 이 | 김관권, 류도정
발 행 인 | 김 길 현
발 행 처 | ㈜ 골든벨
등   록 | 제 1987-000018호
　　　　　ⓒ 2010 Golden Bell
I S B N | 978-89-7971-884-3

주   소 | 서울특별시 용산구 원효로 245 (원효로1가 53-1) 골든벨 빌딩
대표전화 | TEL 02.713.4135   FAX 02.718.5510
E - mail | 7134135@naver.com
홈페이지 | http://www.gbbook.co.kr

정   가 | **17,000**원

※ 파본은 구입하신 서점에서 교환해 드립니다.